技術大全シリーズ

機械構造用鋼・工具鋼大全

日原政彦
鈴木 裕
著

日刊工業新聞社

はじめに

　製品や部品、構造物には必ずといってよいほど金属材料が使用されている。有史以来、鉄鋼材料は営々と用いられ社会生活には必要不可欠な物質になっている。なかでも、製品を多量に生産するための金型には各種の金型用材料（工具鋼）が使用されている。

　構造用鋼および工具鋼は非常に多くの産業用機材や装置に用いられ、産業の発展には欠かすことのできない素材になっている。日本でのモノづくりに関わる生産レベル（品質・精度）は世界的にも高く、多くの産業分野の製品や部品製造にとって金型は必要不可欠で最も重要なツールになっている。構造用鋼ならびに工具鋼にとって切削加工、研削加工、磨き、放電加工、溶接加工、熱処理、表面処理などは各製造や処理過程において製品品質や安定化に大きく影響を及ぼす。特に工具鋼は各種の加工工程を経て「金型」として用いられ多品種少量生産型の製品として多くの産業分野で使用されている。

　構造用鋼や工具鋼は使用条件、方法や加工技術が低いと安易なトラブルが発生し、生産段階で品質安定性を損なう事例が多く認められる。近年の金属材料の切削加工技術は著しい発展を遂げており、超鏡面性、高硬度材料の直彫り加工、シミュレーション技術や工具の高機能化が進んでいる。

　構造用鋼の適用・使用範囲は非常に広いことから、本書では機械構造用鋼および工具鋼について、大学生の教育用および中堅技術者にとって設計段階における選択方法や問題点を紹介し、効果的な使用法や有効な利用法を提案している。

　本書の各項目で述べている内容は現場技術者が従来から経験的に認識している機械構造用材料および金型材料の技術的な理解度を高めてもらうことを念頭に置いて記述している。また、これらの材料において避けて通れない関連技術の熱処理、表面処理、溶融凝固のメカニズムを取る放電加工、溶接加工の安定な加工法やトラブル事例も各項目の中で紹介し、金属材料を主体にした各メカニズムの現象解明、特性評価およびメンテナンス技術に利用できる内容に編集している。

　材料の領域は比較的地味な技術分野であるが、本書により問題解決のアイ

デアになるような内容の構成に努めた。長年加工業務を経験した技術者や中堅技術者が今後さらに高品質な製品製造の改善に有効に使用されることを希望する。

　本書が理論や実践を経験してきた技術者ならびに中堅技術者にとって各構造用鋼や工具鋼の理解度をさらに高め自己知識をさらに発展させる資料として、加工品の品質安定化や新規の開発技術の一助になれば幸いである。なお、機械加工分野については、加工現象やマシニングセンタの加工や解析を専門に研究されてきた九州工業大学情報工学部名誉教授・鈴木裕先生に記述をお願いした。金属材料の適用にとってより実践技術と最新技術動向の紹介が付加されて内容の濃い記述になり感謝している。

　終わりに、日刊工業新聞社出版局森山郁也様には厚く感謝申し上げます。

　　　　　　　　　　　　　　　　　2017年3月　　　　日原　政彦

目　　次

はじめに ……………………………………………………………………… 1

第1章　鉄鋼の基礎知識

1.1　鉄鋼材料とモノづくり ……………………………………………… 10

1.2　鉄鋼産業の動向 ……………………………………………………… 12

1.3　金属の基本特性 ……………………………………………………… 18

1.4　JIS記号の分類と質別記号および規格表示 ………………………… 21

1.5　鉄鋼材料の製造方法 ………………………………………………… 26
　　1.5.1　構造用鋼および工具鋼の製鋼法 ……………………………… 26
　　1.5.2　鋼片・鋼材の名称と特性 ……………………………………… 29
　　1.5.3　連続鋳造法とTMCP鋼 ………………………………………… 31
　　1.5.4　特殊溶解法 ……………………………………………………… 33
　　1.5.5　粉末冶金製法 …………………………………………………… 35

1.6　鉄および鋼の諸特性 ………………………………………………… 36
　　1.6.1　鉄鋼材料の分類と役割 ………………………………………… 36
　　1.6.2　鉄 – 炭素系状態図 ……………………………………………… 39
　　1.6.3　金属の結晶化のメカニズム …………………………………… 42
　　1.6.4　金属材料の強化機構 …………………………………………… 45
　　1.6.5　金属材料の加工と再結晶のメカニズム ……………………… 46

1.7　鉄鋼材料の材料特性 ………………………………………………… 50
　　1.7.1　機械的特性 ……………………………………………………… 50
　　1.7.2　物理的特性 ……………………………………………………… 53

1.7.3 化学的特性 ……………………………………………………………… 55

第2章　機械構造用鋼の材料特性

2.1 構造用鋼の分類、用途 ………………………………………………………… 58
　2.1.1 鉄鋼の添加元素 ………………………………………………………… 59
　2.1.2 鉄鋼材料のJIS規格と製品の関係 …………………………………… 60
　2.1.3 構造用鋼の分類 ………………………………………………………… 62
　2.1.4 機械構造用鋼に関するJISの改正点 ………………………………… 63

2.2 機械構造用炭素鋼 ……………………………………………………………… 69
　2.2.1 一般構造用鋼 …………………………………………………………… 69
　2.2.2 プレス用の被加工材用鋼 ……………………………………………… 70

2.3 機械構造用合金鋼 ……………………………………………………………… 72
　2.3.1 機械構造用合金鋼に求められる特性 ………………………………… 72
　2.3.2 焼入れ性を保証した構造用鋼 ………………………………………… 73
　2.3.2 硬さと機械的性質の関係 ……………………………………………… 76

2.4 その他の鋼種 …………………………………………………………………… 81
　2.4.1 鋳鋼と鍛鋼 ……………………………………………………………… 81
　2.4.2 快削鋼 …………………………………………………………………… 82
　2.4.3 肌焼鋼 …………………………………………………………………… 84
　2.4.4 軸受鋼 …………………………………………………………………… 86
　2.4.5 ばね鋼 …………………………………………………………………… 87

第3章　工具鋼の材料特性

3.1 工具鋼の概要と要求特性 ……………………………………………………… 92

3.2 プラスチック成形用工具鋼 …………………………………………………… 95
　3.2.1 プラスチックの種類と要求特性 ……………………………………… 95
　3.2.2 プラスチック成形用金型の要求特性 ………………………………… 98

3.2.3　プラスチック成形用工具鋼の種類と特性 ·········· 101
　　3.2.4　金型の耐食性・耐摩耗性・磨き特性 ·········· 104

3.3　冷間用工具鋼 ·········· 111
　　3.3.1　冷間用工具鋼の鋼種 ·········· 111
　　3.3.2　冷間用工具鋼のJIS規格と用途 ·········· 114
　　3.3.3　粉末工具鋼の特性 ·········· 116
　　3.3.4　超硬材料の特性 ·········· 120

3.4　熱間用工具鋼 ·········· 121
　　3.4.1　熱間用工具鋼の要求特性 ·········· 121
　　3.4.2　鍛造用工具鋼の特性 ·········· 123

第4章　熱処理

4.1　熱処理技術の概要 ·········· 130
　　4.1.1　なぜ熱処理が必要か ·········· 130
　　4.1.2　基本的な熱処理 ·········· 131
　　4.1.3　熱処理手法とその特徴 ·········· 135

4.2　炭素鋼、機械構造用鋼、工具鋼の熱処理方法と諸特性 ·········· 149

4.3　真空熱処理の方法と事例 ·········· 158
　　4.3.1　真空ガス加圧熱処理 ·········· 158
　　4.3.2　大型金型用部材の熱処理 ·········· 159

4.4　構造用鋼と工具鋼の熱処理トラブル ·········· 163
　　4.4.1　熱処理で発生する問題 ·········· 163
　　4.4.2　焼入れ変形 ·········· 164
　　4.4.3　冷却速度の違いと寸法変化 ·········· 165
　　4.4.4　焼入れ性 ·········· 166
　　4.4.5　脱炭層 ·········· 166

4.4.6	熱処理炉内への設置問題	167
4.4.7	表面の酸化と脱炭	169
4.4.8	硬さ不良	170
4.4.9	熱処理時の変形・変寸	170
4.4.10	焼割れ	173

第5章 表面処理・表面改質

5.1	表面処理の概要	178
5.1.1	表面処理、表面改質とは	178
5.1.2	表面処理および表面改質の要求特性	179
5.2	鉄鋼材料への表面処理の種類と適合性	182
5.3	拡散系処理	187
5.3.1	浸炭・浸炭窒化処理	187
5.3.2	窒化・浸硫窒化処理	189
5.3.3	拡散系処理層の熱的挙動	192
5.3.4	複合窒化、繰返し窒化処理	200
5.3.5	工具鋼へのピーニング処理との複合化処理	203
5.4	皮膜系処理	206
5.4.1	皮膜系処理方法と特性	206
5.4.2	表面処理事例	210

第6章 機械加工

6.1	切削加工	218
6.1.1	切削工具材料	218
6.1.2	切削工具	223
6.1.3	切削方法	225
6.1.4	工具鋼を用いた3次元加工	227

6.2 研削加工 ··· 229
  6.2.1 研削砥石の構造 ·· 229
  6.2.2 研削状態の分類 ·· 231
  6.2.3 研削加工の種類 ·· 231
  6.2.4 研削加工例 ·· 233

6.3 加工面の品質、材料挙動 ·· 234
  6.3.1 加工面の粗さ ·· 235
  6.3.2 加工面のうねり ·· 237
  6.3.3 加工変質層 ·· 237

6.4 切削加工のトラブル ·· 238
  6.4.1 びびり振動 ·· 238
  6.4.2 構成刃先 ·· 240
  6.4.3 工具摩耗 ·· 241

6.5 放電加工 ··· 244
  6.5.1 切削加工と放電加工の比較 ·· 244
  6.5.2 放電加工の特性 ·· 245
  6.5.3 放電加工面の変形挙動 ·· 250
  6.5.4 放電加工面の組織観察 ·· 251
  6.5.5 放電加工面の材料特性の変化 ·· 254
  6.5.6 放電加工面の残留応力 ·· 259
  6.5.7 放電加工面の改質処理 ·· 263

第7章 溶接

7.1 溶接加工の概要 ·· 280

7.2 溶接加工法 ·· 283

7.3 構造用鋼の溶接特性 ·· 287

  7.3.1　低炭素鋼 ……………………………………………… 287
  7.3.2　高張力鋼 ……………………………………………… 288
  7.3.3　低温用鋼 ……………………………………………… 290

 7.4　工具鋼の溶接特性 …………………………………………… 291
  7.4.1　工具鋼における溶接の必要性 ……………………… 291
  7.4.2　各工具鋼における溶接特性 ………………………… 293
  7.4.3　プラスチック成形用工具鋼の溶接 ………………… 296
  7.4.4　冷間用工具鋼の溶接 ………………………………… 298
  7.4.5　熱間用工具鋼の溶接 ………………………………… 299

索　引 …………………………………………………………………… 304

第1章

鉄鋼の基礎知識

　本章では、モノづくりの原点になっている鉄鋼材料の概要や生産状況、各産業領域の使用状況について述べ、機械構造用鋼・工具鋼における各論の予備知識として、金属材料の基本特性、金属の成り立ち、鉄鋼材料の製造方法、諸特性、金属組織の名称、JIS で制定されている材料記号など、金属材料の全体の概要を述べる。この知識により構造用鋼や工具鋼の理解度をより高めることができる。

1.1 鉄鋼材料とモノづくり

　金属材料は誰もが身近に接している多くの製品、部品に使用され現代生活にはなくてはならない素材であり、産業や社会の発展・進歩に大きく貢献している。有史以来今日まで金属材料は常に新たな材料開発や改善・改良が繰返され、自動車、家電製品、宇宙産業、航空機、原子力、電気・電子部品、民生用などの基盤材料として使用され産業基盤を支えてきている。

　金属工学（冶金学）は、金属の反応、金属物性、化学特性、材料特性（機械的・物理的特性・電気的特性など）の現象解明に基づき一般社会や産業に貢献できる実用性の高い材料を提供するための基礎現象の解明と産業製品への適用のための技術開発などを行う学問領域といえる。また、金属材料を使用して構造物製作および成形加工などの基礎技術を構築するために関わる科学技術や応用技術領域でもある。

　よって、これらの学問領域なくして今日の社会生活は成り立たないほど重要な分野であり、18世紀の産業革命から戦前戦後を通して現代まで発展してきている。

　鉄を主体とした鉄鋼材料（合金）の中でも炭素鋼、構造用鋼、特殊用途合金鋼・工具鋼などは建築、産業機械、機械部品、船舶、ロボット、コンピュータ部品、携帯部品、民生品、家庭用品など、ありとあらゆる産業領域に利用され、国民総生産（GDP）の約1/5程度が金属、並びに金属製品で占められており、全ての産業発展に非常に重要な素材になっている。

　これらの産業基盤を支えている技術領域が素形材技術である。素形材とは、金属材料を含む基盤技術の底辺を支えている製造品や素材に熱や力が加えられ形が与えられた部品や部材をいう。素形には金属、木材、石材、窯材、ゴム、ガラス、プラスチック、ファインセラミックス、複合材料も含まれる。これらの素材を素形材に変えるためには、各々の型を用い各種の加工方法（鋳造、鍛造、プレス、射出成形、ダイカスト、粉末冶金など）を利用するが、

できた素形材はそのままか、機械加工により精密に仕上げられ工業部品や製品になる。最近のハイテクな素形材の生産には自動化のほか、コンピュータ支援やロボットによる加工、3D積層技術などが進歩・発展し、我が国の素形材産業は、その品質・性能・精度の高さはもとより、生産量・生産金額でも世界のトップクラスになっている[1]。

素形材はその用途によって、強さ、硬さ、延性、耐摩耗、耐腐食、耐熱、振動吸収、快削性など各種の特性が要求され、その部品への要求項目やニーズに応じた素形材の特性や加工法が選ばれる。

素形材産業分野には、鋳造品（銑鉄鋳物、鋳鉄管、可鍛鋳鉄、鋳鋼品、銅合金、アルミニウム、ダイカスト、精密鋳造品）、鍛造品（鍛鋼品、鍛工品）、金属プレス、粉末冶金がある。

また、素形材関連産業分野としては、

① 金型
② 金属熱処理加工
③ 鋳造装置
④ 鍛圧機械－ロール
⑤ 管継手
⑥ バルブおよびコック
⑦ 作業用工具

の産業分野に分類されている。

なお、金型産業には8分野が規定され、プレス用金型、鍛造用金型、鋳造用金型、ダイカスト用金型、プラスチック用金型、ガラス用金型、ゴム用金型、粉末冶金用金型がある。

各産業領域に使用されている構造材料や金型材料は製品の加工・製造において高精度・高品質化の達成に重要な位置付けや役割を担っている。また、同時に金属材料の有効な機能性の発現を補完する技術として熱処理や表面処理なども同時に重要な基盤技術である。

図1.1は素形材産業および社会生活に関して金属材料を含む素材や加工・成形技術の関わりを示す。この領域は社会、文化、産業のあらゆる場面および日常に目にする製品のほとんどは素形材から作られているといっても過言でない[2]。

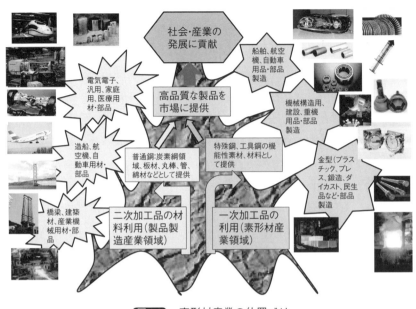

図 1.1 素形材産業の位置づけ

1.2 鉄鋼産業の動向

鉄鋼材料の世界および国内の生産量の状況を**表 1.1** および**表 1.2** に示す。構造用鋼と工具鋼の生産量は各年度で比較すると近年では大きな変化が認められない。

なお、全世界における粗鋼生産量は 16 億 6,300 万トン（2015 年）程度であることから、日本の生産量（1 億 501 万トン程度）は世界の 10％程度を生産していることになる。粗鋼（Blister steel）とは、製鋼炉で生産された鋼の総称をいう。粗鋼には圧延用鋼塊、鍛造用鋼塊、鋳鋼が含まれ、鉄鋼生産量の目安に使用される。

日本以外の国々を比較すると、中国、EU 諸国、アメリカなどの生産量が

第1章 鉄鋼の基礎知識

表1.1 世界主要国における粗鋼生産量の推移

(単位:1,000 t)

年	世界合計	日本	中国	韓国	台湾	インド	イラン	サウジアラビア	EU 27カ国															トルコ
									計	オーストリア	ベルギー	チェコ	フィンランド	フランス	ドイツ	ハンガリー	イタリア	ルクセンブルク	オランダ	ポーランド	ルーマニア	スロバキア	スペイン	スウェーデン	英国	
2012	1,612,150	107,232	724,450	69,073	20,664	77,264	14,463	5,203	168,580	7,421	7,301	5,072	3,759	15,609	42,661	1,542	27,252	2,208	6,879	8,358	3,292	4,403	13,639	4,326	9,579	35,885
2013	1,698,472	110,595	815,410	66,061	22,282	81,299	15,422	5,471	166,311	7,953	7,093	5,171	3,517	15,685	42,645	883	24,080	2,090	6,713	7,950	2,985	4,511	14,252	4,404	11,858	34,654
2014	1,723,103	110,666	823,004	71,543	23,121	87,291	16,331	6,291	169,301	7,876	7,331	5,360	3,807	16,143	42,943	1,152	23,714	2,193	6,964	8,558	3,158	4,705	14,249	4,539	12,120	34,035
2015	1,662,689	105,134	803,825	69,670	21,392	89,368	16,146	5,229	166,120	7,687	7,257	5,262	3,988	14,984	42,676	1,675	22,018	2,127	6,995	9,198	3,352	4,562	14,845	4,374	10,907	31,517

年	CIS				米国			カナダ	メキシコ	ベネズエラ	ブラジル	アルゼンチン	エジプト	南アフリカ	オーストラリア
	計	ロシア	ウクライナ	カザフスタン	(NT)	(MT)									
2012	110,956	70,426	32,975	3,676	97,769	88,695	13,507	18,073	2,359	34,524	4,995	6,627	6,938	4,893
2013	108,083	68,856	32,771	3,275	95,766	86,878	12,349	18,208	2,139	34,163	5,186	6,754	7,253	4,688
2014	105,899	71,461	27,170	3,681	97,195	88,174	12,730	18,995	1,485	33,912	5,488	6,485	6,550	4,607
2015	101,372	70,898	22,968	3,910	86,912	78,845	12,473	18,228	1,345	33,256	5,028	5,506	6,398	4,925

出所:日本:経済産業省、中国:国家統計局、台湾:台湾区鋼鐵工業同業公会、米国:AISI、その他の国および世界合計 (単位:1,000 t、2005年1月分より世界61カ国計) はIISIによる。国により統計に不明確さが存在する。

13

表1.2 鉄鋼生産統計

年	銑鉄				粗鋼						鋼種別内訳				熱間圧延鋼材			最終鋼材		
	計	製鋼用銑	鋳物用銑	フェロアロイ	計	連続鋳造によるもの	転炉鋼			電炉鋼(鋳鋼鋳込を含む)			普通鋼	圧延用鋼塊	特殊鋼	圧延用鋼塊	計	普通鋼	特殊鋼	計	普通鋼	特殊鋼
							計	普通鋼	特殊鋼	計	普通鋼	特殊鋼										
2012	81,405	81,152	254	908	107,232	105,402	82,307	65,429	16,878	24,925	17,812	7,113	83,241	82,991	23,992	23,302	94,807	74,911	19,896	92,006	73,238	18,768
2013	83,849	83,567	282	938	110,595	108,932	85,680	68,226	17,454	24,915	17,875	7,039	86,102	85,879	24,493	23,805	96,965	77,006	19,960	94,189	75,478	18,710
2014	83,872	83,555	318	923	110,666	—	84,987	67,711	17,276	25,679	17,692	7,987	85,403	—	25,263	—	97,882	76,968	20,914	95,319	75,553	19,766
2015	81,011	80,719	292	937	105,134	—	81,081	65,067	16,014	24,053	16,616	7,437	81,683	—	23,451	—	93,020	74,133	18,887	90,424	72,739	17,685

(注)2014年1月分から連続鋳造によるものは調査なし。粗鋼炉別内訳、鋼種別内訳、熱間圧延鋼材、最終鋼材ともに普通鋼と特殊鋼について比較すると、普通鋼は79.0%~82.0%で生産比率が高い。

(単位:1,000 t、2016年5月、経済産業省引用)

多いが、今後は新興国（ブラジル、ロシア、インド、中国、ベトナム、インドネシア、南アフリカ、トルコ、アルゼンチンなど）のGDPは年々増加傾向を示し、産業発展に伴いさらに需要が増加してくるものと推定される。

鉄鋼産業の需要動向を体系的に分類[3]してみると、第1型は鉄鋼需給率ゼロの国としてフイリピンなどがある。第2型は一部の鉄鋼生産、最終加工品製造の需給率が20％以下の国々である。第3型は粗鋼生産の増加および本格的な電気炉生産で自給率20～40％の国々として、タイ、シンガポール、ベトナムなどがある。第4型は鉄鋼内需充足可能な形態であり自給率40～80％の国々としてマレーシア、インドネシアがある。第5型は高級鉄鋼輸入、汎用鋼輸出や超過分輸出が100％以上の国々であり、韓国、インド、中国、日本になる。第6型は高級・汎用鋼の充足、超過分輸出が200％以上の国であり、ロシアなどが入る。最後の第7型の場合は、従来は第6型に分類されるが鉄鋼業の衰退で輸入に依存する傾向があるアメリカが入る。

しかし、中国やインドの鉄鋼業は生産量が低下しているが過剰生産の状況から需要に応じた生産形態への変換と製鉄業のインフラ整備が行われる状況になってきている。

粗鋼生産量の分類中には構造用鋼と工具鋼などの特殊鋼も含まれるが全粗鋼生産量に占める構造用鋼の生産比率は79～82％、特殊鋼の生産比率は31～28％であり、構造用鋼の生産量は他の鉄鋼材料に比べ非常に多く主たる鉄鋼材料になっている[4],[5],[6]。

日本国内における代表的鋼種の各企業別生産量を示したものが図1.2（鉄鋼統計2016年版）になる。全生産量に対する機械構造用鋼の占める割合は36.9％、工具鋼は9.3％、軸受鋼は9.4％となり、特殊鋼、工具鋼および軸受鋼などは構造用鋼に比べ生産量は非常に少ないが、使用される領域は高強度、高靭性および高機能性などが要求され高品質な材料特性が求められる構造品・部品、精密部品や機能性素材として重要な役割を担っている。

特殊鋼の品質・材料特性などは一般用鋼材や構造用鋼に比べ再溶解工程などの二次溶解過程を取り機能性を向上させた製造工程を経て製造される場合が多く、不純物の低減化や鋼塊の均質化が達成された鋼種になっている。

図1.3および図1.4は、日本における構造用鋼（普通鋼）と特殊鋼の各産業領域への用途別受注量を示す。両者の受注量を比較しても、建築産業（土

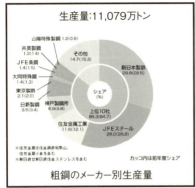
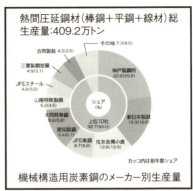

図1.2 粗鋼、代表鋼種のメーカー別生産量（2010年統計）

木含む）、自動車産業、販売業者向け、鋼材製造用などの使用量比率が大きく社会生活に大きく関わる産業領域に鉄鋼製品が貢献している。また、この割合は国内の需要（国内受注量）に対する各用途別の受注量の比率で求めているが、普通鋼と特殊鋼における受注量の国内需要と輸出の割合はほぼ両者ともに国内需要が63〜65％、輸出割合は37〜35％となり両者は同様な傾向を示し、内需だけでは日本の鉄鋼産業の発展は厳しい状況になっている。

第 1 章　鉄鋼の基礎知識

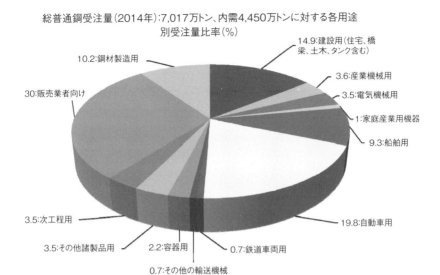

図1.3　普通鋼の用途別受注比率
経済産業省、日本鉄鋼協会引用

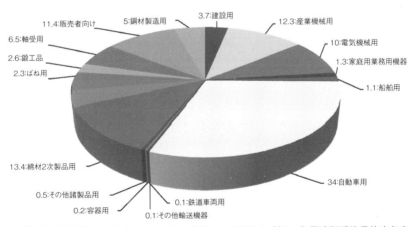

総特殊鋼受注量(2014年):1,879万トン、内需1,212万トンに対する各用途別受注量比率(%)

図1.4　特殊鋼の用途別受注比率
最終使途の明確なもの（建築用からその他の諸製品用）.
次工程用（綿材2次製品用から軸受用）などを含む、
経済産業省、日本鉄鋼協会引用

1.3 金属の基本特性

　工業材料は図1.5に示すように、金属材料、プラスチック、セラミックスおよび複合材料に分類できる。金属材料には、鉄鋼系と非鉄金属系、プラスチック材料には、熱可塑性プラスチック、熱硬化性プラスチックやエラストマー、セラミックスおよび複合材料は各使用も目的や機能別の各種の産業製品、構造物や自動車、家電および機械製品や部品に各々の材料が選択される。

　金属は自然金、自然銅、鉄として太古の時代から現代にいたるまで日常生活に利用されてきている。金属がこのように使用されてきたのは、石器時代の石で造られた道具は非常に硬いが脆く欠けやすい欠点をもっているためであった。その後、青銅器時代に入り、食器や装飾品に銅製品が使用され始め、各種の形状加工は可能になるが材料の強度が低く、構造物や重量物には利用

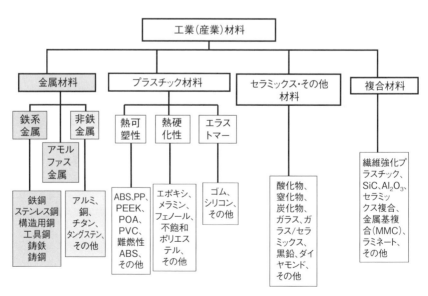

図1.5　工業（産業）用材料の分類

が少なかった。鉄製品の利用は鉄器時代から産業革命時代を経て現代に至るまで多くの産業社会や社　会生活にはなくてはならない基盤材料として使用されている[4]。

　実用的な金属材料としては、周期律表に見られる純金属を単独に使用する場合と、各純金属同士を2種類から数種類含んだ合金として使用している。地球上に存在する鉄はクラーク数（地球上に存在する元素の量）で示され、第4位の存在量である。鉄は比重が高く地球の中心部に存在し、地表には酸化鉄として存在することが多い。これに対して、アルミニウム（Al）、マグネシウム（Mg）、カルシウム（Ca）、ケイ素（Si）などは軽くて化学的に活性であることから酸素として結合し、ケイ酸塩（砂、花崗岩）やアルミニウムケイ酸塩が地表の大部分を形成している。

　金属の一般的定義は下記のように示されている[7,8]。
　① 常温で固体である。
　② 熱と電気の良導体である。

　金属中では電子が自由に動き回っている（ブラウン運動と同様な動きであり、電子が自由に動く速度は室温近傍で10^2 cm/sec程度）が、電場を印加すると、その方向と反対に電子が動くことで電気が流れる。また、超伝導現象は、金属中に電気の流れを阻害する抵抗がなくなり、入力と出力の電流が同じになることをいう。この現象が発現される物質は、純金属（ニオブ9.20 K、鉛7.19 K、バナジウム5.38 K、水銀4.15 Kなど）と合金（Nb_3Sn、NbTi合金など）などがあるが、共に非常に低温で絶対0℃（－273.2 K）に近い極低温で発現する物質が多い。しかし、近年では－140～－100℃近傍で超伝導になるビスマス系（Bi-Sr-Ca-Cu-O合金、－163℃）やHg系合金も開発されている。

　③ 不透明で光沢をもつ。

　金属は特有の金属色をもっている〔金は金色、銅は赤色、真鍮（Cu-Zn）はZn濃度により薄赤色、金色、白色に変化、プラチナは銀白色など〕。これらの色の変化は、非常に薄い金属では光が浸透するが、厚くなると電子の動きにより反射し、補色が吸収されて金属特有の色として見えることになる。しかし、多くの金属や白金の微粉末は、「白金黒」といわれ、微粉末金属中に入射した光が粉末中で吸収され反射しないために「黒色」に見える現象で

あり、黒色や灰色となり金属色がなくなる。

④ 延性・展性に富んでいる（形状の自由度が高く塑性変形が可能）。

金属においては金属中の結晶が無限大に結合して固体物を形成しているが、金属格子中には結晶欠陥（転位）が存在し、その結晶の移動（ズレ）により、比較的低い強度で変形や破壊が起こる。しかし、金属内の結晶が無欠陥の場合には、通常の金属の強度（引張強度 400 MPa 程度）に比べ同一材料でも理論的な強度が得られ、非常に大きな強度（7,840〜12,740 MPa）を示す。

⑤ 酸と反応して塩を作り、水に溶けて陽イオンになる（錆びる）。

一般に鉄鋼材料および多くの鉄系金属は「錆びる」[9]。錆びるのは金属が大気の酸化物質になる現象であり、金属酸化物になり構造材料が消耗する現象である。鉄鋼材料においても腐食対策は大きな問題であり、この錆による損失を防食技術によりいかに改善するかが今後も大きな課題になっている。

図 1.6 は産業に使用される金属材料の特性に対する体系を示す。金属材料の特性を左右させる要因は、材料のもつ金属特性、機械的性質、物理的性質および表面処理・改質特性に分類される。これらの各要件を使用目的により開発・改良・改善を行い工業材料として提供されている。なお、改質特性は従来の金属材料のもつ特性だけでは要求性能が発揮できないことが多く、各種の表面特性や素材改善により新たな特性を付与させる技術である。このように金属材料には各種の特徴があり、主に使用領域により使い分けがされているが、全産業領域において鉄鋼および非鉄金属が大きな貢献をしている。

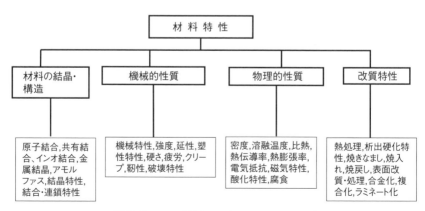

図1.6　金属材料の工業的特性と挙動[10]

1.4 JIS記号の分類と質別記号および規格表示

　金属材料には多くの種類の材料が目的により使用される。JIS規格における金属記号は3種類の部分を規定している[11]。なお、海外とのブランド会社名、鋼種名などの各国の対比表は、Key to Metals AG（Zuich, Switzerland: CustService@keymetals.com）または日本代理店、㈱アテス（japan@keytometals.com）により全世界における鉄鋼材料系の鋼種規格とブランド対比、特性データが有料で検索可能である。
JIS記号などの3種類の意味を以下に述べる（図1.7）。
　① 最初の部分は「材質」を示す。
　② 次の部分は「規格名」または「製品名」を示す。
　③ 最後の部分は「種類」を示す。
一例として下記にJIS記号を示す。
　S　S 400：一般構造用圧延鋼材（引張強さ400 MPa）
　① ② ③
　S CM 430：クロム－モリブデン鋼材、430種
　① ②　③
　S UP 6：ばね鋼鋼材6種
　① ② ③

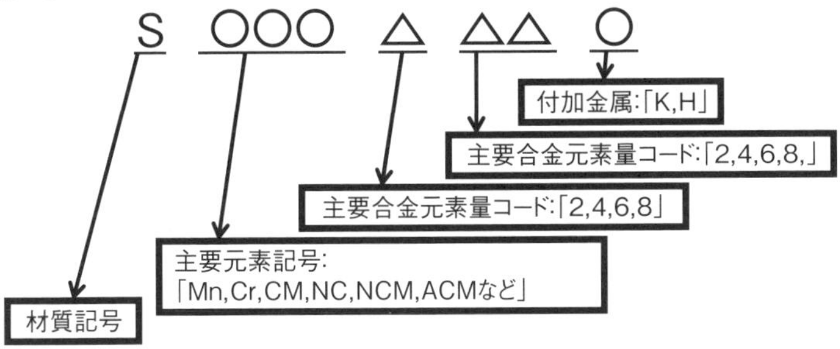

```
       S   ○○○   △   △△   ○
       │    │     │    │    │
       │    │     │    │    └─ 付加金属：「K,H」
       │    │     │    └────── 主要合金元素量コード：「2,4,6,8,」
       │    │     └─────────── 主要合金元素量コード：「2,4,6,8,」
       │    └──────────────── 主要元素記号：
       │                          「Mn,Cr,CM,NC,NCM,ACMなど」
       └────────────────── 材質記号
```

図1.7 JIS記号などの意味

CuP1-0：銅板1種軟鋼材（-0は質別記号）
　①②③-（質別記号：例-T3）
　①、②、③の各項目について下記に詳細を説明する。
　①の部分は「材質」を表し、英語またはローマ字、化学元素記号を用いて材質を示す。鉄鋼材料のSは鋼（Steel）、Fは鉄（Ferrum）を示す。例外として、MC：鋳造磁石（Magnet Cast）、MP：焼結磁石（Magnet Powder）、SP：スピーゲル（Spiegeleisen）、SiMn：シリコンマンガン（Silicon Manganese）、S_F：熱間圧延ケイ素鋼板（SはSilicon）、MCr：金属クロム（Metallic Cr）がある。
　②の部分は、「規格名」または「製品名」を示し、英語またはローマ字の頭文字を使用して、板、棒、管、線、鋳造品などの製品の形状別の種類や用途を表している（**表 1.3**）。
　③の部分は、材料の「種類番号の数字」または「最低引張強さ」を示す。その例を下記に示す。
　1種、A：A種またはA号
　2A：2種Aグレード
　400：引張強さ（MPa）
　2S：2種特殊級（Special）
　例）S20C：機械構造用炭素鋼鋼材（10倍表示、20％炭素量）
　　　S12F：鉄損珪素鋼板（12鉄損）
　鉄鋼材料の種類記号以外に形状や製造方法などを記号化する場合には、種類記号に続けて下記の符号をつける。
　例）SUS27CP：冷間圧延ステンレス鋼板27種
　　　SS410B-D1：一般構造用圧延鋼材棒鋼2種を用い、許容差の等級1号
　　　　　　　　に冷間引き抜きでの仕上げ材
　　　SM58Q：溶接用圧延鋼材5種に焼入れ-焼戻し処理材。
　　　STB35-S-H：熱間仕上げ継目なしのボイラ・熱交換器用炭素鋼鋼管3
　　　　　　　　種を示す。
　上記の形状、製造方法を表す記号を**表 1.4**に示す。
　世界の規格は各国の標準があり、その代表的な規格団体を**表 1.5**に示す。

第1章 鉄鋼の基礎知識

表1.3 記号の名称、日本文、英文表記[11]

記号	日本名	英語名	記号	日本名	英語名
ACM	アルミニウム-クロム-モリブデン鋼	A: Aluminum C: Chromium M: Molybdenum	SRB	再生鋼材	S: steel, R: Rerolled D: Bar
SB	棒またはボイラ	S: Steel, B: Bar, Boiler	SS	一般構造用圧延材	S: Steel, S: Structure
SBC	チエン用丸棒	S: Steel, B: Bar, C: Chain	SSC	冷間成形型鋼	S: Steel, S: Structure C: Cold Forming
SC	鋳造品	S: Steel, Casting	SD	異形棒鋼	S: Steel, D: Deformed
SCA	構造用合金鋳鋼品	S: Steel, C: Casting, A: Alloy	ST	管	S: Steel, T: Tube
SCD	球状黒鉛鋳鉄	S: Steel, C: Casting, D: Ductile	STB	ボイラ・熱交換器用管	S: Steel, T: Tube, B: Boile Heat Exchanger
SCH	耐熱鋳鋼品	S: Steel, C: Cheat-resisting	STBL	低温熱交換機用管	S: Steel, T: Tube, B: Boil, L: Low Temperature
SCMB	黒心可鍛鋳鉄品	Casting Malleable Black	STH	高圧ガス容器用鋼管	S: Steel, T: Tube, H: high Pressure
SCMnH	高マンガン鋼鋳鋼品	S: Steel, C: Chromium, Mn: Manganese, H: High Manganese	STK	構造用炭素鋼管	S: Steel, T: Tube, K: 構造（ローマ字）
SCMP	パーライト可鍛鋳鉄品	S: Steel, C: Casting, M: Malleable Pearlite	SCr-TK, SCM-TK	構造用合金鋼管	S: Steel, Cr: Chromium, T: Tube, K: 構造（ローマ字） S: Steel, C: Chromium, M: Molybdenum, T: Tube, K: 構造（ローマ字）
SCMW	白心可鍛鋳鉄品	S: Steel, C: Casting Malleable White	STM	試すい用管	S: Steel, T: Ther, M: Mining
SCM	クロム-モリブデン鋼	Chromium Molybdenum	STO	油井用管	S: Steel, O: Oil & Tubes
SCr	クロム鋼	Chromium	STP	配管用管	S: Steel, T: Tube, P: Piping
SF	鍛工品	S: Steel, F: Forging	STPA	配管用合金鋼	S: Steel, T: Tube, A: Alloy
SG	ガスボンベ用鋼板	S: Steel, G: Gas C: Cylinder	STPL	低温配管用鋼管	S: Steel, T: Tube, P: Pipe, Low Temperature
SGP	ガス管	S: Steel, G: Gas P: Pipe	STPT	高温配管用鋼管	S: Steel, T: Tube, P: Pipe, High Temperature
SGPW	水道用亜鉛メッキ鋼管	S: Steel, G: Gas P: Pipe, W: Water	STPY	配管用アーク溶接鋼管	S: Steel, T：Tube, P: pipe + （ローマ字）
SH	高炭素	S: Steel, H: High carbon	STS	特殊高圧配管用管	S: Steel, T: Tube, S: Special

SK	工具鋼	S: Steel, K: Kōgu（ローマ字）	SU	特殊用途鋼	S: Special, U: Use
SKC	中空鋼	S: Steel, K: Chisel	SUH	耐熱鋼	S: Steel, U: Ultra H: High Resisting
SKH	高速度鋼	S: Steel, K: H: High speed	SUJ	軸受鋼	S: Steel, U: Ultra +J:（ローマ字）
SKS	合金工具鋼	S: Steel, K: ローマ字 S: Special	SUM	快削鋼	S: Steel, U: Ultra, M: Machinability
SKD	合金工具鋼 （ダイス鋼）	K: ローマ字	SUP	ばね鋼	S: Steel, U: Ultra, S: Spring
SKT	合金工具鋼	S: Steel, K: ローマ字	SUS	ステンレス鋼	S: Steel, U: Ultra, S: Stainless
SL	低炭素	S: Steel, L: Low Carbon	SUY	電磁軟鉄	S: Steel, U: Ultra, Y: Yoke
SM	中炭素，耐候性鋼	S: Steel, M: Middle carbon, Marine	SV	リベット用圧延材	S: Steel, R: Rivet
SMA	溶接構造用耐候性鋼	S: Steel, M: Marine A: Atmospheric	SW	線	S: Steel, W: Wire
SNC	ニッケル-クロム鋼	S: Steel, N: Nickel-D: Chromium	SWM	鉄線	S: Steel, W: Wire M: Mild Steel
SNCM	ニッケル-クロム-モリブデン鋼	S: Steel, N: Nickel-C: Chromium-M: Molybdenum	SWO	オイルテンパー線	S: Steel, W: Wire O: Oiltemper
SP	薄板	S: Steel, P: Plate	SWO-V	弁ばね用オイルテンパー線	S: Steel, WO, V: Valve
SPC	冷間圧延鋼板	S: Steel, P: Plate, C: Cold Rolled	SWOCV-V		S: Steel, WO, C: Chromium V: Vanadium V: Valve
SPG	亜鉛鉄板	S: Steel, P：Plate, G: Galvanized	SWP	ピアノ線	S: Steel, W: Wire, P: Piano
			SWPC	PC線	S: Steel, W: Wire P: Prestressed C: Concrete
SPH	熱間圧延鋼板	S: Steel, P: Plate, H: Hot Rolled	SWPE	電動バインド用ピアノ線	S: Steel, W: Wire P: Piano, E: Electric
SPHT	鋼管用熱間圧延炭素鋼帯	S: Steel, P: Pipe, H: Hot, T: Tube	SWRM	軟鋼線材	S: Steel, W: Wire R: Rod, M: Mild
SPT	ブリキ板	S: Steel, P: Plate Tinplate	SWRH	硬線線材	S: Steel, W: Wire R: Rod, H: Hard
SPV	圧力容器用鋼板	S: Steel, P: Pressure V: Vessel	SWRS	ピアノ線材	S: Steel, W: Wire R: Rod, S: Spring
			SWRY	溶接用心線用線材	S: Steel, W: Wire R+ ロール（ローマ字）
			SY	矢板	S: Steel, Y:Yaita（ローマ字）

表1.4 製造方法を表す記号[11]

記号	日本名	英語名	記号	日本名	英語名
1. 形状を表す記号			2. 製造方法を表す記号（続き）		
W	鋼材	Wire	-T2	切削 (2は許容差の等級2号)	Cutting
CP	圧延板	Cold Plate	-G3	研削 (3は許容差の等級3号)	Grinding
HP	熱延板	Hot Plate	3. 熱処理を表す記号		
CS	冷延帯	Cold Strip	R	圧延のまま	As-Rolled
TB	熱伝達用管	Tube Boiler Heat Exchanger	A	焼きなまし	Annealing
WR	線材	Wire Rod	N	焼きならし	Normalize
TP	配管用管	Pipe	Q	焼入れ-焼戻し	Quench and Temper
2. 製造方法を表す記号			SR	応力除去	Stress relieving
-S-H	熱間仕上げ継目無管	Seamless Hot	S	固溶化熱処理	Solution treatment
-S-C	冷間仕上げ継目無管	Seamless Cold	4. 質別を表す記号（非鉄金属では上記の記号の後に－を入れ、質別記号を付ける。）		
-E	電気抵抗溶接鋼管	Electric Resistance Welding	-O	軟質	T4	焼入れ常温時効
-E-H	熱間仕上電気抵抗溶接鋼管	Electric Resistance Welding Hot	-OL	軽軟質	T3	焼入れ後展伸矯正
-E-C	冷間仕上電気抵抗溶接鋼管	Electric Resistance Welding Cold	-1/2H	半硬質 (<-3/4H, 3/4硬質)	-T36	焼入れ後冷間加工
-B	鍛接鋼管	Butt Welding			-T5	焼戻し
-B-C	冷間仕上鍛接鋼管	Butt Welding Cold	-H	硬質	-T6	焼入れ-焼戻し
A	アーク溶接鋼管	Arc Welding	-EH	特硬質	-W	焼入れのまま
-A-C	冷間仕上アーク溶接鋼管	Arc welding Cold	-SH	発条質	-F	製品のまま
-D1	引抜き (1は許容差の等級1号)	Drawing	5. 厳しい寸法許容差を示す記号； ET：厚さ許容差（ステンレス鋼帯、ばね用冷間圧延鋼帯）． RH：幅許容差(ステンレス鋼帯)		

表1.5 代表的な規格団体

JIS 規格（Japan Industrial Standards：日本工業規格協会）
ANSI 規格（American National Standards Institute：アメリカ規格協会）
ASTM 規格（American Society for Testing and Material：アメリカ材料試験協会）
AISI 規格（American Iron and Steel Institute：アメリカ鉄鋼協会）
SAE 規格（Society of Automotive Engineers：自動車技術者協会）
BS 規格（British Standards Institute：英国規格協会）
DIN 規格（Deutsches Institut fur Normen：ドイツ規格委員会）
VDEh 規格（Verein Deutscher Eisenhuttenleute：ドイツ鉄鋼協会）
NF 規格（Normes Francaises：フランス国家規格）
IS 規格（Indian Standards Institution：インド規格協会）
ГOCT規格（ロシア標準化委員会制定）
ISO 規格（International Organization for Standardization：国際標準化機構の略）
EN 規格（European Standards：欧州標準化委員会）
GB 規格（中国国家標準規格委員会）

1.5 鉄鋼材料の製造方法

▶ 1.5.1 構造用鋼および工具鋼の製鋼法

　炭素鋼、構造用鋼、特殊鋼（工具鋼）の製造には一般的に通常溶解法と特殊溶解法があり、使用目的・用途および高機能性素材の要求品質により製造方法を分けて鋼塊の製造を行っている[12)～15)]。図1.8の工程は一般的構造用鋼における製造工程を示す。工程は素材の溶解から、精錬、脱ガス、再溶解、鍛造、熱処理、検査から出庫までの製造工程を示している。

　製鋼炉に投入された原料金属を酸化精錬により脱炭、脱ケイ素処理を行い、同時に有害元素の硫黄やリンなどの不純物を除去し、非金属介在物を分離し

第 1 章　鉄鋼の基礎知識

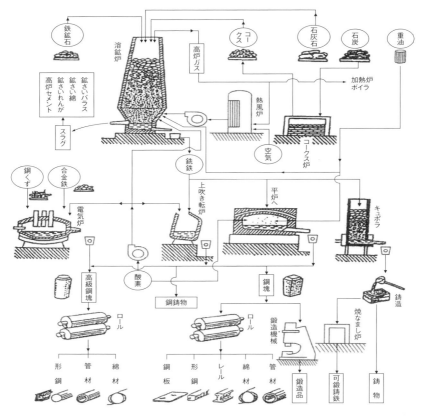

図 1.8　鉄鋼と鋼材の製造工程

てガス含有量の少ない状態に精錬して製作する方法が「溶鉄（Liquid steel）」を作る手法である。

　通常は、電気炉や転炉で精錬された鋼を、VAD（真空アーク脱ガス法：Vacuum Arc Degassing）、AOD（アルゴン酸素脱炭法：Argon Oxygen Decarburization）、VOD（真空 – 酸化脱炭法：Vacuum Oxygen Decarburization）、ASEA-SKF（1956 年にスウェーデンで開発された、合金添加調整、真空脱ガス、脱炭、脱硫が可能で非金属介在物を低下させる方法）、LF（Ladle-furnace）および VIM（Vacuum induction Melting）などの各種の炉外精錬法により目的とする鋼を二次精錬工程において製造している。その後、溶鉄は取鍋（Ladle）に移し、鋳鉄製の鋳型に注入して鋼塊（一

般に長さ2m、重量1.5トン〜20トン程度のインゴット)を作る。

真空溶解法が溶解過程で適用されてきた要因としては、①ガス成分(窒素、酸素、水素)の低減化、②炭素濃度の低減化、③清浄化、④合金元素の調整などの品質向上技術が確立されたことや産業界の多用途な製品品質の要求も高まってきた背景もある。

なお、高品質な特殊用途鋼、工具鋼用鋼材は、さらに不純物の減少化、合金濃度の調整、内部品質向上のために溶解ビレット(鋼塊)を再溶解により材料特性を向上させる製鋼法が取られている[16]。

図1.9は通常溶解法(一般には構造用鋼の製造方法)およびインゴットの凝固形態を示す[17]。

鋼材の製造品質は、溶湯を型(ラドル)に注入して凝固したものが鋼塊であるが、凝固組織によりキルド鋼(Killed ingot)、セミキルド鋼(Semi-killed steel)、リムド鋼(Rimmed steel)に分けられる。

キルド鋼は溶解過程でAlやSiにより十分に脱酸され凝固時のガス放出が少なく、凝固最終部の頭部に収縮管(Shrinkage pipe)と空洞が形成される。この鋼種は炭素鋼、機械構造用鋼、工具鋼として使用される。この鋼塊は素

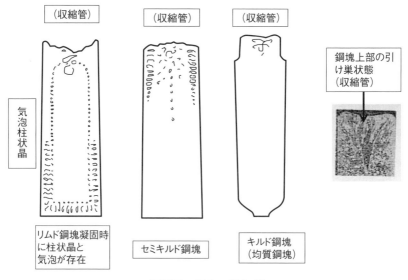

図1.9 鋼塊の種類[17]

材特性が良く強加工も可能であり、品質も良好であるが歩留まり悪い欠点を持ち高級鋼に使用する。

リムド鋼は溶解時の脱酸が不十分で、Fe＋C＝Fe＋CO の反応が起こりガス放出による沸騰現象が起こる。溶鋼を鋳型に注入するときに表面が速く凝固し、その場所の純度は高いが後から凝固する内部には炭素、硫黄、リンなどが偏析し、リミングアクション（Rimming action）と呼ぶ沸騰作用から鋼塊に気泡（blow hole）が多数存在する。この断面のマクロ観察からは「縁付き状態」が認められ、鋼塊の頭部は気泡により膨れる。この鋼塊は一般的な鋼種に提供され、表面はきれいであるが内部に気泡や偏析が存在するため溶接用鋼や高品質の構造用鋼には不向きであり、0.15％炭素以下の炭素鋼に使用される。

また、セミキルド鋼はキルド鋼とリムド鋼の中間的な特性をもち、造船用、機械構造用鋼として提供される。この鋼塊をその後の工程で安定化のために均熱炉（1,200～1,300℃保持）に入れて内部組織を安定化する。その後、分塊ロール（Blooming Roll）により鋼片（Bloom）として各製品の形状に加工する。この段階ではまだ半製品であり各用途により分けられる[8]。

▶ 1.5.2　鋼片・鋼材の名称と特性

鋼片（Bloom）

形状は長方形、大きさは 150～300 mm 角、長さ 1～6 m 程度で、クランク軸やピストンなどの鍛造用鋼片にしたり、小さい鋼片に加工してビレットやシートバー、スケルプ、ティンバーなどの半製品に粗圧延される。

ビレット（Bilet）

小さい鋼片をいう。形状は長方形であり、大きさは 40～150 mm 角、長さは 1～2.5 m 程度、円形状断面もある。条鋼、線材、帯鋼などの原材料になる。

スラブ（Slab）

扁平鋼塊をスラブミルにより扁平率を高めて断面矩形の板用鋼板を作製する。厚板は厚さ 50 mm、幅 300 mm の中板の圧延材料に使用する。

シートバー（Sheet Bar）

鋼片を粗圧延して製作する薄板断面矩形状の鋼板。薄板、中板、ケイ素鋼板、高級仕上げ鋼板用の原材料になる。厚さは 70～30 mm、幅は 250～

500 mm 程度、長さ 1 m 以下の素材に加工する。

ティンバー（Tun-Bar）

鋼片を粗圧延してブリキ用の板に加工したもの。リムド鋼により作り、厚さは 8 mm、幅 250 mm、長さは 700 mm 程度のものが多い。この製造は薄板を何枚も重ね圧延することから、鋼板間の密着を防ぐためと用途に応じた剛性をもたすためにリンやケイ素を含んだ極軟鋼が使用される。ホットストリップミル（Hot Strip Mill）の開発によりブリキ板以外の薄板の製造にも利用され、低リン、低ケイ酸の純度の高い鋼にも使用できる。成分は、C：0.04～0.15 %、Mn：0.35～0.50 %、Si：<0,12 %、Cu：<0.2 %、P<0.15 %、S<0.12 %である。

スケルプ（Skelp）

鋼片をさらに粗圧延して、厚さ 2.5 mm～3.0 mm 程度、幅 100 mm、長さ 5 m 程度の形状に加工したもの。鍛接鋼管の材料にも使用される。鋼塊は加熱して鍛接するので塩基性転炉やトーマス炉を使用して極低 C %のものが適している。成分は、C<0.06 %、Si：トレース、Mn：0.35～0.50 %、P<0.07 %、S<0.05 %である。

棒鋼（Bar）

鋼片を粗圧延して直径 70～200 mm、長さ 1～2 m としたもの。継目なし鋼管用の原材料にされる。

帯鋼（Hoop）

極軟鋼の小さな鋼片を帯状に長く圧延してコイル状に巻き取ったもの。溶接用鋼管、シームレス鋼管用の原材料になる。

これらの半製品（一次製品）から二次製品のレール、棒鋼、形鋼、線材、厚板、薄板、鋼管、外輪、建築用鉄筋材、橋梁、鉄塔、機械、船舶、車両、ボイラー、ドラム缶、ボルト、ナットなどが作られる。鉄鋼材料における二次製品は鋼材をさらに加工したもので、針金、金網などの線材製品、ブリキ板、亜鉛鉄板、ドラム缶などの薄板製品、粉砕用鋼球、磨き棒鋼などの棒製品、高圧容器、缶製品などがこの範囲に入る。

▶ 1.5.3 連続鋳造法とTMCP鋼

鋼材を溶融金属から直接板材に製造する方法は「連続鋳造法」といわれ、従来の鋼塊製造法とは異なる鉄鋼の生産方式である。1960年代までは鋳型に溶鋼を流し込み自然に冷やして固めた鋼塊を再び加熱して分塊圧延機によりロールをして鋼片を作る分塊法が主流であった。この手法は冷却後、再度加熱する工程があり熱効率が悪く、鋼塊の頭部や底部の部分はカットしなければならないために製品のロスが大きかった。

連続鋳造法は1970年代に連続鋳造機が発明された。分塊工程が省略され溶鋼から目的の半製品である鋼片まで同一工程で製造が可能になり、生産性向上と省エネルギー化が達成され世界的に広まった。連続鋳造法においても開発当初は垂直に引き出しガス切断していたが、近年では水平方向へ鋼板を導き、その後ガス切断するためにロスが少なくなっている利点がある[18),19),20)]。

連続鋳造は、圧延工程で加工しやすいように一定形状の半製品を作ることが可能である。酸化物などの固体の介在物があると、鋼鉄の強度・加工性・耐疲労性の低下などの原因になるため、連続鋳造工程で溶鋼が凝固するまでに溶鋼中の介在物を浮上させ除去する操作を行う。

図1.10は連続鋳造機の構造概略を示す[18)]。

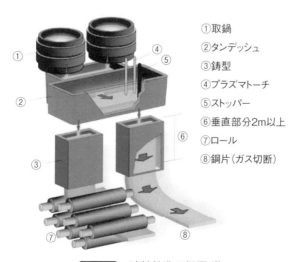

①取鍋
②タンデッシュ
③鋳型
④プラズマトーチ
⑤ストッパー
⑥垂直部分2m以上
⑦ロール
⑧鋼片（ガス切断）

図1.10　連続鋳造の概要[18)]

連続鋳造法は、取鍋により溶鋼を保持してタンデシュから溶融金属を水冷同鋳型に流し込んで連続的に鋼片を作る。高炉で作られた溶鋼は二次精錬を経て取鍋に保持され連続鋳造機の最上部に運ばれる。取鍋中では溶鋼中の介在物を分離除去される。溶鋼は取鍋の底部から下のタンデシュへ注入される。タンデシュにおいても介在物の一部は分離除去される。溶鋼はタンデシュの底部から水冷銅鋳型へと導かれ、鋳型に接触した溶鋼は精密に調整されながら冷やされる。溶鋼は鋳型の中で外側から凝固が始まり、微細結晶から徐々に内部に成長して樹枝状晶に成長する。その後、次の段階で鋼片は温度調整を行いながらロールで運ばれ、外側より凝固が開始する。スラブ、ブルームと呼ばれる大きなサイズの鋳片はロール列末端にあるガス切断機で適度な長さに切断され、ビレットの小さな鋳片はシェアカッタにより切断され目的の大きさに整えられる。

　連続鋳造法の開発に伴い、TMCP法（熱加工制御圧延法：Thermo-Mechanical Control Process）も発達してきた。この方法は制御圧延 - 制御冷却を併用した製造法であり、それらを適用して製造される鋼をTMCP鋼と呼んでいる。TMCP鋼の製造プロセスとミクロ組織変化の概要図を**図1.11**に示す[18)~21)]。

　TMCP鋼製造の特徴は、スラブの低温加熱、オーステナイト未再結晶温度域での強圧下、必要に応じてオーステナイトとフェライトの二相域圧延または圧延後の加速冷却を行うことである。これらを通じてオーステナイト粒の細粒化、再結晶オーステナイトの細粒化、フェライトの細粒化に結びつく。さらに、変態したフェライトを加工し転位密度の高いサブグレインを導入して強化を図り、加速冷却により微細なフェライトとベイナイトの混合組織を得ることにより、より高い強度が得られる。

　TMCP鋼材の特徴は、高強度、低降伏比、優れた溶接性である。高い強度が得られ40 mm以上の厚板でも基準強度の低下が少ない。高い塑性変形能をもち降伏点（降伏強さ）に上限規定を設定しているので大きな地震力が部材に作用した時、広い塑性域が得られ構造物における耐震性が向上する。また、優れた溶接性があり炭素当量（Ceq）および溶接割れ感受性組成（PCM）を低く抑えているため、信頼性の高い溶接接合部が得られる。予熱温度低減など溶接施工時の制約が緩和されるため溶接施工時のコストの低減

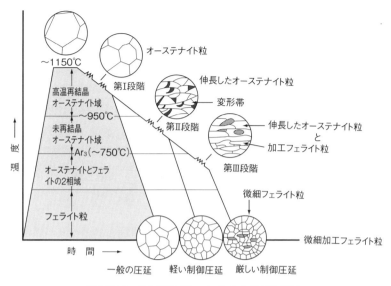

図 1.11 熱制御圧延における 3 段階圧延と各段階で得られる組織の模式図 [21]

に大きく寄与している。厚板、形鋼、極厚 H 形鋼、外法一定 H 形鋼、JIS 規格材、SS、SM、SNS、SMA、高強度材、H 形鋼・形鋼、溶接軽量 H 形鋼、山形鋼（アングル）溝形鋼、平鋼、T 形鋼、I 形鋼、円形鋼管、角形鋼管などの製造に用いられている。

▶ 1.5.4 特殊溶解法

特殊溶解法には、エレクトロスラグ再溶解法（ESR：Electro Slag Re-melting）、真空アーク再溶解法（VAR：Vaccum Arc Re-melting）、保護ガス加圧エレクトロスラグ再溶解法（P-ESR：Protective-Pressure Electro Slag Re-melting）などの再溶解法がある。日本では再溶解法を数次回繰返して行い材料特性の改善をしている。現在でも高品質な特殊鋼、工具鋼などにはこの溶解手法を用いた鋼材が市場に供給されている。

図 1.12 に ESR 法および VAR 法についての装置の構成および特徴を示す。これらの再溶解法は、鋼塊中に含まれる不純物元素の低減化、ガス元素の減少、インゴットの偏析減少化、素材品質の安定化などが達成できるメリット

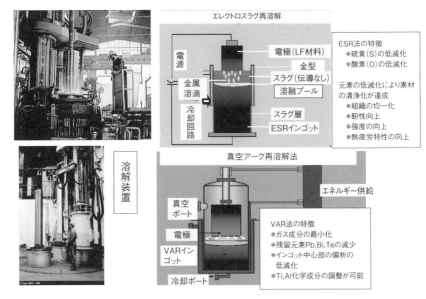

図1.12 特殊溶解法の概要 [16)]

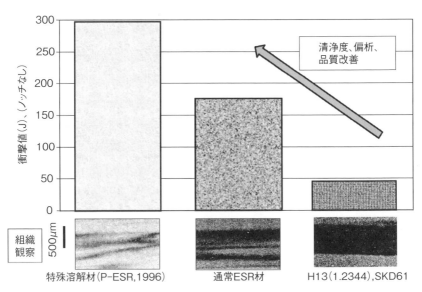

図1.13 各溶解法の違いによるミクロ組織と靭性値の比較

がある。

　再溶解方法により製造した鋼塊の材料品質は、再溶解手法の違いにより靭性値が異なる。また、溶解プロセスにより素材中に存在する不純物（非金属介在物）や炭化物の存在量および非金属介在物のサイズにより靭性値が変化する。図 1.13 に各溶解法の組織と衝撃値の違いを示す。再溶解法により作られた鋼塊には欠陥が少なく、介在物の微細化や清浄化より材料特性が向上する。

▶ 1.5.5　粉末冶金製法

　通常の特殊鋼、特殊用途用鋼や工具鋼は鋼塊から各種の加工を経て製造されるが、一部の鉄鋼材料のハイス鋼、超硬金属、ステンレス鋼においては、粉末冶金製法（粉末焼結法）を用いて鋼塊を製造する方法が取られている。特に耐摩耗性や耐食性および高精度な加工用工具鋼（冷間プレス、精密鍛造、刃物など）の材料に粉末冶金製法で作られた鋼材が使用されている。

　日本における粉末冶金鋼（PM 鋼：Powder Metallurgy）の開発は 1960〜1990 年代の超微粒子製造の研究から始まる。製法はガス中蒸着法による金属粒子の製造が発端になり、バルクでは発現しない結晶構造や形態が認められ、同時期に磁性超微粒子（強磁性材料）も開発されている [22]。その後、粒子径が数 μm レベルに向上し、磁気テープなどに応用されサブミクロン粒子の製造法が確立された。1980 年代後半にはニューセラミックス微粒子などの新素材が注目され液体急冷法、気相急冷法技術が発展し、ナノコンポジット非晶質微粒子などの製造方法が実用化され金属やセラミックスの圧粉体は相対密度が 60〜90 %（空隙率は 40〜10 %）に向上し、靭性を求められる工業製品にも応用されてきている [23]。

　図 1.14 に粉末冶金製法とスプレーフォーミング法の概要図を示す [16]。

　粉末冶金製造法は、溶融金属をタンデッシュから霧吹き状に微粉末を作り、その後、ホッパーに採取して不活性雰囲気中でカプセルに充填し、HIP（熱間等方プレス：Hot Isostatic Press）により高温高圧状態で粉末金属を焼結して鋼塊を製造する。スプレーフォーミング法は Osplay 社により開発され、一部鉄鋼の製造にも利用されたが、現在は非鉄金属（Al など）の製造に用いられている。この手法は粉末を直接インゴットに製造できる利点があり、

今後も技術の安定化が図られると有望な手法になる。

　構造用鋼、特殊用途用鋼や工具鋼における粉末冶金技術は、粉末粒子の高純度化が進み、今日では第3世代の不純物濃度の少ないクリーンな粉末製造が可能となり、耐摩耗性と耐チッピング性の向上した鋼種が提供されている。図 1.15 に通常溶解した工具鋼（SKD11 材）の組織と粉末冶金法により製造した工具鋼（SKD11 相当材）の組織の違いを示す。溶製鋼は粗大炭化物が明確に認められるが、粉末法による鋼は微細炭化物が均一に分散し、素材の材料特性も安定な挙動を示す。

1.6 鉄および鋼の諸特性

▶ 1.6.1 鉄鋼材料の分類と役割

　鉄と鋼の違いは何かと聞かれて、すぐに回答できる方は少ないと思われる。鉄は生金、鋼は刃金といわれている。鉄は英語で Iron（鋼は Steel）、ラテン語で Ferrous というが、化学記号はラテン語の Ferrous から Fe の元素記号を取っている[12]。

　一般には鉄と鋼を混同して理解されていることが多いが、分類としては別々の特性をもつ。鉄が有史以来使用されている理由として、鉄は加熱して鍛造すると加工が容易にでき自由形状の製品ができる。また、溶融金属から冷やしていくと金属構造（同素変態）や組織が変化し、炭素量の違いにより純鉄⇒鋼⇒鋳鉄と異なる金属的性質に変化する多様性のある特徴をもつためである。

　表 1.6 に工業用の純鉄の種類と化学組成を示す。完全な 100 ％鉄の製造は難しく、微量の不純物の混入は避けられないことが多く、工業的な製品製造はコストの増加などで大変難しい。

　鉄と鋼の基本的な諸特性の違いについて、「鉄」は鉄 – 炭素の 2 元系合金で炭素濃度が非常に少ない状態の材料をいい、一般的には焼きが入らない。

第 1 章 鉄鋼の基礎知識

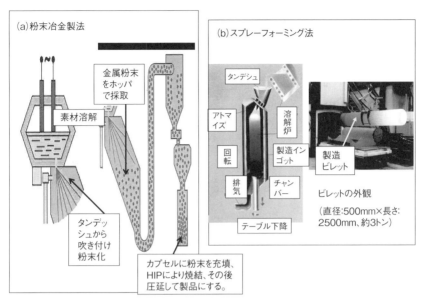

図1.14 鉄鋼材料の粉末冶金製法およびスプレーフォーミング法[16]

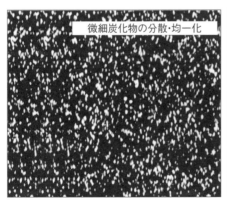
粉末冶金製法により製造された工具鋼
(SKD11相当)、微細炭化物の存在

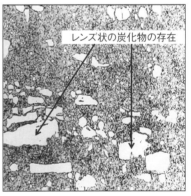
通常の溶解法により製造された工具鋼
(SKD11材)、レンズ状の炭化物の存在

図1.15 溶製鋼と粉末鋼の組織比較

鉄中の炭素濃度の増加に伴い鉄は「鋼（約2％以下）」に変化する。さらに鉄に炭素を2.0％以上含むと「鋳鉄」になる。鋼の表示としては、炭素量の違いにより異なる名称があり下記のように分類される。

表 1.6 工業用純鉄の化学組成

鉄の種類	炭素 (C)	ケイ素 (Si)	マンガン (Mn)	リン (P)	硫黄 (S)	酸素 (O)	水素 (H)
アームコ鉄	0.015	0.01	0.02	0.01	0.02	0.15	—
電解鉄	0.008	0.007	0.002	0.006	0.003	—	0.08
カーボニル鉄	0.020	0.01		Tr	0.004	—	—
最純度の鉄	0.001	0.003	0.00	0.0005	0.0026	0.0004	—

- 極軟鋼（C 濃度 0.15 % 以下）
- 軟鋼（C 濃度 0.2〜0.3 %）
- 半硬鋼（C 濃度 0.3〜0.5 %）
- 硬鋼（C 濃度 0.5〜0.8 %）
- 最硬鋼（C 濃度 0.8〜1.2 %）

なお、快削鋼（Free cutting steel）のように作為的に硫黄、鉛やスズを添加して機械加工性（Machinability）を向上させる鋼もある（鉛は特定化学物質、SDS に規定された有害物質のために近年ではあまり使用されない）。

各元素の役割のなかで基本となる「金属の 5 元素」は、通常の鉄鋼の溶解過程で必ず含まれる元素成分であり、炭素（C）、ケイ素（Si）、マンガン（Mn）、リン（P）、硫黄（S）の 5 成分をいう。

近年の鉄鋼製造では、特に不純物元素となるリン、硫黄元素およびガス元素（O、H、N など）の低減化が図られている。金属成分の分析値は通常、「取鍋精錬」の時に溶融金属を分析した値をミルシート（Mill sheet）の表示値にしている。よって構造物になった時の分析値とは多少異なる値を示す場合がある。**表 1.7** は各元素の材料中での振る舞いと「金属 5 元素」の役割を示す。

材料の分析値（ミルシート）にはこれらの元素名が必ず記載されるが、表示の順序は、日本およびヨーロッパでは「C、Si、P、S、Mn」の順で、アメリカは「C、Mn、Si、P、S」の表示になっている。

鉄鋼材料は、金属添加元素により材料特性が異なる。**図 1.16** は鉄、鋼（特殊鋼、工具鋼を含む）および鋳鉄の関係を示す。鉄鋼材料は基本的に鉄に炭素を添加した合金であるが、炭素濃度により鉄（0.02 % 以下）⇒炭素鋼（2

第1章 鉄鋼の基礎知識

表1.7 元素の鉄鋼への振る舞いと「金属5元素」の役割

●金属の5元素(鉄系金属には必ず存在する元素)、分析値の表示序列:日本、欧州:C,Si,Mn,P,S アメリカ:C,Mn,Si,P,S

元素名	役　割
炭素 (C)	硬さ、強さの向上 (1%に付き1,000 MPa増加)、焼入れ性向上、鉄鋼材料はC:0.3%以下。
ケイ素 (Si)	硬さ、強さの向上。
Mn (マンガン)	強度、硬さ増加、焼入れ性向上、調質鋼に添加。
P (リン)	有害元素の一種、鋼を脆くする(冷間脆性)、フェライトバンド(FeP)
S (硫黄)	有害元素の一種、鋼を脆くする(熱間脆性)。MnSの存在は快削性向上。

●鉄鋼に添加して機能性を向上させる元素

元素名	役　割
クロム (Cr)	耐食性、焼入れ性の向上、耐摩耗性の向上、浸炭促進。
モリブデン (Mo)	焼入れ性の向上、熱間強度の向上、結晶粒粗大化阻止。
ニッケル (Ni)	材料強度の向上、耐衝撃性向上、焼入れ性向上、オーステナイト化促進。
バナジウム (V)	耐摩耗性向上 (非常に硬い炭化物、VC形成)、結晶粒微細化。
タングステン (W)	耐熱性向上、熱間強度、耐摩耗性向上、高速度鋼に使用。
コバルト (Co)	熱間強度向上、赤熱脆性発現、高級工具鋼や磁性鋼添加。
銅 (Cu)	0.4%以下で耐食性向上、耐候性向上。
ボロン (B)	ごく微量 (0.003%以下) で焼入れ性向上。
チタニウム (Ti)	焼入れ性向上、ステンレスに添加し耐食性向上。

％以下)⇒鋳鉄 (2％以上) と変化する。特殊鋼とは、鉄－炭素の2元合金に各種の元素を添加して機能性のある合金鋼、特殊鋼、特殊用途鋼、工具鋼として各産業領域で用いられる。

▶ 1.6.2 鉄－炭素系状態図

図1.17は鉄－炭素系平衡状態図の一部を示す。状態図とは、2種類または数種類の純金属同士を溶解し、各温度領域で平衡する組織変化を示す金属 (合金) の温度に対する状態を図示する手法である。金属 (合金) を加熱または冷却して液体から固体になる過程において各種の金属的性質や物理特性がどのように変化するかを示す合金の履歴書といえる。

この状態図により合金 (2元系、多元系) の性質や組織変化を理解するのに非常に重要なものである。各種の金属 (合金) の融点、凝固変化、金属・物理的特性、設計時の材料特性を検討する場合は、この状態図を使用して検

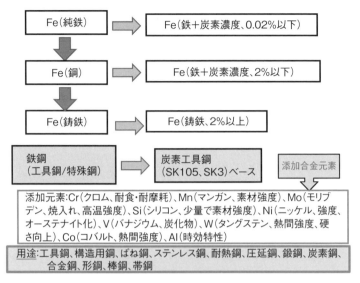

図1.16 鉄、鋼および鋳鉄の関係

討するとよい。2元系合金の状態図として有名な本は M.Hansen 著「Constitution of Binary Alloys」(1958)[24]があり、金属の合金設計には必ず使用されている。

　2元系の場合は横軸に金属濃度と縦軸に温度で示され比較的理解しやすいが、3元系となると底辺3軸に3金属成分濃度を表示し、縦軸に温度軸を取る3次元表示方法で各合金組織の状態を示す。さらに多元系になると平衡状態図は非常に複雑になり、同時に全ての合金組織や変化を表現することが難しい。

　なお、図中には組織変化も示すが、高温領域（オーステナイト域）と室温で存在する組織は合金中の炭素濃度により異なる組織形態を示すことが明確になる。状態図における状態変化は温度により異なる名称を使うが、溶融金属からの冷却過程で液体から一部の固体金属成分が出現する場合を「晶出（Liquidus）」といい、その境界線を「液相線」（Liquidus line）と表現する。同様に固体間の変化は「析出（Precipitate）」、並びにその状態が変化する境界線（変態点・温度）を「固相線（Solidus line）」と表現する。合金状態図の変化は単純ではなく各種の特性や組織変化が各温度や濃度により異なるこ

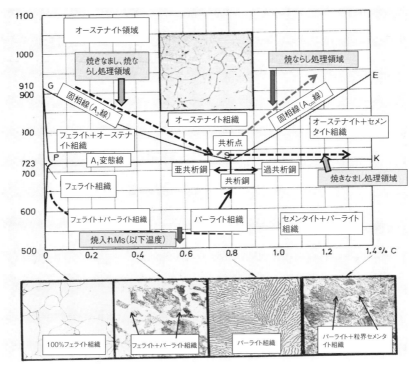

図1.17 鉄-炭素系2元系状態図の一部と組織変化 [7]、[12]

とから、各過程における現象は個々に名称が決められている。一般的に炭素量が0.8％C以下の低炭素鋼を「亜共析鋼」、C＝0.8％を「共析鋼」、0.8％C以上の高炭素鋼を「過共析鋼」と呼び、鉄と炭素系の合金のために「炭素鋼または普通鋼」といわれている。

図1.17に示す状態図の各変態点において出現する組織の種類（結晶組織が変化する温度域）やその組織の特性について**表1.8**に示す。鉄－炭素状態図には平衡状態図（Phase equilibrium diagram）と準平衡状態図が存在し、個々の変態温度域は多少異なる表示がされている。また、変態温度は研究成果により多少異なる値になるので注意する必要がある。

今後、鉄鋼材料において多くの組織名称が出てくるので、参考に代表的金属組織の名称と名前の由来について**図1.18**に示す[21]。

このように鉄-炭素合金には炭素量が増加すると「鋳鉄（Cast iron）」と

表1.8 鋼の変態の種類と組織の名称

変態の種類	変態の内容
A_1	723℃、共析変態、オーステナイト↔パーライト
A_{cm}	723〜1147℃、過共析鋼のセメンタイトの固溶・析出
A_{c1}	加熱の変態、パーライト→オーステナイト組織
A_{c3}	加熱の変態、オーステナイトにフェライトの固溶
M_s、M_f	Ms：オーステナイト→マルテンサイト変態の始点、 Mf：オーステナイト→マルテンサイト変態の終点

組織名	内容	組織の性質
フェライト（αFe）	α鉄、BCC（体心立方格子）、純鉄	軟い、強磁性体
セメンタイト（Fe_3C）	化合物、炭化鉄	硬い、脆い
パーライト（αFe＋Fe_3C）	Fe＋Fe_3Cの層状化合物	硬い
オーステナイト（γFe）	γ鉄、FCC(面心立方格子)、鉄の炭素固溶体	強靭、非磁性体
マルテンサイト（α'Fe）	A鉄、BCT(体心正方格子)、鉄中への過飽和固溶体	硬い、脆い

いう材料に変化する特徴をもっている。図1.19に代表的な鋳鉄組織を示す。

▶ 1.6.3　金属の結晶化のメカニズム

図1.20は、金属の溶解段階から固体化して固体金属になるメカニズム、結晶の成長段階概略図、結晶成長および結晶構造などを示す。

溶融状態から冷却が進むと結晶核が発生する。その後、結晶の状態が成長・変化して徐々に固体になる。2種類の合金においては、主たる金属原子（溶質原子）と添加金属原子（溶媒原子）の比率が添加濃度により変化し、溶質金属の位置に溶媒原子が置き換わることを「置換型原子（Substitutional atom）」といい、溶質原子よりも小さいガス元素（C、H、N、O原子）は、各球体の溶質原子の積み重ね時に存在する狭い空間の位置に侵入するために「侵入型原子（Interstitial atom）」という。また、金属間化合物（Intermetallic compound）とは、金属同士が結合して作られる化合物（金属同士の結合、炭化物、酸化物、硫化物など）をいい、鉄－炭素系状態図中に認められるセメンタイト（Fe_3C）などが代表的な金属間化合物の組織で

第1章 鉄鋼の基礎知識

フェライト
α鉄をいう。性質は純鉄に近く、柔らかく展延性が高い。組織は多角形状で腐食されにくい。フェライトは磁石と言う別名もある。

オーステナイト
イギリスのロバート・オーステンが発明・命名。炭素(C)を固溶したγ鉄をいう。組織の形状が田圃に似ているので「大洲田」と命名された。A_3点以上に加熱した時、18-8ステンレス鋼に出現する組織、硬さは150HV程度。

セメンタイト
炭化鉄(Fe_3C)のことを金相学的にいう。金属光沢をもち硬くてもろい。セメントのように固いために「脆面体」と命名。組織は層状、球状、網状、針状などいろいろな形状が認められる。腐食されにくく、硬さは1200HV程度。

パーライト
ソルビーにより発見・命名される。フェライトとセメンタイトが層状に存在する組織。傾斜光による顕微鏡観察で真珠貝(パール)のような色合いからこの名前がつく。焼きなましや焼ならしにより得られる組織、硬さや強さはあまり高くなく、炭素(C)は0.8%で一定。安定な組織で硬さは240HV程度。

マルテンサイト
ドイツのアドルフ・マルテンスが発見・命名。炭素(C)に固溶したα鉄のことをいう。組織形状が麻葉状であることから「麻留田」と命名。オーステナイトの急冷により得られる組織で熱処理組織中、最も硬く脆い組織。焼戻しにより靭性が増す組織を「焼戻しマルテンサイト」という。

トルースタイト
フランスのトルースが発見・命名。マルテンサイトを400℃の焼戻しにより得られる組織。マルテンサイトの生地から微細なFe_3Cが吐き出された組織であり「吐粒洲」と命名。ばね性はあるが、約400HV程度。耐食性が悪いのが欠点。

ソルバイト
イギリスのクリントン・ソルビーが発見・命名。マルテンサイトを500~600℃に焼戻した時に得られる組織。セメンタイトの微粒がやや粗くなり、粘りが強い。硬さは270HV程度。

ベイナイト
E.C.ベインが発見・命名。S曲線を利用してMs点と臨界冷却区域の温度範囲で焼入れした時に得られる組織。通常の焼入れ-焼戻し材と比較すると粘りが強い。硬さは550HV程度。図は下部ベイナイト組織を示す。

図1.18 鉄鋼材料の組織名称と由来 [21]

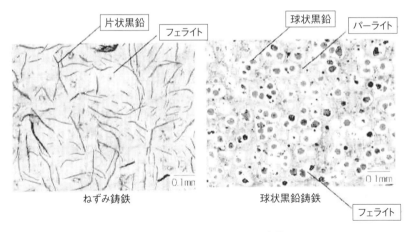

図1.19 代表的な鋳鉄の組織

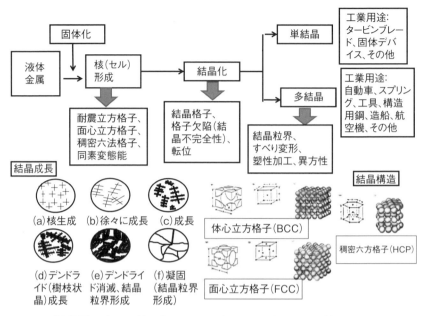

図1.20 金属の結晶化のメカニズム、結晶成長、結晶構造の概要

ある。その後、金属は各元素や合金に特有な結晶形態〔体心立方晶（BCC：Body centered cubic）、面心立方晶（FCC：Face centered cubic）、稠密六方晶（HCP：Hexagonal close packed またはClose packed Hexagonal）など〕の結晶に成長する。この時に単一金属結晶が固体化したものを単結晶、多くの結晶の集合体なったものを多結晶体という。固体化した金属の機械的性質、化学的性質、物理的性質は金属のもつ物理的特性、固体の結晶状態、加工状態、不純物の存在などにより異なり、使用目的に合った工業製品に使用される。鉄－炭素系合金はまた、溶融温度から結晶が成長する段階で結晶が変化して同素変態を起こす特徴をもち、高温域から体心立方晶（BCC）⇒面心立方晶（FCC）⇒体心立方晶（BCC）に結晶構造が変化する。

　2元系の合金を想定した時の濃度に伴う組織変化は、純金属の場合は均一な単一組織を示し、2種類の金属成分濃度が変化すると、ある濃度までは相互の金属が均一に溶解して純金属的な組織を呈するが、さらに濃度が増加すると固溶体の状態から一部の金属成分が新たに出現（析出）し、2種類の組

識が認められることになる。その後、析出成分は一部成長して結晶粒子が大きくなり、さらに異種の成分も析出して多くの結晶が混在した合金組織となる。実際の金属材料などでは、加熱や冷却時の温度、冷却速度によりこの出現する金属成分や結晶の大きさなどが異なり、この変化が材料の機械的・物理的性質に大きく影響を与える[25]。

「鉄」は微量の炭素（0.02％以下）しか固溶できないが、この純鉄は非常に軟らかく加工が容易で、一般に加熱（焼入れ）後、急冷しても硬くならず（焼が入らない）、強度は低いために構造材料には使用できないことが多い。そこで、鉄中に炭素を添加し徐々に濃度を増加させると、鉄はある濃度範囲（0.02以上～2.0％程度）で「鋼」に変化する。この現象は、純鉄中に炭素が溶けて合金となり、焼きが入り硬さが炭素の濃度の増加に伴い増加するためであり、機械装置部品などに使用する構造物などに適用できる材料特性や機能が発現する。

▶ 1.6.4 金属材料の強化機構

また、金属材料の強化法には各種の機構がある。その概要を**表1.9**に示す。

詳細な材料強化のメカニズムとして結晶の微細化が材料強度向上の手法としてよく使われる。鋼の降伏応力の結晶粒径との関係は、ホール・ペッチの法則、すなわち、$\sigma_y = \sigma_0 + kd^{-1/2}$〔多結晶金属の応力（$\sigma$）と結晶粒径（$d$）の関係式により、$\sigma_0$とkは単結晶の強度に相当する応力と定数〕という関係式を提案している[25], [26]。この関係式は、金属材料の変形応力および破壊応力についても成立することが知られている。したがって、結晶粒微細化[27]は組成を変えることなく結晶材料の高強度化と高靭性化を図る有力な手段として利用されてきた。しかし、1990年代に入り結晶粒径が20 nm程度以下ではホール・ペッチの法則はもはや成立せず、むしろ粒径の減少とともに強度が低下することが明らかになり、この現象は逆ホール・ペッチ挙動と呼ばれるようになった[26]。しかし、一般に結晶粒が小さくなると機械的特性や強度は上昇する機構から、材料強度の開発には重要な法則になっている（**図1.21**）。

表1.9 強化機構の種類とその概要

強化の種類	機構の説明
加工硬化（転位強化）	加工によって転位密度を高める方法であり、比較的低温で塑性変形をさせると、降伏ひずみの増加に伴い変形応力が高くなる。これを加工硬化（work hardening、Strain Hardening）という。
結晶粒微細化強化	結晶粒を微細化する。結晶粒界は異なる方位をもつ隣接粒内の境界であり、一般的に結晶粒中の滑り面は粒界を挟んで連続していない。通常、転位は粒界を通り越して運動は不可能である。Hall-Petchの法則にあるように、引張強さやあるひずみ時の変形応力などについてもこの法則が成り立ち、また、材料の靱性も $d^{-1/2}$ に比例して向上することになる。
固溶強化	置換型または侵入型固溶原子を導入する。固溶原子と転位の相互作用を利用して強化する方法であり、溶質原子と溶媒原子の寸法効果が大きい。溶質原子濃度の1/2乗に比例する。
分散強化	酸化物・介在物などの粒子を分散させる。材料中のマトリックスよりも強く塑性変形しにくい粒子を分散させ、転位の運動の障害とする。粒子は転位に切られることのない強固な障害となりピン止めにする。
析出強化	主に時効熱処理によって微細な第二相析出物を分散させる。広義にはスピノーダル分解による強化も含む。微細な析出物と母相に密に分散させ転位に障害物にする。なお、析出強化と分散強化との違いは析出物が微細であるか否かの点である。障害物としての強さ、弱さは析出物の多さによりカバーされる。また、析出強化量は析出物の大きさ(r)と体積率(f)の1/2乗に比例する。転位上の平均粒子間隔として寸法効果が影響する。
複合強化	異なる材料を複合化する。

▶ 1.6.5 金属材料の加工と再結晶のメカニズム

図1.22は金属が外力を与えられた時の結晶内での変形挙動の概要を示す。材料内の金属結晶がスリップにより変形するために材料は理論強度より低い応力で変形が起こる。一方、ガラス、セラミックスなどにおいては外力に対して変形能をもたないので簡単に破壊することになる[7), 15), 29)]。

各結晶内では滑り（スリップ帯：Slip Band）が発生すると格子内の結合状態がずれる（転位の動き：Dislocation moving）。一つの結晶内は単結晶

第 1 章　鉄鋼の基礎知識

金属の変形は転位の運動によって起こる。転位の運動を阻害することで強化が可能である。しかし、転位が動けなくなると変形はできなく、ガラス、セラミックス、超硬などは変形がない。

結晶粒度番号	概略平均粒径 mm (μm)	結晶粒度番号	概略平均粒径 mm (μm)
-3	1.00 (1000)	5	0.162 (62)
-2	0.71 (710)	6	0.044 (44)
-1	0.50 (500)	7	0.031 (31)
0	0.35 (350)	8	0.022 (22)
1	0.25 (250)	9	0.016 (16)
2	0.18 (180)	10	0.011 (11)
3	0.12 (120)	11	0.008 (8)
4	0.088 (88)	12	0.006 (6)

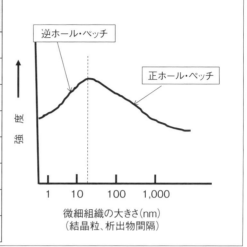

図 1.21　金属の強化法と結晶粒度番号[26]

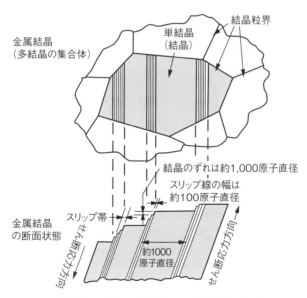

図 1.22　金属の結晶内での変形挙動の概要

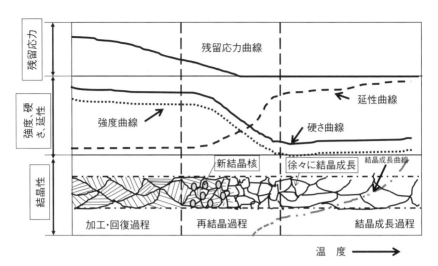

図1.23　加工された金属結晶の回復成長過程

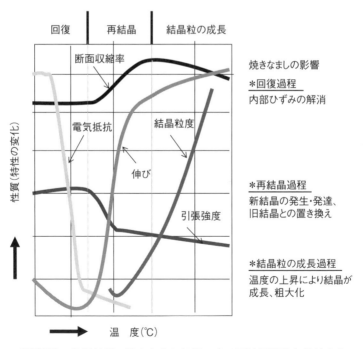

図1.24　鉄鋼材料の焼きなまし処理による再結晶挙動と特性変化

（Single crystal）と考えられ、滑りは単一の結晶のすべり面に沿って変形が起こり、マクロ的には表面に「のこぎり状」の凹凸が認められる。

軟鋼材料に加工を行い、加工された結晶の回復成長過程において温度変化に伴う組織の変化を図1.23に示す。材料は加工により材料中の結晶が変形され、温度の上昇に伴い加工された結晶は一度消失して新たに新規の結晶に置き換わる（再結晶：recrystallization）。その後、結晶は成長し徐々に大きくなる。

金属の再結晶温度は金属の融点（Melting point：T_m）の1/2といわれている。軟鋼の場合の再結晶温度は450～550℃の領域になり、合金元素が固溶すると上昇する。また、金属が加工されて加工ひずみが存在すると、その影響から再結晶温度は低下し、加熱時間が長ければ再結晶温度は低くなる。この時の材料強度、硬さ、靭性、残留応力などは温度の上昇により低下するが、延性（Ductility：伸び）は軟化が進むために増加する傾向を示す。

図1.24は鉄鋼材料を加工後、結晶変形時の焼きなまし処理による機械的性質、電気的性質の変化を示す。

図1.25は鉄鋼材料の加熱‐冷却過程における各組織の質量変化を示す。

組織の種類	体積（cm³/g）
フェライト	0.1271
オーステナイト	0.1245
マルテンサイト	0.1296

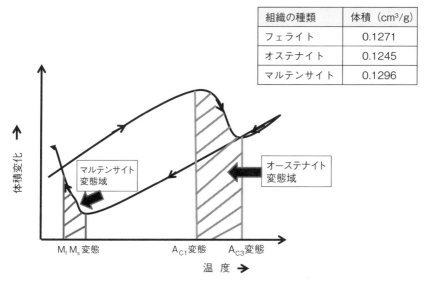

図1.25　鉄鋼材料の加熱‐冷却過程での組織の体積変化

焼入れ時のオーステナイト組織がMs点（焼入れ時に室温まで冷却する過程において無拡散の状態で変態するマルテンサイト変態が開始する温度。添加合金の種類・鋼種により開始温度は各々異なる）まで冷却されるとマルテンサイト変態によりマルテンサイト組織になるが、この時の質量は高温域のオーステナイト組織が$0.1245 \text{ cm}^3/\text{g}$から$0.1296 \text{ cm}^3/\text{g}$になるので、素材の容積が膨張することになる[25]。この現象により材料内にはひずみが発生することになる。

1.7 鉄鋼材料の材料特性

▶ 1.7.1 機械的特性

　鉄鋼材料は機械的性質、物理的性質、化学的性質の3つの大きな特性をもつ。これらの特性は熱処理、加工などにより大きく特性は変化するが、有効な工業材料として使用する場合は各特徴を加味した材料の選択が必要になる。なかでも鉄鋼材料における機械的特性は材料評価で最も重要な知見を得られる方法である。

　鉄鋼材料の機械的特性は、強さ、硬さ、粘さ、脆さが代表的な性質になる。材料強度は材料試験により、引張強さ（引張応力）、降伏強さ（降伏応力）、伸び、絞りなどが明確になる。材料試験機で材料を引っ張った時の荷重（応力）-伸び（ひずみ）線図の概要を**図1.26**に示す。降伏応力は弾性領域での応力であり、荷重を取り除くと元に戻る範囲をいう。引張応力は弾性応力以上の領域をいい、荷重を取り除いても元に戻らず材料が破壊するまでの応力をいう。

　引張強さは硬さにより決まり、鋼種による違いは少ない。引張強さと硬さの関係は下記のような関係がある[12]。

　　引張強さσ（MPa）=1/3 × HB=2.1 × HS=3.2 HRC

　HB：ブリネル硬さ値、HS：ショア硬さ値、HRC：ロックウエルCスケ

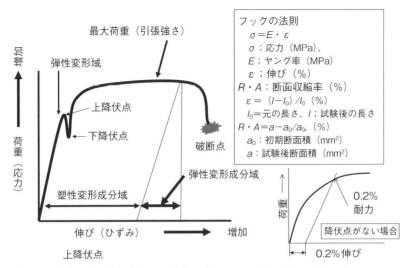

図1.26 応力（荷重）-ひずみ（伸び）曲線（引張試験）

ール硬さ値を示す。表示単位は $kgf/mm^2 = 9.8\ MPa = N/mm^2$ の関係がある。

なお、引張試験における引張強さ（引張応力）σ_f と降伏強さ（降伏応力）σ_y は下記の式で示される。

$$\sigma_f, \sigma_y = W/A\ (MPa,\ N/mm^2)$$

ここで、σ：引張強さ、降伏強さ（MPa, N/mm^2）、W：破壊時の最大荷重または降伏荷重（kgf）、A：試験前の断面積（mm^2）である。

降伏強さ（弾性限度以内の強度であり、荷重を除くと元に戻る限界強度）は引張応力と関係があり、焼きなまし材では引張強さの約50％の値になり、調質材では80～90％程度の関係がある。降伏応力の増加は焼入れ-焼戻し後に完全調質をすると増加する。なお、工具鋼（高合金鋼）およびアルミニウム、銅などは降伏応力の領域が明確に認められないため、弾性応力の領域で0.2％伸びの位置で弾性変形限界の目安とし、「0.2％耐力（0.2％ Proof stress）」として降伏応力にしている。

伸びは材料を引っ張ると伸びる現象をいい、延性（Ductile）の目安になり、軟らかいほどよく材料が伸びることになる。

引張伸びは次式で示される。

　伸び $l = (l_1 - l_0)/l_0$

ここで、l：破断時の伸び（％）、l_0：試験前の基準長さ（mm）、l_1：破断後の長さ（mm）である。

また、超塑性現象は材料の変形速度（ひずみ速度）と引張速度が同程度の状態になると材料中の変形挙動（転位の動き）と一致するため、従来材は数10％の伸びでも100～1000％のように非常に伸びることがある。

また、金属材料は変形や加工を行うとまず弾性変形（荷重を取ると元に戻る変形）後に塑性変形（荷重を取り除いても元に戻らない性質）が起こり徐々に破壊にいたる現象をとる。塑性変形とは、金属格子の正規の積み重ね（トランプの「ずれ」に類似した現象）がずれて加工（すべり変形）が進む現象である。

金箔製作は特殊な和紙で挟み叩いていくと非常に薄くなるが、タヌキの皮にはさんで叩いて潰していくと、0.065μmと極めて薄い箔が作れることになる[12],[13]。一例として、**図1.27**に鉄鋼材料（強度が高い）と鉛（軟らかい）を直列に接合して同時に材料を引っ張った場合（a）と、2種類の金属を平列に固定して同時に材料を引っ張った場合（b）に、各条件ではどちらの金属が破壊するかを示す。

絞り（断面収縮率：Reduction of area）とは、材料の断面方向の収縮度合いをいい、軟らかい素材は非常に元の断面に比べ小さくなり、靭性の目安になる。

絞りは次式で示される。

　絞り $\delta = (a_1 - a_0)/a_0$

ここで、δ：破断時の絞り（％）、a_0：試験前の直径（mm）、a_1：破断後の直径（mm）である。

なお、脆性材料であるガラス、超硬、セラミックスでは、ほとんど伸びや収縮が起こらず、引っ張っても変形がなく元の長さ、断面の状態で破壊する。

この絞りの現象は衝撃試験による現象と同様な挙動であり、材料の粘さ（靭性：Toughness）がわかる。

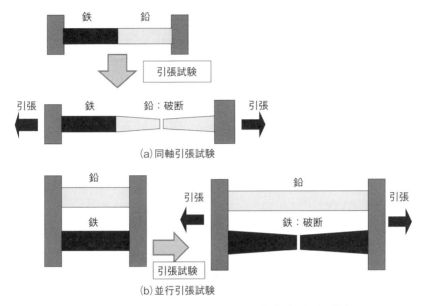

図 1.27 固定方法の違いによる変形挙動（塑性変形能）

▶ 1.7.2 物理的特性

　鋼の物理的特性には、溶融温度、比重、熱膨張率（係数）、比熱、熱伝導度、電気抵抗などがある。

　表 1.10 は鉄鋼材料の溶融温度と比重の値を示す。溶融温度は炭素（C）濃度の増加に伴い低下する。鉄にAl、Si、Crが添加されると比重は小さくなり、Wが添加されると大きくなる。

　表 1.11 は鉄鋼材料の熱膨張率、熱伝導率、比熱および電気抵抗の鋼種による諸特性を示す。

　熱膨張係数は炭素量が増えるほど小さくなる。一般に溶融温度が高いほど熱膨張係数は小さい。炭素鋼の熱膨張係数は温度が多くなるほど大きくなり、合金元素が添加するほど小さくなる。オーステナイト系ステンレス鋼は炭素鋼に比べ大きくなる。A_1変態点では熱膨張係数が異常をきたす。

　熱伝導率は、炭素鋼の炭素濃度が増えると熱伝導率は小さくなり、合金元素が添加されると小さくなる。炭素鋼の熱伝導率は温度上昇により減少する。炭素鋼の比熱は、炭素（C）％の増加によりわずかに大きくなる。変態点で

表1.10 鋼鉄の溶解温度と比重

鉄鋼材料	溶融温度（℃）	比重（g/cm³）
純鉄（Fe）	1,534	7.876
0.1%C（S10C）	1,500	7.873
0.2%C（S20C）	1,480	7.870
0.4%C（S40C）	1,450	7.864
0.8%C（S80C）	1,400	7.852
鋳鉄（FC）	1,140～1,350	7.2～7.3

表1.11 鉄鋼材料の熱膨張率、熱伝導率、比熱、電気抵抗

材料の種類	熱膨張係数 ($\times 10^{-6}$/℃)	熱伝導率 (cal/cm・sec・℃)	材料の種類	比熱 (cal/g・℃)	電気抵抗 ($\mu\Omega\cdot$cm)
純鉄（Fe）	11.7	0.178	純鉄（Fe）	0.113	9.7
0.1%C	11.7	0.125	0.1%C	0.115	14.2
0.2%C	11.7	0.3%C：0.115	0.2%C	0.116	16.4
0.4%C	11.2	—	0.4%C	0.116	17.1
0.6%C	11.1	0.105	0.8%C	0.117	18.0
1.2%C	10.6	1.0%C：0.095	1.2%C	0.117	19.6
SUS18-8	17.3	1.5%C：0.085	3%Ni 鋼	0.115	28.9
SCM435	11.2	3%Ni：0.08	SCr440	0.114	21.0
SCr440	12.6	0.111	13%Mn 鋼	0.124	68.3
SUJ2	12.8	鋳鉄：0.12-0.3	SUS(13%Cr)	0.113	50.6
SUS(12%Cr)	9.9	13%Cr：0.064	SUS(18-8%Cr)	0.122	72.0
SUS(18%Cr)	9.0	18-8%ステンレス 0.038	SKH2	0.098	41.9
13%Mn 鋼	18.0	0.031	鋳鉄（FC）	0.131	75～210
SKH2	11.2	0.058			

は数値に異常をきたす。なお、比熱$=0.113+0.0045\times C$％による関係により比熱の目安になる。

　電気抵抗は、炭素濃度と熱処理により変化し、炭素量や合金元素の添加により大きくなる。低合金鋼の電気抵抗は炭素鋼に比べ大きく、高合金鋼は炭

素鋼や低合金鋼に比べ大きい。電気抵抗は温度の上昇に伴い増加する。層状組織（パーライト）の電気抵抗は粒状組織（ソルバイト）よりも大きい特徴をもつ。

▶ 1.7.3　化学的特性

鉄鋼の化学的特性では耐食の問題が重要な要件である[30]。

①水温、②電気伝導率、③pH、④アルカリ度、⑤酸度、⑥遊離炭素、⑦カルシウムおよびマグネシウム硬度、⑧溶存酸素、⑨残留塩素、⑩塩素イオン、⑪硫酸イオン、⑫硫化物イオン、⑬硝酸イオンおよび亜硝酸イオン、⑭アンモニア、⑮溶性ケイ酸、⑯鉄、⑰マンガン、⑱亜鉛、⑲銅、⑳濁度などが腐食に対して水中の不純物として影響する。

一般に水中における鉄の腐食反応は下記に示され、Fe^{2+}イオンとして水中に遊離することになる。

$$Fe \Rightarrow Fe^{2+} + 2e^-　（アノード反応：陽極反応）$$

$$H_2O + 1/2O_2 + 2e^- \Rightarrow 2OH^-　（カソード反応：陰極反応）$$

この反応の結果、鉄腐食生成物〔$Fe(OH)_2$〕が生じる。溶存酸素が存在すれば、赤さびの$Fe(OH)_3$に変化する。

$$Fe + H_2O + 1/2O_2 \Rightarrow Fe(OH)_2$$

一般にC％（炭素）量が0.9％近傍で錆に対する感受性は最大となり、それ以上では耐食性が増加する傾向を示す。時効析出系合金は炭素量が低く耐食性は良好である。銅（Cu）も多少添加すると耐候性鋼として使用される。また、錆発生にはストレスの存在も大きく影響し、加工状態による応力場の存在は応力腐食を誘発させる。

熱処理においては、焼入れ後のマルテンサイトまたはオーステナイトは比較的耐食性は良好である。

焼戻しについては、高温焼戻し（500℃程度）に比べて低温焼戻し処理（300℃以下）が耐食性は高い。ステンレス系の材料においても鏡面性を求められる素材には低温焼戻しが良好な結果が得られる。

ステンレス系の材料は一般的にクロム（Cr）元素を添加すると耐食性が増すが、18-8（18％Cr-8％Ni）合金は耐食性の最も高い材料の代表的鋼種である。

参 考 文 献

1) 財団法人素形材センター資料（2015）
2) 経済産業省編：素形材技術戦略（2012）
3) 左近司忠政：「21世紀に入っての世界鉄鋼業の需要と今後の展望」、金属、Vol.84、No.1（2014）
4) 矢島忠正：鉄の歴史、③産業革命後の技術開発、ふぇらむ、Vol.8、No.7（2003）
5) 経済産業省：鉄鋼統計（2016）
6) 長井敏明：素材産業シリーズ、特殊鋼、月刊生産財マーケッティング（2005）
7) 岡本正三：鉄鋼材料、コロナ社（1968）
8) G.Robert et. al.：Tool Steels、ASM（1998）
9) G.Wranglèn著、吉沢四郎共訳「金属の腐食防食序論」化学同人（1973）
10) S.Kalpakjian：Manufacturing enginering and tachnology,Third edition、Addison-Wesley publishing Co.Inc（1995）
11) JISハンドブック「鉄鋼I」（2015）
12) 大和久重雄：鋼のはなし、日本規格協会（2005）
13) 幸田成康編：百万人の金属学、基礎編、アグネ（1965）
14) 井口洋夫著：金属の話、倍風館（1986）
15) 百万人の金属学、材料編、アグネ（1967）
16) ウッデホルム技術資料（2009）
17) ザビッキー他著、斉藤恒三監修：金属とは何か、講談社ブルーバックス（1986）
18) 新日本製鉄編著：鉄と鉄鋼がわかる本、日本実業出版社（2004）
19) 渡辺：鉄鋼新素材、TMCP鋼の適用分野、溶接学会誌、Nol.55、No.1（1986）
20) 小沢裕一：TMCP鋼とは何か、溶接学会誌、Voll.59、No.7（1990）
21) （社）日本熱処理技術協会編著：入門・金属材料の組織と性質、大河出版（2004）
22) 木村尚：鉄系焼結材、粉末および粉末冶金、Vol.18、No.3（1971）
23) 小田正明：新技術開発事業団「ガス中蒸発法による超微粒子の作製と応用」、林プロジェクト研究要旨集（1986）
24) M.Hansen：Constitution of Binary Alloys（1958）
25) C.M.Wayman著、清水謙一訳：マルテンサイト変態の結晶学、丸善（1969）
26) E.O.Hall（1951）、N.J.Petch（1953）および宝野和博：金属材料のナノ組織と特性、マテリアル特別講義資料（2006）
27) 吉江淳彦：結晶粒微細化技術、特殊鋼、Vol.57、No.2（2008）
28) C.Kittel：Introduction to Solid State Physics、John Wiley&Son Inc.（1971）
29) 安部秀夫：金属組織学序論、コロナ社（1970）
30) 藤井哲雄：金属の腐食・事例と対策、工業調査会（2002）

機械構造用鋼の材料特性

　構造用鋼には普通鋼と特殊鋼が含まれるが、鉄鋼生産量に対する普通鋼と特殊鋼との比率は普通鋼が約 80％、特殊鋼が 20％である。普通鋼は軟鋼から炭素合金鋼、工具鋼など適用範囲が広く、建築構造用（土木、鉄骨含む）、機械構造用製品や部品、橋梁、造船、自動車などほぼ全産業に大きく貢献し利用度が大きい。また、特殊鋼は高機能製品・部品、工具、金型、軸受、ばねなどの特殊用途用材料として、需要量は少ないが多くの機能的製品に使用されている。

　本章では構造用鋼の鋼種特徴、適用領域について、特性や性質を知るうえで非常に重要な機能性鋼材について述べる。

2.1 構造用鋼の分類、用途

鉄鋼材料を用途別に分けると、一般構造用鋼材に使用される「普通鋼」と特殊用途に使用する「特殊鋼」に分けられ、構造用鋼は両者の鋼種を用途、目的および性能により使い分けがされている。

鉄鋼生産量に対する普通鋼と特殊鋼との比率は普通鋼が79％、特殊鋼が21％となっている。普通鋼は建築構造用（土木、鉄骨含む）、機械部品、橋梁、造船、電気・電子用品、民生用、自動車など多くの産業領域に提供されている。また、特殊鋼は高機能製品・部品、工具鋼、特殊用途用材料として多くの製品に使用されている。しかし、工具鋼の生産量を見てみると、特殊鋼の中でも約1.0％程度と非常に少ない状況である。しかし、鋼材の特性や性質からは非常に重要な機能性鋼材といえる（図2.1）。

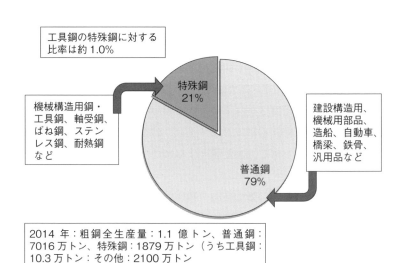

図2.1　鉄鋼材料の鋼種別統計[1]

▶ 2.1.1　鉄鋼の添加元素

　機械装置や部品における機能的で、かつ強度を必要とする部品に使用する鋼を「構造用鋼」といい、その中でも一番安価な鋼材は鉄–炭素合金でSxxC材と呼ばれる「普通炭素鋼」である。この鋼種に添加元素としてクロム（Cr）とモリブデン（Mo）を添加した鋼材はクロム–モリブデン鋼（SCM材）、さらに材料の強靭性を高めるためにニッケルを加えたニッケル–クロム–モリブデン鋼（SNCM材）などがあり、これらは「肌焼鋼」ともいわれている。

　これらの構造用鋼や特殊鋼には、製鋼の際に除去が非常に難しく、どうしても混入される元素に炭素（C）、ケイ素（Si）、リン（P）、硫黄（S）、マンガン（Mn）があり、これらの元素を「鉄鋼の5元素」[2]といっている（図2.2）。また、これらの元素以外に添加元素として、アルミニウム（Al）、窒素（N）、ホウ素（B）、バナジウム（V）、ニオブ（NbまたはCb）、チタン（Ti）および銅（Cu）などの金属元素を添加して、鋼の焼入れ性、焼入れ–焼戻し後の組織制御により高機能性、耐熱性および耐摩耗性など機能を発現させている。

　「鉄鋼の5元素」は鉄鉱石や製鋼過程で混入するものであるが、なかでも炭素は特に重要な元素であり、鉄鋼材料の硬さや靭性に及ぼす影響は大きい。鉄鋼材料の基本特性を決めるのは炭素の含有量が重要な要素になっているが、炭素が0.006％以下のものは「純鉄（αFe：Iron）」、0.006％以上を「鋼（Steel）」と呼んでいる。なお、一般的に使用される鉄鋼材料は大部分が鋼

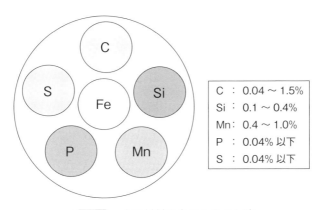

図2.2　金属材料に含まれる5元素

の範疇のものであり、炭素含有量としては最大で2％程度である。それよりも多い炭素量の場合は「鋳鉄（Cast iron）」になり鋳物用鋼材として用いられている。

鋼におけるこれら5元素の含有量は大体決まっており、図2.2に示すようにその濃度範囲は、炭素（C）0.04～1.5％、ケイ素（Si）0.1～0.4％、マンガン（Mn）0.4～1.0％、リン（P）0.04％以下および硫黄（S）0.04％以下になっている。

また、SiやMnは鋼中に存在すると有益な特性も発現する成分でもあり、製鋼時に添加され機能性や材料特性の向上に既定の範囲以上に添加される場合もある。しかし、PおよびSは鉄鋼材料に対して不純物元素の振舞いをして材料特性を低下させる要因になるため、製鋼時には極力これらの元素含有量を低下させる手法を取る。Pは鉄と結合して、フェライトバンドの形成、遅れ破壊を誘発させ、材料の低温時の使用において「低温脆性」が現れる。Sは鉄鋼材料を高温で使用した時に「熱間脆性」が現れる。しかし、Sは硫化マンガン（MnS）の金属間化合物を作り被削性を向上させる働きもあるため、「快削鋼」は約0.3％まで添加する場合がある。

近年では機械加工装置の高機能化や工具の改善・開発によりマシニングセンタによる直彫り加工が進み、高硬度（55 HRC程度まで可能）の鉄鋼材料も直接加工が可能になってきているため、高い鉄鋼製品の品質を求める鋼種においては偏析や割れのトラブル原因になり利用用途は限定されている。

▶ 2.1.2　鉄鋼材料のJIS規格と製品の関係

機械構造用鋼のJIS規格は、一般機械、産業用機械、輸送用機械などの構造用材料として主に用いられるため、キルド鋼の鋼塊から使用するときは機械加工や熱処理が施される。構造用鋼としては、機械構造用炭素鋼、機械構造用合金鋼および焼入れ性を保証した構造用鋼がJIS規格でも規定されており、炭素含有量や添加されている合金元素によって分類されている。

鋼種別のJIS記号は、**表2.1**に示すように炭素含有量および添加合金元素の種類（SMnxxHの「H」の記号など）や量によって英字および数字の組み合わせで区別されている[2]。

鉄鋼材料の設計や材料の規定はJIS規格（日本工業規格）により多くの鋼

表2.1 鉄鋼材料の用途別分類

鋼 種 名	JIS 規定表示	JIS 記号	JIS 規格 No.
普通鋼	一般構造用圧延鋼材	SS	JIS G3101
	ボイラー用圧延鋼材	SB	JIS G3103
	リベット用圧延鋼材	SV	JIS G3104
	溶接構造用圧延鋼材	SM	JIS G3106
	鍛鋼品	SF	JIS G3201
構造用合金鋼	機械構造用炭素鋼材	SxxS	JIS G4051
	H 鋼材	SH	JIS G4052
	Ni-Cr 鋼材	SNC	JIS G4102
	Ni-Cr-Mo 鋼材	SNCM	JIS G4103
	Cr 鋼材	SCr	JIS G4104
	Cr-Mo 鋼材	SCM	JIS G4105
	Al-Cr-Mo 鋼材	SACM	JIS G4202
工具鋼	炭素工具鋼	SK	JIS G4401
	合金工具鋼	SKS、SKD、SKT	JIS G4404
	高速度工具用鋼材	SKH	JIS G4403
特殊用途用鋼	ステンレス鋼材	SUS	JIS G4303-4309
	耐熱鋼	SUH	JIS G4311-4312
	高 C-Cr 軸受鋼鋼材	SUJ	JIS G4805
	ばね鋼鋼材	SUP	JIS G4801

種の成分値、材料特性および熱処理条件などが規定されている。これらの表示値を実際の設計基準や処理基準にするときには形状、肉厚や容積などの違いがあるので、データの利用には注意が必要になる。

　一般的な鋼の製造方法は、溶融金属を取鍋に取り、鋳鉄製の鋳型に1,580℃の溶鋼を注入して鋼塊を作るが、凝固は外表面から始まり徐々に内部が固まり鋼塊の最後は上部が固まる形態を取る。溶鋼中に含まれるPやS元素およびその他の不純物は凝固の最終段階で中心部の上部に集積する傾向がある。また、この上部には気泡や収縮によるすきまが出やすい。

鉄鋼材料の鋼塊（Ingot）製造や二次製品製造時の鋼塊の凝固組織の違いにより、キルド鋼（Killed Steel）、セミキルド鋼（Semi-killed steel）およびリムド鋼（Rimmed steel）に分けられる[3),4),5)]。また、それ以外の製造方法として、溶解から板材に一連の過程で製造する方法に連続鋳造法（TMCP）があり、製造される鋼材は高張力鋼や溶接用鋼などが作られている。

鋼塊は半製品であり、使用目的や用途により各種形状のものがその後の圧延や鍛造により作られる。鉄鋼二次製品は鋼材をさらに金属加工したもので、針金、金網などの線材製品、ブリキ板、亜鉛鉄板、ドラム缶などの薄板製品、粉砕用鋼球、磨き棒鋼、細径丸棒などの棒製品、高圧容器などの缶製品などがこの範囲に入る。

▶ 2.1.3　構造用鋼の分類

構造用鋼は、①製造方法による分類、②化学成分による分類、③用途による分類、④組織による分類が行われている[6)]。

①製造方法による分類

製鋼時の脱酸方式によりキルド鋼、セミキルド鋼、リムド鋼に分けられる。さらに、注湯後の加工方法により、圧延鋼、鍛鋼、鋳鋼にも別けられる。

②化学成分による分類

JISに規定した鋼種には化学成分が明示してあるが、この成分値は鋼材を溶解したときの取鍋での分析値であり、一般的な市販鋼材の成分値とは多少異なる。すなわち、加工による偏析や熱処理による不均一性、加工による影響により、溶解時の成分と多少異なっても決してクレームの対象にはならない場合が多い。

③用途による分類

この分類では非常に多種多様な鋼種がある。

a) 一般構造用鋼：低合金高張力鋼、強靭鋼、超高張力鋼など
b) 機械構造用鋼：肌焼鋼、快削鋼、ばね鋼、ベアリング鋼、耐摩耗鋼など
c) 工具鋼：低合金工具鋼、高速度鋼、ダイス鋼、鍛造用形鋼
d) 耐食鋼：耐候鋼、耐硫酸鋼、耐水素誘起割れ鋼、ステンレス鋼、超合

金耐食鋼など

e）耐熱鋼：Cr-Mo 鋼、ステンレス鋼、超合金耐熱鋼など
f）特殊用途鋼：永久磁石鋼、電磁鋼板、制振鋼板、低温用鋼、非磁性鋼

④組織による分類

合金鋼や特殊鋼は熱処理後に存在する組織により特性が異なり、鋼材中の金属組織に由来した名称によって、フェライト鋼、オーステナイト鋼、マルテンサイト鋼、二相鋼（高張力鋼ではフェライト＋ベイナイトまたはマルテンサイト、ステンレス鋼では、オーステナイト、マルテンサイト、フェライト＋オーステナイト）などの組織を利用した鋼が使用されている。

⑤機械的性質、熱処理の問題

JIS に規定されている機械的性質や熱処理のデータは JIS 標準サイズ（一般鋼材では径 20 mm の丸棒、工具鋼では径 15 mm の丸材か角材、長さ 20 mm）の試験片で得られた結果となっている。実際の製品・部品や構造物は、このような小さいサンプルではなく、形状や質量が異なるものが多い。特に熱処理においては、処理条件により組織変化や機械的特性（靭性、延性）が異なることが多く、製品の品質・安定性に与える影響が大きく、必ずしも JIS 規格の値とは一致しないことが認められるので、これらの状況を認識して使用しなければならい。

▶ 2.1.4　機械構造用鋼に関する JIS の改正点

機械構造用鋼に関する JIS の改正点については、機械構造用合金鋼の鋼種別に規定されていた JIS G4102～JIS G4106(1979) が統合廃止され、JIS G4053(2003) に置き換えられている。また、SCM425 が追加されて 38 種類から 39 種類になり、一部の鋼種については ISO 規格と整合させるために Cr 量と Mo 量の化学成分について改正された[2]。

機械構造用鋼に関する大きな改正点を**表 2.2** および**表 2.3** に示す。また、H 鋼については SCM524H が追加されて 23 種類から 24 種類になり、一部の鋼種については Mn 量の化学成分規制値が一部変更になっている。

JIS により規定されている鉄鋼の分類での用途については下記に規定されている。この分類にはすべての鉄鋼材料を記載しているので、各分類の詳細を**表 2.4** に示す。

表2.2 機械構造用鋼に関するJIS成分の改正点

鋼種／成分値(%)	炭素（C）	マンガン（Mn）	クロム（Cr）	モリブデン（Mo）
SCM435	0.33〜0.38	0.60〜0.90	0.90〜1.20	0.15〜0.30
SCM435H	0.32〜0.39	0.55〜0.95	0.85〜1.25	0.15〜0.35

表2.3 機械構造用鋼におけるJIS規格の改正状況

鋼　種		JIS（1979）	確認または改正	備　考
機械構造用炭素鋼（SxxC）		G4051	G4051（2000 確認）	特に変更なし
焼入性を保障した構造用鋼材（H鋼）		G4052	G4052（2003 改正）	一部 Mn 量変更
機械構造用合金鋼	SNC	G4102	G4053（2003 改正）	一部について Cr 量、Mo 量変更
	SNCM	G4103		
	SCr	G4104		
	SCM	G4105		
	SMn SMnC	G4106		
アルミニウム-クロム-モリブデン鋼、(SACM)		G4202	G4202（1994 確認）	特に変更なし

JIS（日本工業規格）に規定[2]されている鋼材製品の分類体系および用語、並びに各部材および二次製品について**表2.5**に示す。

第2章 機械構造用鋼の材料特性

表2.4 鉄鋼材料の各分類の詳細

JIS 名称	JIS 記号	JIS 規定番号
1. 機械構造用炭素鋼・合金鋼		
① 機械構造用炭素鋼鋼材	SxxC	JIS G4051
② 焼入れ性を保証した構造用鋼鋼材（H 鋼）	SMn-H、SMnC-H、SCr-H、SCM-H、SNC-H、SNCM-H	JIS G4502
③ 機械構造用合金鋼鋼材	SMn、SMnC、SCr、SCM、SNC、SNCM	JIS G4107
④ 高温用合金鋼ボルト材	SNB、	JIA G4107
⑤ 特殊用途合金鋼ボルト用棒鋼	SNB、	JIS G4108
⑥ アルミニウム−クロム−モリブデン鋼鋼材	SACM	JIS G4202
2. 特殊用途鋼		
2-1. ステンレス鋼・耐熱鋼・超合金		
① ステンレス鋼棒	SUS-B	JIS G4303
② 熱間圧延ステンレス鋼板及び鋼帯	SUS-HP、SUS-HS	JIS G4304
③ 冷間圧延ステンレス鋼板及び鋼帯	SUS-CP、SUS-CS	JIS G4305
④ ステンレス鋼線材	SUS-WR	JIS G4308
⑤ ステンレス鋼線	SUS-W、SUSXM-W、SUH-W	JIS G4309
⑥ 耐熱鋼棒	SUS、SUH	JIS G4311
⑦ 耐熱鋼板	SUH-HP、SUH-CP、SUH-H、SUH-CS	JIS G4312
⑧ バネ用ステンレス鋼帯	SUS-CSP	JIS G4313
⑨ バネ用ステンレス鋼線	SUS-WP	JIS G4314
⑩ 冷間圧造用ステンレス鋼線	SUS-WS	JIS G4315
⑪ 溶接用ステンレス鋼線材	SUSY	JIS G4316
⑫ 熱間圧延ステンレス鋼等辺山形鋼	SUS-HA	JIS G4317
⑬ 冷間仕上げステンレス鋼棒	SUS-CB	JIS G4318
⑭ ステンレス鋼鍛鋼品用鋼片	SUS-FB	JIS G4319
⑮ 冷間成形ステンレス鋼形鋼	SUS-CF	JIS G4320
⑯ 建築構造用ステンレス鋼	SUS、SCS-CF	JIS G4321
⑰ 塗装ステンレス鋼板	SUSC、SUSCD	JIS G3320
⑱ 耐食耐熱超合金棒	NCF-B	JIS G4901
⑲ 耐食耐熱超合金板	NCF-P	JIS G4902
2-2. 特殊用途鋼（工具鋼・中空鋼）		
① 炭素工具鋼鋼材	SK	JIS G4401

② 高速度工具鋼鋼材	SKH	JIS G4403
③ 合金鋼工具鋼鋼材	SKS、SKD、SKT	JIS G4404
④ 中空鋼鋼材	SKC	JIS G4410

2-3. 特殊用途鋼（ばね鋼）

① ばね鋼鋼材	SUP	JIS G4801
② ばね用冷間圧延鋼帯	SxxC-CSP、SxxK-CSP、SUPxx-SP	JIS G4802

2-4. 特殊用途鋼（快削鋼）

① 硫黄および硫黄複合快削鋼鋼材	SUM	JIS G4808

2-5. 特殊用途鋼（軸受鋼）

① 炭素クロム軸受鋼鋼材	SUJ	JIS G4805

3. クラッド鋼

① ステンレスクラッド鋼	R、BR、DR、WR、ER、B、D、W	JIS G3601
② ニッケルおよびニッケル合金クラッド鋼	R、BR、DR、WR、ER、B、D、W	JIS G3602
③ チタンクラッド鋼	R、BR、BR、BR、B	JIS G3603
④ 銅および銅合金クラッド鋼	R、BR、DR、WR、ER、B、D、W	JIS G3604

4. 鋳鋼品
4-1. 鍛鋼品

① 炭素鋼鍛鋼品	SF	JIS G3201
② 圧力容器用他炭素鋼鍛鋼品	SFVC	JIS G3202
③ 高温圧力容器用合金鋼鍛鋼品	SFVA	JIS G3203
④ 圧力容器用調質型合金鋼鍛鋼品	SFVQ	JIS G3204
⑤ 低温圧力容器用鍛鋼品	SFL	JIS G3205
⑥ 高温圧力容器高強度クロムモリブデン鋼鍛鋼品	SFVCM	JIS G3206
⑦ 圧力容器用ステンレス鋼鍛鋼品	SUSF	JIS G3214
⑧ クロムモリブデン鋼鍛鋼品	SFCM	JIS G3221
⑨ ニッケルクロムモリブデン鋼鍛鋼品	SFNCM	JIS G3222
⑩ 鉄塔フランジ用高張力鋼鍛鋼品	SFT	JIS G3223
⑪ 炭素鋼鍛鋼品用鋼片	SFB	JIS G3251

4-2. 鋳鋼品

① 炭素鋼鋳鋼品	SC	JIS G5101
② 溶接構造用鋳鋼品	SCW	JIS G5102

③ 構造用高張力炭素鋼および低合金鋼鋳鋼品	SCC、SCMn、SCSiMn、SCMnCr、SCMnM、SCCrM、SCMnCrM、SCNCrM	JIS G5111
④ ステンレス鋼鋳鋼品	SCS	JIS G5121
⑤ 耐熱鋼および耐熱合金鋳造品	SCH	JIS G5122
⑥ 高マンガン鋼鋳鋼品	SCMnH	JIS G5131
⑦ 高温高圧用鋳鋼品	SCPH	JIS G5151
⑧ 低温高圧用鋳鋼品	SCPL	JIS G5152
⑨ 溶接構造用遠心力鋳鋼管	SCW-CF	JIS G5201
⑩ 高温高圧用遠心力鋳鋼管	SCPH-CF	JIS G5202
⑪ 一般産業機械用炭素鋼鋳鋼品		JIS G7821

4-3. 鋳鉄品

① ねずみ鋳鉄品	FC	JIS G5501
② 球状黒鉛鋳鉄品	FCD	JIS G5502
③ オーステナイト球状黒鉛鋳鉄品	FCAD	JIS G5503
④ 低温用厚肉フェライト球状黒鉛鋳鉄品	FCD-LT	JIS G5504
⑤ オーステナイト鋳鉄品	FCA、FCDA	JIS G5510
⑥ 鉄系低熱膨張鋳造品	SCLE、FCLE、FCDLE	JIS G5511
⑦ ダクタイル鋳鉄管		JIS G5526
⑧ ダクタイル鋳鉄異形管		JIS G5527
⑨ ダクタイル鋳鉄管内面エポキシ樹脂紛体塗装		JIS G5528
⑩ 可鍛鋳鉄品	FCMW、FCMB、FCMP	JIS G5705
⑪ 鋳造ショットおよびグリッド	ショット（S280〜S30）、ブリッド（G240〜G）、F-S、S-S、F-G	JIS G5903
⑫ 鋳造ショットおよびグリッドの粒度試験法		JIS G5904

5. 電気材料

① 電磁軟鉄	SUY	JIS G2504
② 電機バインド用すずめっき非磁鋼線	NMWE	JIS G2507
③ 無方向性電磁鋼帯	00Axxxx	JIS G2552
④ 方向性電磁鋼帯	00Rxxx、00Rxxx、00Gxxx	JIS G2553
⑤ 電磁用鋼板および鋼帯	PCYH、PCYC	JIS G2555

表2.5 JIS による鋼製品の分類体系および用語[2)]

(1) 鉄鋼業の製品

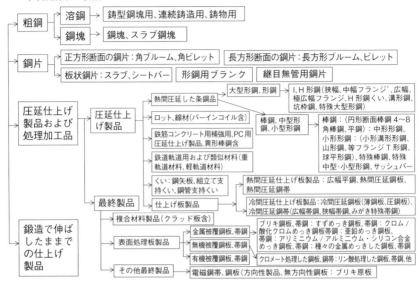

(2) その他の鋼製品

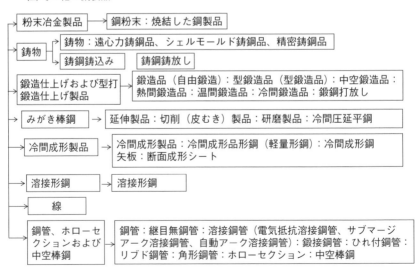

2.2
機械構造用炭素鋼

▶ 2.2.1　一般構造用鋼

　一般構造用鋼（低炭素鋼板：SS材）は最も一般に多く使用されている鋼種であり、代表的な鋼種はSS400である。「SS400」とは引張強度が最低400 MPa以上という意味であり、化学成分および炭素（C）量は規定されていない。実際に使用する場合は、下記の式により大体の炭素含有量（％）が推定できる。

　一般構造用鋼における引張強度と炭素量の関係は下記に示される[5], [6]。

　　　引張強度　σ（MPa）= 20 + C

　例えば、SS41（SS400）は、41（MPa）= 20 + C、C = 21となり、C = 0.21 %になる。

　機械構造用炭素鋼とは、炭素（C）を0.10～0.60 %含有するもので、一般にはSC材と呼ばれており、SとCの間に炭素濃度の10倍の数値（例えば、02 % C炭素鋼の場合はS20Cの表示になる）が表示されている。この数字は規定されているC量の代表値（中間値または、その近似値）を示しており、例えばS45Cの炭素量は0.42～0.48 %である。このC量は平衡状態（完全焼なまし）のときの硬さの目安になり、一般にはC量が多いほど高い硬さが得られる。この理由は、鋼中では炭素は鉄と化合して硬質の炭化物（セメンタイト：Fe_3C）を形成することや、焼入れ時のマルテンサイト変態などに関係している。なお、硬さは炭素量に比例して増加する関係がある。

　SS材は主要強度部材を除く多くの機械および構造物に補助部材として使用され、鋼板、平鋼、棒鋼および形鋼に使用される。この鋼種はリムド鋼のため外周は純鉄に近く良質であるが、内部の偏析（P、S）や不純物が多く、不均一な組織になっている。この鋼種は炭素量が少なく焼きが入らないために生材として使用することが多い。しかし、機械加工性が良いため肌焼鋼の代替材として使用されることもある。また、SS材は上述したように内部の

偏析などが多く溶接特性があまり良くないため、厚板には溶接構造用圧延鋼板（SM材）を使用する場合が多い。

▶ 2.2.2 プレス用の被加工材用鋼材

　低炭素鋼板には冷間圧延鋼板と熱間圧延鋼板があり、炭素含有量の少ない鋼板で軟鋼板といわれている。これらの鋼板はプレス加工用被加工材に使用される。プレス用鋼板は3.2 mm以上の厚板の使用は少ないが、1.0～3.0 mmの中板や1.0～0.25 mmの薄板が主に使用される。

　冷間圧延用鋼板はJIS規格に、SPCC材（曲げ、絞り、打抜き加工に使用される）、SPCD材とSPCE材（絞り、深絞りに有効な材料であり、曲げなどに使用される）の3種類がある。また、SPCF材、SPCG材は被時効性を保証した材料であり、スレッチャストレイン、リューダースラインが発生しにくく深絞りに最適な材料特性をもつ。

　ストレッチャストレインとは、鋼板の表面に現れる「縞模様」のことをいう。この模様はリムド鋼に特有な現象であり、調質圧延した材料でも時間が経過したときに発生するので、調質後は早くプレス加工を行う方が良い。防止法は、非時効性アルミキルド鋼を使用すると改善する。評価方法は、エリックセン試験により評価が可能である。

　また、リューダースラインとは、材料を引張ったり曲げたりすると結晶が変形に伴いずれが生じ、その段差が肉眼で観察する材料表面に線状のラインとして認められる現象をいう。

　図2.3はプレス用鋼板を使用し製造された製品の事例を示す。

　これらプレス用被加工材の表面仕上げにはダル仕上げ（梨地状の艶消し表面が得られる）とブライト仕上げ（光輝状の表面が得られる）があり、ダル仕上げは絞り加工に使用される。

　これらの鋼材には調質の程度により、焼きなましのままと標準調質のものがあり、両者の鋼種が比較的多く使用される。**表2.6**にプレス用鋼板の成分値と機械的性質を示す。

　熱間圧延鋼板はホットストリップミルで作られ、熱間圧延後の焼ならしと焼きなまし処理を行った鋼板がある。板厚は6～13 mm程度あり、黒皮板または黒板がある。JIS記号では、1種（SPHC）は一般用、2種（SPHE）、3

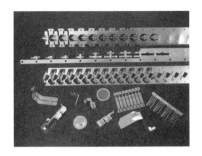

図2.3 プレス用鋼板を利用したプレス製品の事例

表2.6 プレス用鋼板の成分と機械的性質

鋼材の種類	炭素（C）	マンガン（Mn）	リン（P）	硫黄（S）
SPCC	0.50 以下	0.60 以下	0.10 以下	0.035 以下
SPCD	0.10 以下	0.50 以下	0.040 以下	0.035 以下
SPCE	0.08 以下	0.45 以下	0.030 以下	0.030 以下
SPCF	0.06 以下	0.45 以下	0.030 以下	0.030 以下
SPCG	0.02 以下	0.25 以下	0.020 以下	0.020 以下

鋼材の種類	引張強度 (MPa、N/mm^2)	降伏強度、耐力 (MPa、N/mm^2)	伸び（％）、板厚 0.25 以上、2.5 mm 以上
SPCC	270 以上	－	28～39 以上
SPCD	270 以上	240 以下	30～41 以上
SPCE	270 以上	220 以下	32～43 以上
SPCF	270 以上	210 以下	板厚：0.4 mm 以上 40～45 以上
SPCG	270 以上	190 以下	板厚：0.4～2.5 mm 未満、42～46 以上

種（SPHE）は深絞り用に適している。これらの被加工材は単価が安いが、プレス加工時には酸化スケールが加工過程で脱落し金型の耐摩耗性が低下するので、合金工具鋼か耐摩耗性の高い皮膜処理が金型寿命の向上には有効になる。

2.3 機械構造用合金鋼

▶ 2.3.1 機械構造用合金鋼に求められる特性

　機械構造用合金鋼は機械構造に用いられる最も一般的な鋼で、炭素含有量と熱処理によって硬度を調整することができる。

　機械構造用合金鋼に求められる特性は基本的に炭素含有量により材料特性が異なるが、静的荷重に対して引張強度が高い、動的荷重に対して耐衝撃性（靭性）が高い、繰返し荷重に対して耐疲れ性が高い、摩耗に対して耐摩耗性が高い、などの特性が求められる。しかし、これらの特性以外に耐食性、耐熱性、被削性なども問題になることがある[7], [8], [9]。

　合金元素の添加により強度や靭性、疲労強度、焼入れ性などの特性を高めた鋼で焼入れ-焼戻しによって著しい粘り強さをもつ強靭鋼や、浸炭によって耐摩耗性と耐衝撃性を併せもつ肌焼鋼、これらの焼入れ性を保証したH鋼（SCr、SMn、SCM鋼）などがある。

　機械構造用合金鋼は、0.12～0.50％の炭素のほかに**表2.7**に示すような種々の合金元素が適量添加されている。これら合金元素の添加は鋼の性質に多大な影響を及ぼすため、使用する際には炭素量とその合金元素の種類や量が選定目安になる。

　①高い硬さが必要なときは、C量の多い鋼種を選択する。

　②高い引張強さが必要なときは、C量が多くCrやMoを含有する鋼種を選ぶ。

　③高い靭性を要求されるときは、C量が少なくNiやMnを含有する鋼種を選ぶ。

　④高い引張強さと高い靭性の両方が必要なときは、Cr、MoおよびNiすべてを含有する鋼種を選ぶ。

　⑤大型部品で内部の強度まで要求される場合、Mn、CrおよびMoなどを多量含有する鋼種を選ぶ。

表2.7 機械構造用合金鋼に添加されている合金元素の種類と量

鋼種		合金元素の種類と添加量（%）			
名称	記号	Mn	Cr	Ni	Mo
クロム鋼	SCr	0.60～0.85	0.90～1.20	—	—
クロム－モリブデン鋼	SCM	0.30～1.00	0.90～1.50	—	0.15～0.45
ニッケル－クロム鋼	SNC	0.35～0.80	0.20～1.00	1.00～3.50	—
ニッケル－クロム－モリブデン鋼	SNCM	0.30～1.20	0.40～3.50	0.40～4.50	0.15～0.70
マンガン鋼	SMn	1.20～1.65	—	—	—
マンガン－クロム鋼	SMnC	1.20～1.65	0.35～0.70	—	—

　例えば、要求される引張強さが800 MPa以下の小型部品であればS45C程度でも良いが、800～1,000 MPaの引張強度が必要であればSCM435やSCM440を、1,000 MPa以上であればSNCM439を使用することが靭性も向上するので有利である。しかし、いずれの場合も焼入れ-焼戻し熱処理の組合せによって材料の性能が発揮されることが多い。ただし、MoやNiを含有する鋼種の利用は材料コストが高いので、過剰品質にならないように考慮して、要求品質に応じた最適鋼種の選定と材料の熱処理をうまく組み合わせて用いることが良い。

▶ 2.3.2　焼入れ性を保証した構造用鋼 [2]

　焼入れ性を保証した構造用鋼とは、熱間圧延、熱間鍛造などの熱間加工により作られた鋼材で、さらに鍛造、切削、冷間引抜きなどの加工と焼入れ-焼戻し、焼ならし、浸炭焼入れなどの熱処理を行い、主として機械構造用に使用する一端焼入れ性を保証した構造用鋼鋼材をいう。この構造用鋼は化学成分には影響されず焼入れしたときの表面硬さや内部への硬さの推移まで保証した鋼種である。これらの鋼種は、オーステナイト結晶粒度について熱処理の場合の平均粒度番号は5.0以上、浸炭時の平均粒度番号は6.0以上と規定している [8]、[9]。

表2.8に各種の鋼種（元素量）による理想臨界直径の関係を示す。

図2.4は炭素鋼のC量およびオーステナイト粒度と基本の理想臨界直径(D_1)の関係(a)および各種の金属元素による焼入れ性倍数(b)の関係を各々示す。

主な用途として肉厚の大きい大型部品に利用される。鋼種記号は、機械構造用合金鋼の末尾にH(焼入れ性：Hardenability) 記号を付けて表すため、通称「H鋼」とも呼ばれている。

図2.5はSCM435Hの表面から内部への硬さ推移曲線を示したものであり、上限と下限が規定されている。なお、この硬さ推移曲線はJIS G 0561の鋼の焼入れ性試験方法（一端焼入れ方法）によるものである。H鋼はこの硬さ推移曲線を重視しているため、表2.9に示すようにSCM435Hの化学成分の

表2.8 鉄鋼材料の用途別分類

鋼　種	化　学　組　成　（%）						理想臨界直径 (D_1、mm)
	炭素 (C)	マンガン (Mn)	シリコン (Si)	ニッケル (Ni)	クロム (Cr)	その他元素	
炭素鋼	0.4〜0.45	0.60〜0.90	0.15〜0.30	—	—	—	23〜33
モリブデン含有炭素鋼		0.70〜0.90	0.20〜0.30	—	—	Mo：0.15〜0.25	33〜48
マンガン鋼		1.60〜1.90	0.15〜0.30	—	—	—	56〜74
クロム鋼		0.60〜0.90	0.15〜0.30	—	0.80〜1.10	—	43〜58
ニッケル-クロム鋼		0.60〜0.90	0.15〜0.30	1.00〜1.50	0.45〜0.75	—	58〜76
クロム-バナジウム鋼		0.60〜0.90	0.15〜0.30	—	0.80〜1.10	V>0.15	61〜79

表2.9 SCM435との成分規制値の比較

鋼種	C	Mn	Cr	Mo
SCM435	0.33〜0.38	0.60〜0.90	0.90〜1.20	0.15〜0.30
SCM435H (焼入れ性保証鋼)	0.32〜0.39	0.55〜0.95	0.85〜1.25	0.15〜0.35

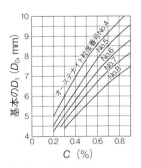
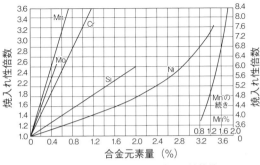

(a) 鋼のC量およびオーステナイト粒度と基本のD_1の関係

(b) 各種の金属元素による焼入れ性倍数

焼入れ時の焼入れ倍数と推定硬さの関係の求め方。Grossmann は金元素における理想臨界直径に及ぼす焼入れ性倍数ついて提案した。理想臨界直径、D_0、合金金元素、Si、Mn、Ni、Cr、Mo などの焼入れ倍数をそれぞれ、f_{Si}、f_{Mn}、f_{Ni}、f_{Cr}、f_{Mo} として、理想臨界直径を求める式を提案。$D_1 = D_0 \times f_{Si} \times f_{Mn} \times f_{Ni} \times f_{Cr} \times f_{Mo} \times \cdots$ から求められる。
一例:鋼種、SNCM材:C:0.41%、Si:0.27%、Mn:0.80%、Ni:0.60%、Cr:0.60%、Mo:0.20% 粒度番号:No.7.として、この鋼のD_1は計算できる。(a) 図からはC量、0.41%で粒度番号、No.7での基本のD_0、5.5mmとなる。(b) 図から、$f_{Si}=1.20$、$f_{Mn}=3.80$、$f_{Ni}=1.20$、$f_{Cr}=2.32$ x=2.32、$f_{Mo}=1.43$になる。ここで、理想臨界直径 D_1 は約100mmと推定できる。その後、臨界直径による焼入れ性の表から任意の焼入れ条件による臨界直径が求められる。

図2.4 炭素鋼のC量およびオーステナイト粒度と基本のD1の関係(左)および各種の金属元素による焼入れ性倍数の関係(右)[9]

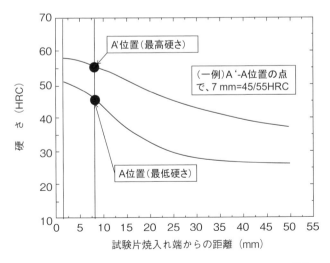

図2.5 焼入れ性の指定方法(SCM435Hの硬さ曲線)[9]

うち C、Mn、Cr および Mo の規制値は SCM435 に比べて範囲が広い。

▶ 2.3.3 硬さと機械的性質の関係

機械部品の機械的性質を決定する主因は硬さであり、その値から機械的性質を推定することができる。そのため、機械部品の設計図面では必ず硬さを指定しており、その指定された硬さを得るべく熱処理が実施されるのである。機械的性質とは強さと靭性のことで、前者は引張強さ、ねじり強さ、曲げ強さなど、後者は伸び、絞り、衝撃強さ、たわみ量などで比較されている。この強さと靭性は逆の傾向を示すことが多く、同一材料であれば強さの大きいものは靭性は小さいのが普通である[10), 11)]。

鋼種や熱処理条件にはあまり関係なく、硬さと引張強さとの間には**図 2.6**（近似的硬さ換算表から作図）に示すような近似的関係があるため、硬さを測定すれば引張強さを推定することができる。ただし、この図は 0.6 % 以下の炭素を含有する鋼の焼なまし材や調質材に適用されるもので、高い硬さが要求される工具鋼には適用できない。

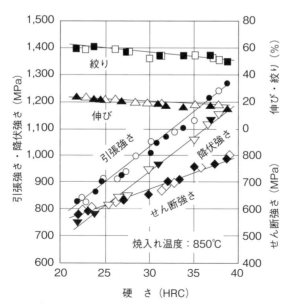

図 2.6 S48C および SCM435 の硬さと機械的性質の関係

例えば、もっとも軟質な実用鋼は 100 HV くらいの硬さであるから、その引張強さは 300 N/mm^2(＝MPa) 程度であることがわかる。また、要求される引張強さが 1,000 N/mm^2(＝MPa) であれば材料選定や熱処理によって 300 HV くらいの硬さにすればよい。

図 2.6 は S48C および SCM435 について、730〜850 ℃から焼入れ後、200〜650 ℃で 2 時間焼戻しを行い、引張試験およびねじり試験を行った試験結果である。ただし、このときの引張試験およびねじり試験片としては、表面と中心部が同一硬さになるように平行部の直径は 12 mm のものを使用した結果を示す。なお、焼入れ時の加熱は窒素ガス雰囲気中で行い、加熱時間は 20 分である。また、焼入れ時の冷却は硬さの均一化を図るため S48C は水冷、SCM435 は油冷としている。

材質や熱処理条件に関係なくすべての値をプロットすると、硬さと機械的性質はほぼ直線関係を示すことが認められる。しかも、引張強さ、降伏強さ、せん断強さ、伸びおよび絞りなどのすべての値は硬さ値により推定可能であるといえる。ただし、A_1 変態点と A_3 変態点の中間の温度から焼入れしたとき（図中の白抜き記号）の焼入れ組織はマルテンサイト＋フェライトの二層組織であり、A_3 変態点以上の温度から焼入れしたもの（図中の黒記号）は均一なマルテンサイトを呈していたものである。しかし、硬さは同じであっても衝撃値は熱処理条件だけでなく、合金元素の種類や量、結晶粒度などにも大きな影響を受けるため硬さのみによる推定は難しい。

炭素鋼での焼入れ性は，炭素量（C %）により決まり、0.55〜0.6 % C 以上は硬さの変化がない。機械構造用鋼は、0.85C %炭素（共析鋼）以下ではフェライト＋パーライト組織の出現により軟質で切削が容易になる。また、工具鋼は 0.85＜C＜2.5 %以上ではセメンタイト組織（Fe_3C）の粒界析出が認められ、球状化熱処理後に金型などに適用される。特殊鋼の場合は、Cr、Ni、Mo、Mn、V、Al など元素の役割により焼入れ性が改善される。

図 2.7 は S48C と SCM435 の焼入れ−焼戻し後の硬さと衝撃値の関係を示したものである。このときの試験片は JIS Z2202 の 4 号試験片を用い、シャルピー衝撃試験によって測定した結果である。なお、この素材の熱処理条件は図 2.6 の試験片と同様である。SCM435 については、フェライトが残存しているもの（760 ℃から焼入れ）と通常の焼入れ条件のもの（850 ℃から焼

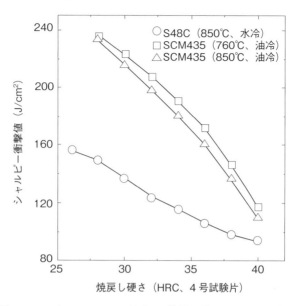

図 2.7 S48C と SCM435 の焼入れ-焼戻し後の硬さと衝撃値の関係

入れ）も比較したが、前者のほうが若干高い値が得られている程度であり、両者間には明確な優位差は認められない。ただし、鋼種間には大きな差が認められ、しかもその差は硬さが低いものほど大きくなる傾向を示している。以上のことから、強靭性が要求されるのであれば、この両者間では SCM435 を選定すべきであることがわかる。

表 2.10 に各種機械構造用鋼の JIS 規格（1979）の解説付表による焼入れ-焼戻し後の硬さ、および機械的性質を示す[2]。

炭素鋼において、硬さ、引張強さ、および降伏強さは炭素量が多いものほど高い値が得られる。また、炭素量が少ないものほど伸び、絞りおよび衝撃値は高い値が得られ、靭性の点では有利であることがわかる。

さらに、炭素鋼と合金鋼との間には合金元素の添加による影響から機械的性質の差が認められる。炭素鋼の降伏強さは引張強さに対して 70～75 ％程度の値であるが、合金鋼の降伏強さは 80～90 ％に達し強度的には合金鋼のほうが有利になる。また、硬さは炭素鋼と同程度もしくはそれ以上の値であっても合金鋼は衝撃値や絞りは高い値を呈しており、靭性に関しても有利で

表2.10 焼入れ-焼戻し後の各種機械構造用鋼の機械的性質

試験方法は、＊直径25 mmの試験片を焼入れ-焼戻し後、引張試験（4号試験片）およびシャルピー衝撃試験（3号試験片）を行った結果を示している。SxxCKによるK（koukyu、ローマ字）の記号は肌焼鋼の表示であり、データもその鋼の値である。

鋼種	焼入れ 温度（℃）	焼入れ 冷却	焼戻し 温度（℃）	焼戻し 冷却	引張強さ (MPa)	降伏応力 (MPa)	伸び (%)	絞り (%)	衝撃値 (J/cm^2)	硬さ (HB)
S10C	(N:焼きならし) 900～950	空冷	(A:焼きなまし) 約900	炉冷	N：310以上	N：205以上	N：33以上	—	—	109～156
S09CK (肌焼き鋼)	1次：800～920、2次：750～800	油（水）冷、水冷	150～200	空冷	390以上	245以上	23以上	55以上	137以上	121～179
S12C (S15C)	(N:焼きならし) 880～930	油（水）冷	(A:焼きなまし) 約800	炉冷	N：370以上	N：400以上	N：30以上	—	—	117～179
S15CK	1次：870～920、2次：750～800	油（水）冷、水冷	150～200	空冷	490以上	345以上	20以上	50以上	118以上	143～235
S17C (S20C)	(N:焼きならし) 880～930	空冷	(A:焼きなまし) 約860	炉冷	400以上	245以上	28以上	—	—	116～174
S20CK	1次：870～920、2次：750～800	油（水）冷、水冷	150～200	炉冷	540以上	390以上	18以上	45以上	98以上	159～241
S25C	(N:焼きならし) 860～910	空冷	(A:焼きなまし) 約850	炉冷	N：440以上	N：265以上	N：27以上	—	—	123～183
S30C	850～900	水冷	550～650	急冷	540以上	335以上	23以上	57以上	108以上	152～212
S35C	840～890	水冷	550～650	急冷	569以上	392以上	22以上	55以上	98以上	167～235

S40C	830~880	水冷	550~650	急冷	610以上	440以上	20以上	50以上	88以上	179~255
S45C	820~870	水冷	550~650	急冷	686以上	490以上	17以上	45以上	78以上	201~269
S55C	810~860	水冷	550~650	急冷	780以上	590以上	14以上	35以上	59以上	229~285
S58C	800~850	水冷	550~650	急冷	780以上	590以上	14以上	35以上	59以上	229~285
SMn443	830~880	油冷	550~650	急冷	785以上	637以上	17以上	45以上	78以上	229~302
SMnC443	830~880	油冷	550~650	急冷	932以上	785以上	13以上	40以上	49以上	269~321
SCr440	830~880	油冷	520~620	急冷	932以上	785以上	13以上	45以上	59以上	269~331
SCM440	830~880	油冷	530~630	急冷	981以上	834以上	12以上	45以上	59以上	285~352
SNCM439	820~870	油冷	580~680	急冷	981以上	883以上	16以上	45以上	69以上	293~352
SNC631	820~880	油冷	550~650	急冷	834以上	686以上	18以上	50以上	118以上	248~302

あることがわかる。

　このように、合金鋼における合金元素の種類も機械的性質に影響を及ぼしていることがわかる。SCM440とSNCM439は高張力鋼として強靭性が要求される機械構造用部品によく用いられている。この2種類の鋼種は炭素量が同程度であるが、含有する合金元素の種類が異なる。しかも、ほぼ同一条件の焼入れ-焼戻しを施した場合、表から明らかなように得られる硬さと引張強さも同程度である。しかし、降伏強さ、伸び、および衝撃値はSNCM439のほうが高い値が得られて、強靭性の点ではSCM440よりもかなり有利になる。これは合金元素としてのNiの効果であり、強度とともに靭性も重視するのであればSNCM439は最適鋼種といえる。

　参考に、炭素鋼における硬さの推定値の求め方および硬さ試験により得られる値と材料強度は下記の関係がある[5]。

・ブリネル硬さ（HB）＝ 80 ＋ 200 × ％ C（焼きなまし状態、＜ 0.6 ％）

　例）HB ＝ 80 ＋ 200 × 0.4 ＝ 160

・ショア硬さ（HS）＝ 20 ＋ 20 × ％ C（焼きなまし状態、＜ 0.6 ％）

　例）HS ＝ 20 ＋ 20 × 0.4 ＝ 28

なお、焼入れ時の最高硬さと最低硬さの関係は下記になる。
・最高硬さ
ロックウエル硬さ（HRC）＝ 30 ＋ 50 ×％ C（焼入れ状態、＜0.6 ％）
例）最高硬さ HRC ＝ 30 ＋ 50 × 0.4 ＝ 50HRC
・最低硬さ
ロックウエル硬さ（HRC）＝ 24 ＋ 40 ×％ C（焼入れ状態、＜0.6 ％）
例）最低硬さ HRC ＝ 24 ＋ 40 × 0.4 ＝ 40（HRC）
また、引張強さと硬さとの関係は下記で推定できる。

$$引張強さ（MPa）\sigma_B = 1.3 \times HB(ブリネル硬さ)$$
$$= 1.3 \times HB(ブリネル硬さ)$$
$$= 3.2 \times HRC(ロックウエル硬さ)$$

例として、炭素鋼の焼入れ時の最高硬さは下記になる。
・S45C（0.45 ％ C）：HRC ＝ 30 ＋ 50 ×％ C ＝ 53
・SCM435（0.35 ％ C）：HRC ＝ 30 ＋ 50 × 0.35 ％ C ＝ 48

なお、疲労強度（MPa）$\sigma_w ≒ 1/2\, \sigma_B$ との関係があり、疲労強度の向上には引張強さの向上が必要であるが、$\sigma_B = 1,200$ MPa（40HRC）程度が限界となる。旧単位と現在の単位は、$kgf/mm^2 = 9.8$ MPa $= N/mm^2$ である。

2.4 その他の鋼種

▶ 2.4.1 鋳鋼と鍛鋼

鋳鋼は一般に鍛鋼に比べ品質が低いと考えられているが、両者は使用目的により利害得失をもつ。鋳鋼は、溶融状態から鋼を鋳造にした「鋳鋼」と、スラブやビレットとしたものを適当に切断して鍛造用ハンマーや鍛造用プレスにより鋼の鍛造品とした「鍛鋼」が使用されている。

鍛造品はプレスで鍛錬して製造するので、内部品質は均質で鍛造線（鍛造ファイバー）が組織中に形成でき強力な鋼になる。鍛鋼は鋳鋼に比べ機械的

表2.12 鋳鋼の化学組成と機械的性質

鋼種	化学組成 (%)							焼ならし (℃)	焼入れ (℃)	焼戻し (℃)	機械的特性			
	C	Si	Mn	Ni	Cr	Mo	Cu	V				σ_t:引張強度 (MPa)	σ_e:降伏強度 (MPa)	E:伸び (%)	δ:R・A (%)
低炭素	0.17	0.4	0.74	—	—	—	—	—	900	—	—	460	270	34	62
中炭素	0.30	0.36	0.60	—	—	—	—	—	900 900	— 844	676 676	510 550	300 370	30 31	48 56
高炭素	0.42	0.41	0.72	—	—	—	—	—	900 900	— 844	676 676	590 660	340 450	27 26	42 55
Ni-Mo	0.20	0.35	0.75	1.96	—	0.35	—	—	955 955	— 844	649 649	590 630	420 490	27 26	52 53
Cr-Mo	0.35	0.35	0.75	—	0.75	0.40	—	—	900 900	— 871	676 676	600 780	410 600	23 17	40 36
Cu	0.30	0.35	0.75	—	—	—	1.25	—	900 —	—	621 —	660	470	22	47
Ni-V	0.30	0.30	0.80	1.50	—	—	—	0.40	920 920	— —	— 650	730 580	550 400	26 27	51 52
ハットフィールドMn	1.20	0.50	13.0	—	—	—	—	—	—	1050	—	875	240	50	40

性質の中で伸びや絞りは低いが、熱処理により著しく改善する。鍛工品は生産量が比較的少ないが、圧延鋼材ではできない複雑形状の車輪、クランク軸などを作るのに使用される。鋳鋼は低炭素鋼やMn鋼が多く、鍛鋼は各種の組成をもつ合金鋼、特殊鋼として幅広く使用される（**表2.12**）。

▶ 2.4.2 快削鋼

快削鋼は硫黄や鉛などの元素を添加することで被削性を向上させた鋼である。

材料の削りやすさの目安として一般的には、①切りくずの出やすさ、②切削抵抗が低い、③仕上げ面の良否、④工具摩耗が少ない、⑤切りくずの処理が容易、などを考慮する必要がある。また、工具材料の硬さは高く、被削材との硬度差が大きいと、刃物用工具の摩耗は少ない傾向をもち、一般的には、機械構造用合金鋼、高速度鋼、超硬材料が使用される。

鋼の被削性は鋼材の成分組成、物理的性質および組織によって影響される。

第 2 章　機械構造用鋼の材料特性

　快削鋼に存在する金属組織（基本的に炭素含有量が影響される）と被削性の影響を**表 2.13** に示す[6]。また、合金元素と被削性の関係を**表 2.14** に示す。

表 2.13　快削鋼に存在する金属組織

金属組織	被削性に及ぼす影響
フェライト （α Fe）	純鉄、低炭素鋼に存在する組織で、他の合金元素が含まない場合は軟らかく切削が難しい。Ni、Cr、Si 元素が固溶体の場合は硬くなるが靭性が高く切削が難しい。切削面は軟化材料のためにきれいではない。
セメンタイト （Fe_3C）	C、Cr、Mo、W などの炭化物（セメンタイト組織）は網状、塊状、球状やその他の不規則形状の組織をもつ。この化合物は硬さが高く、工具の摩耗が早く切削は難しい。組織内に微細分散や形状が小さい場合は加工も可能であるが、レンズ上の大きな析出物が存在すると切削が難しくなる。
層状パーライト （α Fe＋Fe_3C）	パーライトはフェライトとセメンタイトが層状に積み重ねられた組織である。炭素（C）が 0.025 % 以上から C 量と共に組織の存在は増加する。セメンタイト単独では硬さが高く切削は難しいが、フェライトが混在すると容易に切削可能になる。炭素量が 0.4～0.6 % になるとフェライトよりもパーライトが多くなり切削は可能であるが、炭素量が 0.6 % 以上になると硬さが増加して難しくなる。球状パーライトの場合は同量の C％では切削が層状に比べ軟らかい。低炭素量になるとフェライト組織が多くなり被削性はフェライトと同じ状況になり、表面はきれいではない。仕上げ加工は層状パーライトがきれいになる。
ソルバイト および トルースタイト	組織が細かくなるに従い硬くなり、ソルバイトはパーライトよりも硬く切削が難しい。
マルテンサイト および ベイナイト （α' Fe）	マルテンサイトは一般的に硬さが高く切削は難しい。最近は切削工具の性能が高まり、48 HRC 程度でも切削が可能になっている。調質鋼（機械構造用工具鋼）などでは金型用に 30～40 HRC に熱処理で調質して、直彫り加工が行われている。しかし、両者の組織は硬さが高く一般的に切削は難しい。

表2.14　合金元素と被削性の関係

元素量	含有元素量が少ない	含有元素量が中程度	含有元素量が多い
C	軟化、良くない	加工可能	難しい
Mn	微量：良好、0.5〜0.8 % 最良	0.8 %< 徐々に悪くなる	12 % Mn 悪い
Si	影響なし	0.05 % < 多少悪くなる	5%< 悪い
Cr	影響少ない	徐々に悪化	8%< 悪い
Ni	0.5 % まで影響なし	徐々に悪化	12 % < 悪い
Mo	0.15〜0.4 % 良い	0.5〜1.0 % 影響ない	1.0 % < 悪い
V	良い	徐々に悪化	5%< 悪い
Cu	Ni と同じ	徐々に悪化	Ni と同じ
W	影響ない	5%< 悪い	18 % 悪い 1.0 % < 悪い
S	良い	良い	良い（0.3 % まで）
P	多少良い。ステンレス以外は加えない。		
Pb	快削鋼として、>0.2 % まで加える。公害問題で最近は使用が少ない。		
Co	良い影響はない。	徐々に悪化	悪い

▶ 2.4.3. 肌焼鋼

　肌焼鋼の一般的な鋼種としてSCr21〜22種とSCM21〜22鋼が使用される。この鋼種は、低炭素鋼を浸炭処理剤に浸けてA_3変態点以上に加熱すると表面から炭素が拡散浸透し表面が硬く内部は延性的な性質にすることで表面の耐摩耗性を向上させた鋼である。しかし、素材中のSやPの含有量の少ない清浄鋼を使用する必要がある。なお、肌焼効果や処理後の材料特性を向上させるためにNiやNi+Crを添加した鋼も使用される。

　肌焼鋼は、表面を浸炭により高炭素鋼にして焼入れをする表面硬化鋼といえる。一般に機械部品は摩耗や曲げ、ねじりなどを受けることが多く、表層部の機械的性質の向上が求められる。このために、表層部だけを硬く強くしておき、中心部は粘さをもたせることで外硬内柔的な機能性をもたせて部品

を製造することに使用される鋼である。通常は浸炭焼入れが主体であるが、S45Cなどは高周波焼入れ処理も行われる。

　肌焼鋼種として使用されるSCr420H、SCM420H、SCM822Hなどをギアなどに使用した場合は、焼入れ歪みによってギア背面平坦度などの寸法不良が発生し、修正作業に時間がかかり能率の低下が発生する事例もある。そこでJFEにより低歪肌焼鋼が開発された[12]。この材料は鋼中の成分であるアルミニウム（Al）および窒素（N）のバランスおよび含有量を一定に制御して安定した焼入性が確保された鋼種になっている。これらの鋼種は、ステアリングギアシャフト、トランスミッションギアおよびディファレンシャルギアなどの適用が可能である。

　また、肌焼鋼は浸炭時の鋼の結晶粒の粗粒化がアルミと窒素の含有量とそのバランスによって制御可能である[12], [13]。また、実際のリングギアでの平坦度については定低歪肌焼鋼を使用すると効果が認められている。

　表2.15に肌焼鋼鋼材の標準的機械的性質を示す。

表2.15　各種の肌焼鋼用合金鋼鋼材の標準的機械的性質

材料	熱処理		引張試験（4号試験片）				衝撃試験（3号試験片）	硬さ試験
種類の記号	焼入れ	焼戻し	降伏点 (MPa)	引張強さ (MPa)	伸び (%)	絞り (%)	シャルピー 衝撃値 (J/cm²)	硬さ (HB)
SCr420	1次 850〜900℃油冷 2次 800〜850℃油冷 または 925℃保持後 850〜900℃油冷	150〜 200℃ 空冷	—	830以上	14以上	35以上	49以上	235〜321
CSM420	1次 850〜900℃油冷 2次 800〜850℃油冷 または 925℃保持後 850〜900℃油冷	150〜 200℃ 空冷	—	930以上	14以上	40以上	59以上	262〜352
SNCM420	1次 850〜900℃油冷 2次 770〜820℃	150〜 200℃ 空冷	—	980以上	15以上	40以上	69以上	293〜375

▶ 2.4.4 軸受鋼

軸受鋼には以下の特性が求められる。
・静的、動的荷重に対して十分な強度をもつ。
・動力伝達のためにねじりや曲げによる変形強さがある。
・軸受との接触による摩耗に対して十分な耐摩耗性を示す。
・振動、衝撃の繰返しに耐疲労特性がある。

強度を必要としない小物部品には、SS400(熱処理は良くない)、S10C～S25C の焼きなまし材が使用される。強度が求められる場合は、S30C～S40C の焼入れ-焼戻し材が使用される。大物軸受としては、強度が必要ない場合、焼きなまし状態で S45C を使用する[8]、[13]、[14]。

S45C-S55C(機械構造用炭素鋼)は熱処理効果が高く、調質して強力軸受に使用される。スプライン部の耐疲労、耐摩耗向上には高周波焼入れし硬度を上げて使用する。

機械構造用合金鋼の場合は、SNC1、2(ニッケル-クロム鋼)は粘り強さがあり焼入れ可能な材料である。SNCM1-9(ニッケル-クロム-モリブデン鋼)は Mo の添加により焼入れ性が向上し、焼戻し脆性の改善効果があるので、クランク軸、大物軸類、強度、精度の要求される大型軸部品に使用される。

SCr(クロム鋼)は Cr2％以下の含有量で、引張強さ、硬さおよび耐摩耗性が向上する。衝撃値(靭性)と伸びが低下するが、時効性があり焼割れは少なく大型の軸に適用される。

SCM(クロム-モリブデン鋼)はクロムにモリブデンを添加した鋼であり、引張強さ、降伏強度が増加し、伸びの低下は少なく、粘り強さが高く SNC 材に近い性能を示し、広い用途に使用されている。

また、特殊用途鋼である SUJ 材(軸受鋼)は、SUS や SUM と並ぶ特殊用途鋼で、高 C-Cr 軸受鋼鋼材と表記する場合もある。C 量は約1％、Cr を1％程度含有しており、耐摩耗性に優れた鋼材である。軸受によく使われる鋼材であるが、用途はベアリング用の材料に限定されていない。一部の鋼材については、求められる機械的性質に応じて様々な機能部品に使われている。

なお、軸受として使用する場合、大別すると「すべり軸受」と「ころがり軸受」になるが、これらの鋼種に求められる特性・性質としては耐荷重、耐

摩耗性、焼入れ性、耐食性などがある。軸受鋼のJIS規格である「JIS G 4805：2008 高炭素クロム軸受鋼鋼材（SUJ系）」では、下記の4種類について規定している。

SUJ2：一般軸受をはじめ、耐摩耗性が必要な場合に使われる。

SUJ3：Mnが添加されており、厚肉大物用に使用される。

SUJ4、SUJ5：Moを添加しており、焼入れ性が良い特徴をもち、高い耐摩耗性を必要とする場合に使用される。

これらの鋼種は耐摩耗性や転がり疲労寿命に優れた特殊鋼であり、高炭素クロム軸受鋼のほか、機械構造用鋼やステンレス鋼および耐熱鋼の一部が軸受などに用いられ、これらの材料は素材の清浄度を高めて耐摩耗性やスクラッチ欠陥の発生を抑制している。鋼種には棒鋼・線材・鋼管から素形材に利用できる形状が各種製造されている[11]。

また、軸受鋼の耐摩耗性の向上には、高周波焼入れ、浸炭焼入れ、窒化処理が有効である。

▶ 2.4.5 ばね鋼

ばねの種類には、炭素鋼鋼材ばね、非鉄金属ばね、非金属ばね（ゴムばね、流体ばね）があり、形状による分類では、コイルばね、板ばね、トーションばね、渦巻きばね、輪ばね、薄板ばね、皿ばねなどがある。

ばねに使用される材料の種類は多種にわたる。主として使用されるばね鋼には、JIS（日本工業規格）で「ばね用鋼」として、構造用普通鋼、構造用合金鋼、高炭素鋼、ピアノ線用鋼、およびケイ素の添加量を増した成分の鋼がある。鋼種としては、鋼材、鋼線（冷間加工線、ピルテンパー線）、鋼帯（冷間・熱間加工板、熱処理材）などがある[2), 8), 15)]。

代表的なばね鋼の「冷間加工の線ばね用材料」としては、① SUS304-WPB（ばね用ステンレス鋼線）、② SUS316-WA（ばね用ステンレス鋼線）、③ SW-C（硬鋼線）、④ SWP-A（ピアノ線A種）、⑤ SWP-B（ピアノ線B種）、⑥ C5191W（ばね用リン青銅）、⑦ SWOSC-B（ばね用シリコンクロム鋼オイルテンパー線）、⑧ SWOSC-V（弁ばね用シリコンクロム鋼オイルテンパー線）などがある。

また、「薄板ばね用材料」としては、① SUS301-CSP（ばね用ステンレス鋼

板)、②SUS304-CSP(ばね用ステンレス鋼板)、③C5191(ばね用リン青銅)、④C1720(ばね用ベリリウム銅)、⑤SK85-CSP(ばね用冷間圧延鋼帯)がある。

ばね鋼の要求特性としては、弾性限度（除荷後に負荷前の形に戻る最大応力）が高いこと、破壊靱性がある程度保持されていることが重要であり、また、繰返しの負荷に対してクリープ変形が発生しないことが必要である。そこで、ばねとして成形してから焼入れ-焼戻し、あるいは最もひずみ量が大きくなる表層のみの硬化処理を行い、さらに耐クリープ性を増すために温間で荷重し、そのまま冷却する安定化処理などを行い、ばねとしての性能を保証している。

熱間成形用ばね鋼は、板ばねやトーションバーなどの大型ばねに多く使用され、あらかじめ所定の形状に熱間成形した後、約850℃から焼入れをして約500℃で焼戻しを行う。弾性限を高めるために一般の鋼よりシリコン含有を高くし、大型品用には焼入れ性の良い合金鋼が用いられる。

熱処理の際に表面が脱炭すると疲労強度が低下するので、ピーニング処理で硬質粒子を吹きつけて強化する。微細粒子を被加工材の表面に吹き付け圧縮の残留応力を付加することにより耐疲労強度を高める効果が認められている。ばね鋼の熱処理の方法には、約900℃に加熱後に油焼入れをして、これを400〜500℃に焼戻しをするオイルテンパー処理と、赤熱した鋼を徐冷して炭化物が層状に微細に配列したパーライト組織とする方法の2種類がある。前者の鋼線をオイルテンパー線、後者は一般に硬鋼線といわれている。硬鋼線の代表的なものがピアノ線であり、加熱線を溶融塩浴に漬浸する熱処理をパテンティング処理といっている。

冷間成形用ばね鋼は、あらかじめ熱処理を施して組織を整えた後に室温で伸線加工して強度を向上させたものをコイルなどのばねに加工して使用する。ばね鋼は、所定の形状維持性能、寸法安定性、荷重特性の安定性を満たさなければならない。特に材料特性から求められる項目としては、①弾性限度が高い、②弾性係数が高く、ばらつきが少ない、③疲れ限度が高い、④寸法精度が高い、⑤耐食性が高い、⑥加工性が高く、経年変化が少ない、などが求められる。

表2.16に実用鋼材によるばね材料の弾性係数の比較を示す[8]。

表2.16 実用鋼材によるばね材料の弾性係数の比較

ばね材の種類	横弾性係数 (G×10³)	縦弾性係数 (G×10³)
ばね鋼	8	21
硬鋼線	8	21
オイルテンパー線	8	21
ピアノ線	8	21
ステンレス鋼	7.5	18.5
黄銅	4	10
リン青銅	4.5	11
洋白	4	11
ベリリウム銅	5	12

参 考 文 献

1) 経済産業省：経済産業省鉄鋼統計（2016）
2) JISハンドブック、鉄鋼I, II（2015）
3) A.H.コットレル著、木村宏訳：コットレルの金属学、上巻・下巻、アグネ（1969）
4) G.Robert et al：Tool Steels, ASM（1998）
5) 大和久重雄：鋼のおはなし、日本規格協会（2004）
6) 岡本正三：鉄鋼材料、コロナ社（1968）
7) 秋田大学鉱山学部編：金属材料学（上下）講座（1972）
8) 歌川寛、ほか：機械の材料、技術評論社（1975）
9) (社)日本熱処理技術協会編著：入門・金属材料の組織と性質、大河出版（2004）
10) 熱処理のやさしい話：www.tobu.or.jp/yasashii/kouzai/book/01.htm（2016）
11) 秋田大学鉱山学部編：金属材料と加工技術講座9（1972）
12) JFE肌焼き鋼技術資料（2016）
13) 門間改三、須藤一：構成金属材料とその熱処理、p.84、日本金属学会（1977）
14) JFE技術資料軸受鋼技術資料、高清浄化と疲労寿命（2013）
15) 理研発條工業㈱技術資料（2016）

工具鋼の材料特性

　工具鋼はプラスチック成形、プレス、鍛造、ダイカスト、ガラス、ゴム用金型製作にとっては非常に重要な鋼種である。工具鋼はモノづくりに重要な鋼材であるが、製造部品によっては炭素鋼（S45C、S55C）、炭素工具鋼（SK、SKS）、機械構造用鋼なども使用されている。工具鋼は特殊溶解をした鋼種が使用されるが、特にヨーロッパなどではハイパフォーマンス鋼（SCM 材、SNCM 材）として機械部品、治工具や特殊用途製品に使用されている。
　本章では、主としてプラスチック成形、プレス、熱間用金型に使用される工具鋼の材料特性および適用領域について述べる。

3.1 工具鋼の概要と要求特性

図3.1に金型産業の日本国内の出荷額を示す。全世界の生産額は約4兆円程度であり、日本の生産額は世界で第2である。国内の金型産業の生産額は機械統計では約3,620億円（平成27年）で、海外移転やアジア諸国の産業発展の影響から年々低下している。金型産業における生産額はプレス成形用金型とプラスチック成形用金型で全体の約80%を占めている。ダイカスト鋳造、鍛造、ガラス、セラミック製造用金型などは、生産額は低いが操業状態が過酷で金型の安定性に問題が大きい[1]。

一般に工具鋼（金型材料）を選択する場合の基本的な考え方は、金型を使用して製品1個当たりのコストを最小に抑えるか、いかに安定に継続的な操業ができるかなどの目的を達成するために有効な材料選択をするかにある。

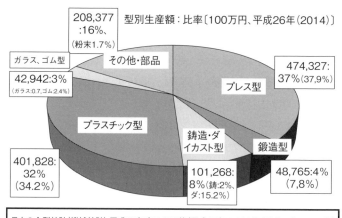

図3.1　日本国内の金型産業の生産状況

第３章　工具鋼の材料特性

　すべての製造工程において金型に占める材料費の割合は 8～15 ％程度であり、機械加工費（60～80% 程度）に比べ著しく小さいことから、単に単価だけの判断による選択では機能性や材料特性を操業過程で有効に発揮することが難しい。しかし、金型材料の選択を誤ると操業中の金型修正やメンテナンス頻度の増加、チョコ停による操業経費の増加などが多くなり製造コストの上昇や生産効率は低下する。このことは、生産計画の狂い、製品供給の遅延や操業ラインのトラブルなど多くの不安定要因を誘発させることになる。

　図 3.2 は、金型を使用した各種の成形加工で工具鋼を選択する場合の各工程や製造過程で考慮しなければならない要因を示す。各種の加工の基盤は工具鋼が担っているが、あまり詳細な検討がなされないことが多い。しかし、効果的な製造方法を選択して安定な生産を行う場合は、工具鋼の特性や金属的な性質・特性を十分理解して用いることが必要である[2]。

　その理由は、金型にトラブルが発生した場合には、よく工具鋼が悪いということを聞くからである。しかし、より詳細にトラブルの発生要因を検討すると、必ずしも金型材料に起因した原因で問題が起こったかは疑問をもつことが多い。

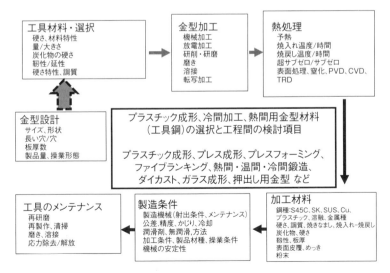

図 3.2　金型の加工に伴う工具選択

高品質な金型材料を製鋼メーカーが供給した場合でも、図3.1に示すような各工程間で材料のトラブルや品質低下を誘発させる加工・処理要因が非常に多く内在していることを考慮する必要がある。原因の解明と対策には金型用鋼（炭素鋼、構造用鋼、工具鋼、特殊鋼など）のもつ特性やトラブル・劣化要因の問題点について、金型製造段階からの工程・過程での要因を詳細に検討し、トータル的な技術の積重ねから判断することが金型への安定化や有効な特性の発現に効果的である。

　また、**図3.3**に示すように、操業過程においてはいかに生産性を向上させるかが必要であり、安定な生産が達成されると、生産過程での各金型の加工工程、熱処理、溶接補修およびメンテナンス技術が効率よく行われる。これらのことを考慮して、各種の金型材料（構造用鋼、工具鋼、特殊用途用鋼、超硬材など）の諸特性やトラブル発生要因、その問題点および対策について以下に述べる。

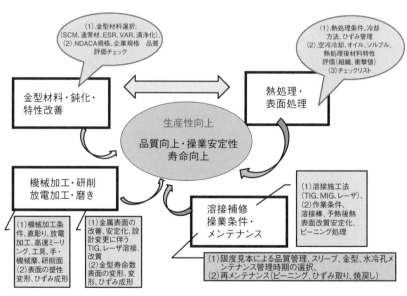

図3.3 金型の寿命・品質と各加工領域との関係

3.2 プラスチック成形用工具鋼

▶ 3.2.1 プラスチックの種類と要求特性

合成樹脂（プラスチック）は、合成高分子物質のなかで天然に得られる樹脂状物質と性質が似ていて繊維やゴムとして利用される以外のものの総称である。合成樹脂は大別すると「熱可塑性樹脂」と「熱硬化性樹脂」に分類される。熱可型性樹脂は、汎用樹脂と高機能樹脂（エンジニアリングプラスチック）に分類される[3]。

合成樹脂の一般的な特性は、軽い、電気や熱の絶縁性、耐薬品性が高い利点があるが、反面、耐熱性が低い、熱膨張率が大きい、衝撃に弱い、経時・経年変化があるなどの欠点がある。自動車などの樹脂成形部品は、軽量化、デザインの自由度、一体化による部品点数削減、防錆などの点から採用範囲、数量ともに増加し、内外装部品、機能部品、電装部品、タンク類など多くの部品に用いられている。

表3.1にプラスチック成形に用いる樹脂の種類および要求特性（一部）および図3.4にロット数ごとの適用工具鋼および樹脂の分類を、図3.5に各樹脂の種類と射出成形温度を各々示す。工具鋼の選択は、製造ロット数により通常鋼から高級工具鋼などを選択して使用される。

表 3.1 プラスチック成形に用いる樹脂の種類、要求特性（一部）

	樹　脂	成形品	要求特性	鋼材特性	適用鋼種
熱可塑性樹脂	PP（ポリプロピレン）、ABS 樹脂	バンパー、OA 機器、家電品、ヘルメット	耐衝撃性	シボ加工性、	S50C、SCM440、(P20)
	PS（ポリスチレン）、PMMA（アクリル）、ABS 樹脂	照明器具、雑貨、化粧品	意匠性	シボ加工、鏡面性	SKD61、プレハードン鋼
	POM（アセタール）、PA（ナイロン）	歯車、軸受	耐摩耗性	耐摩耗性	SKD61、プレハードン鋼
	PC（ポリカーボネート）、PMMA（アクリル）	レンズ、導光体、CD・DVD デスク	透明性、光複屈折性	鏡面性	SUS420J2、析出硬化鋼
	PVC（ポリ塩化ビニル）	雨樋、パイプ、冷蔵庫用部品、耐薬品物、工業用ライニング	難燃性	耐食性	SUS 系
	難燃 ABS 樹脂	ＴＶキャビネット、家電部品	難燃性	耐食性	SUS420J2、プレハードン鋼
	PBT（ポリブチレンテレフタレート）-GF、PA（ナイロン）-GF	カメラ筐体、電装部品	耐摩耗性	耐摩耗性	SKD11、プレハードン鋼
	磁粉入り PA（ナイロン）	プリンタローラ、センサ機器	成形性、磁気特性	非磁性、耐摩耗性	非磁性鋼
	Mg 成形	パソコン筐体、携帯電話体	耐熱性、軽量性	耐熱性、耐摩耗性	非磁性鋼
熱硬化性樹脂	フェノール樹脂（PF）、メラミン樹脂（MP）	食器、灰皿	耐熱性	耐熱性、耐摩耗性	プレハードン鋼、SKD11
	フェノール樹脂（PF）、不飽和ポリエステル（UF）	スイッチ、コネクタ	耐熱性、難燃性	耐摩耗性、耐食性	SUS420J2、SKD11
	エポキシ樹脂（EP）	IC 封止、トランジスタ	電気絶縁性	耐摩耗性、耐食性	SUS420J2、SKD11

第３章　工具鋼の材料特性

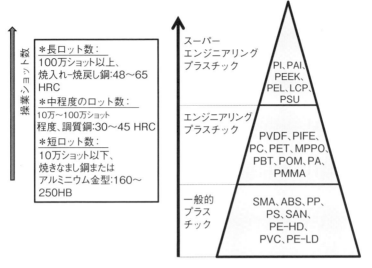

図3.4 ロット数別の適用工具種および樹脂の分類

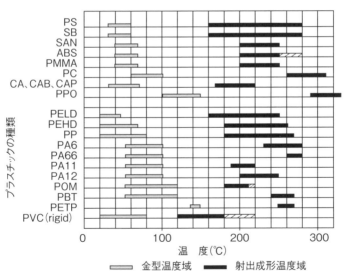

図3.5 各種プラスチックの射出成形温度

▶ 3.2.2 プラスチック成形用金型の要求特性[4]

（1）耐食性

樹脂成形過程および金型の保管状況において成形面に腐食が発生する。この結果、キャビティの表面性状、製品の品位低下や成形品への異物・不純物混入などによるトラブルの発生が生じることから、耐食性の高いステンレス系材料の選択や、腐食環境に影響されづらい材料特性が求められる。

（2）耐摩耗性

一般的に硬さが高いほど耐摩耗性は向上するが、同一硬さにおいても鋼種により耐摩耗性は異なる。必要とされる耐摩耗性の状態は、成形樹脂の種類、耐熱性の向上を目的に樹脂に添加する添加材（ガラス、セラミックス、繊維）の種類や量、生産数量（ショット数）などによって異なる。

（3）強度

成形中に生じる熱応力、射出時の負荷応力に伴う金型の変形・変寸や成形品不良が発生しない金型には常温・高温時の強度が求められる。また、熱処理後に存在する残留オーステナイトの存在量もコントロールしないと操業過程で応力誘起マルテンサイト変態により金型に変形や割れなどの影響を及ぼすために考慮が必要である。

（4）靭性

プラスチック成形用金型の形状は非常に微細・微小および複雑な形状が多く、成形時の応力、熱負荷、腐食環境による割れ、欠けおよび腐食に誘発された破壊などが発生しない靭性の高い材料が求められる。一般的に硬さ（耐摩耗性向上）が高くなると靭性は低下する傾向があるので、硬さと靭性のバランスが得られるような熱処理や機械的特性をもった材料の選択が必要になる。

（5）熱伝導性

射出成形用の樹脂は一般的には金属などに比較して熱伝導率は低い。そこで、非常に深いスリットや薄くて長い製品の成形時には、射出後の深い溝や彫り込みの深い部分では金型温度の冷却効率が悪くなり、操業サイクルの低下や凝固時間も遅く安定で効率的な生産が難しい。樹脂成形時に熱伝導率の高い金型材料を使用すると樹脂の保有熱量の放散が可能になり、成形サイクルの短縮化や操業効率の改善ができる。一般に鋼の場合、合金元素の含有量が少ない材料ほど熱伝導率は高いが、最近では、非鉄金属（Cu、Al、Zn合

金）の物理的特性や材料特性を利用し簡易金型や伝導率を利用したインサートへの適用により冷却効率を高めサイクルタイムの改善が図られている。

（6）機械加工性

プラスチック成形用工具鋼で、ステンレス系材料は高合金鋼で延性が高い特性をもっていることから比較的加工が難しい。また、工具鋼の材料は切削加工や研削加工においては、切削工具や砥石の摩耗が少なく、機械加工により短時間で所定の形状が得られる加工性の良好な材料が求められる。

なお、今日の機械加工機の機能性向上や高性能・高機能性を追求した刃具の出現により、通常の金型供給材は焼きなまし状態で非常に軟化している状態であるが、加工性はむしろ硬さを向上させた調質タイプの工具鋼の場合がより効率よく加工が可能になってきているために、これらの工具鋼の使用が多くなってきている。そこで、工具鋼の調質硬さは、従来の30～35HRC程度であったものが最近では加工機の性能向上や刃具の改善により、より高硬度（40HRC～45HRC程度）な加工も可能になってきている。

（7）鏡面性・磨き性

素材中に存在する非金属介在物量や不純物濃度を製鋼過程で低下させることで、ピンホールなど磨き面の不安定要因の発生は少なくなる。しかし、工具鋼の磨き時の作業不良、磨き面の管理不良、磨き作業現場の汚染など、各種の要因を改善しないと安定な材料特性は得られない。

（8）シボ加工性（フォトエッチング性）

炭化物や圧延時の偏析などが認められない均質なミクロ組織をもつ工具鋼の使用が必要であり、シボ加工面全体に均一なシボ模様が得られる材料特性が求められる。また、インサートとして金型材料を部品に使用する場合は、ともに圧延方向が同一の材料の使用が必要になる。

シボ加工には、化学研磨によるエッチング法、微細粒子を金型表面に投射するピーニング法および放電加工法（微細放電加工面を使用する）などがある。しかし、これらの加工法は各種の加工特性を理解した上で行う必要がある。

（9）寸法安定性

プラスチック成形用金型の場合は一般機械加工後に熱処理を行うが、焼入れ時の冷却速度のコントロールと焼戻し後の残留オーステナイト量の消失など、熱処理時の組織の安定化処理を十分に行うことが必要になる。この操作

により、熱ひずみと変態ひずみの発生が少なくなり、その結果、変形や寸法変化も安定して仕上げ加工の負担が低減できる。プラスチック成形用工具鋼はESRなどの再溶解した高品質の鋼種を使用する場合が多いが、高機能性を要求される部品の製造には材料の全方向において材料特性の変化のない等方性のある材料が求められる。

(10) 放電加工性

工具鋼の場合は、放電加工時の電気特性は大きく変わらないが、粗加工、仕上げ加工により加工変質層の形成厚さが変化するので、表面粗さだけで判断することは、操業過程でピットの発生や割れを誘発することもある。よって、各種の加工条件に対して安定な加工特性が得られ、なおかつ均一な放電加工面が得られる材料が求められる。

(11) 表面処理性

近年では、耐摩耗性を求められることが多く、金型材料の硬さだけでは操業の安定性が得られない場合がある。そこで、各種の表面処理（めっき、窒化処理、CVD、PVDなど）により機能性を向上させている。工具鋼はこの各種の表面処理層と素材との皮膜の安定性、密着性、耐剥離性および皮膜との親和性の高い材料が要求される。

(12) 溶接性

金型の場合、新規金型は、湯流れ調整、凝固解析などによりトライ段階で設計変更や補修に伴う溶接加工を行うことが多い。マルテンサイト系工具鋼などの高合金鋼は、予熱－後熱を行なわなければ溶接割れが発生しやすくなる。また、これらの材料は溶接棒の選択を適切にしなければ溶接後の溶着金属成分と母材成分が同じ状態にならず耐食性や機械的特性が異なるため、より安定した溶接特性が得られる材料の利用が求められる。

また、溶接施工方法、適切な溶接棒（溶加材）の選択、溶接用材料やワイヤ防錆などの品質管理も、溶接中の欠陥発生の防止には重要な要件となる。

なお、同じ金型であっても各製造部門により金型の特性に対する要求項目は異なり、「金型製作部門」では機械加工性や鏡面性・磨き性など金型製作時の作業性や効率を優先した要求が強い。しかし、「樹脂成形・製品製造部門」では、操業の安定性を求めるために耐摩耗性や耐食性のような金型寿命に関した要件を求める。また、「生産管理部門」からは、材料単価や成形サ

イクルの効率化、熱伝導率の高い材料が要求されるなど、各部門から求められる内容は多岐にわたる。そこで、各部門の利害得失を考慮し、最適な妥協点が得られる金型用材料の選択が必要であり、「生産性の向上が図れる材料の適用」を念頭において選択する必要がある。しかし、今日でも目的に合った最適な金型材料を選択することは非常に難しく、過去の事例と現場の経験に基づき、その相対的な比較から、それぞれの用途に応じた最適な材料を見出していることが多い。

▶ 3.2.3 プラスチック成形用工具鋼の種類と特性

プラスチック成形用金型に使用される工具鋼材料は、大別して下記の3鋼種に分類することができる。**表3.2**にプラスチック成形用工具鋼の区分と特性および用途について示す[5]。

表3.2 プラスチック成形用工具鋼の区分と特性、用途[5]

鋼種区分		AISI規格	硬さ(HRC)	主用途	製品例
プレハードン系	SC系	1056	(30HS)	大型汎用、シボ適用型	家庭雑貨、家電製品
	SCM系	4140	26～30	大型汎用、鏡面適用型	自動車部品、テレビ筐体
	SCM系(改良)	P20	30～33		
	SUS系(快削鋼)	420F	30～37	耐食主型、取付け板	―
	析出硬化系(快削鋼)	P21改良材	37～43	精密量産型	OA機器、ゴム型
	析出硬化系		37～43	精密量産、高鏡面型	透明樹脂製品、IT製品
	SKD61系(快削鋼)	H13改良材	38～42	耐摩耗性型	スライド、ピン類
	SUS析出硬化系	630改良材	30～35	高耐食型	雨トイ、樹脂パイプ
焼入れ焼戻し系	SKD61系	H13	45～50	高耐摩耗型	一般エンプラ
	SKD11系	D2改良材	56～61	精密量産、高耐摩耗型	コネクタ、ギア類
	SUS420J2系	420改良材	50～53	超鏡面、耐食型	TV枠、PC筐体
マルエージング鋼		―	50～53	高靭性ピン類	細径ピン類

（1）プレハードン鋼

　プレハードン鋼とは、あらかじめ硬さ30～45HRC程度に調質された状態で企業に納入され、その状態で直接機械加工を行った後、金型を成形加工に使用する方式であり、焼入れ－焼戻し処理工程を省略できる利点がある。そのため、金型製作時間の短縮、熱処理に伴う変形や変寸をあまり考慮する必要のないメリットがある。

　調質工具鋼は主として、大型の金型や小・中の生産ロット（約50万ショット以下）用に使用され、時には窒化処理や火炎焼入れにより表面を硬化・改質して使用されることも多い。工業的にはAISI規格のP20系のCr-Mo鋼およびCr-Ni-Mo鋼とP21系統の析出硬化鋼が用いられている。

　プレハードン鋼では、リードタイムの短縮が主目的のため機械加工性が重視される。特にベース材料（ホルダプレート）の鋼種は硫黄含有量（約2.0%以下の含有量）が高く、機械加工性を優先している鋼であり、機械加工性と磨き性などの特性のバランスに優れた材料が開発されている。

（2）ステンレス鋼

　金型に耐食性を要求される場合には、一般的にマルテンサイト系ステンレス鋼が使用される。これらの鋼種の使用により成形面（キャビティ面）の耐食性は著しく向上する。また、冷却効率向上のために金型裏面には多くの冷却穴が加工されている。ステンレス系鋼種の適用は、冷却穴への錆の発生を抑制し、樹脂成形の操業サイクルの安定化も図れる利点がある。なお、ステンレス鋼にはマルテンサイト系、オーステナイト系、フェライト系、オーステナイト－フェライト系および析出硬化系の5鋼種があるが、プラスチック成形用金型材料としては一般的にマルテンサイト系ステンレス鋼が使用されている。

　図3.6はステンレス鋼の位置づけを示す。各種の使用目的に沿った選択が必要になる[6]。特にJIS規格SUS420系の鋼種は広く各種の成形用金型に使用されている。また、ガラス、シリカ、炭素繊維混入などの成形には金型キャビティ面の耐摩耗性が強く求められ、SUS440C系鋼種やセミハイス系の冷間用工具鋼種が用いられている。ホルダ用のステンレス鋼としては、快削性を重視したSUS420F系およびP20系の鋼種が使用されている。この他、PVC樹脂成形用金型の場合、高い耐食性が要求されるため、SUS630、

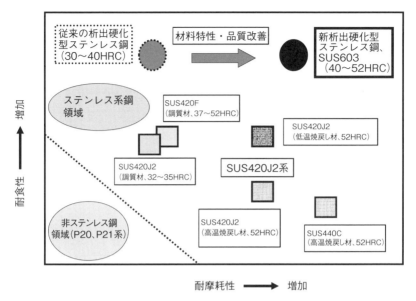

図 3.6　ステンレス鋼の位置づけ

SUS631 系の析出硬化系ステンレス鋼が使用されている。

図3.7 は、ステンレス鋼種の要求特性と鋼種の選択方法について示す。

なお、ステンレス系工具鋼（ステンレス系鋼は JIS の工具鋼に規定されていない）に要求される項目としては、下記の特性・機能発現が求められる。

①型のメンテナンスや保管が容易である。

②水冷孔および水管中の錆の発生の発生が少なく、操業過程でのサイクルタイムが安定し、長時間使用が可能である。

③超鏡面の研磨が可能である。

④機械加工性の良好な快削ステンレス鋼が要望される。

⑤耐食性と耐摩耗性の両特性がある。

⑥精密加工に適し、寸法安定性や変形が少ない。

⑦放電加工時に錆の発生が少ない。

⑧腐食環境下において応力腐食割れ（SCC）に伴う水管から破壊が少ない。

（3）非ステンレス系焼入れ－焼戻し鋼

耐食性よりも耐摩耗性や圧縮強度が重視される金型には、非ステンレス系

図3.7 ステンレス鋼種の適用性

の焼入れ‐焼戻し鋼種が硬さ60HRC前後で使用される。ガラス繊維を多量に混入した樹脂成形において金型の耐摩耗性が求められる場合には、JIS規格SKD11、SKD12系の冷間用工具鋼種が適用される。この鋼種はゲート部分の入れ子やピンのように部品として使用されることも多い。

また、靭性が重視される金型、金型部品(コアピンなど)には、SKD61系の熱間用鋼種も使用されている。

▶ 3.2.4 金型の耐食性・耐摩耗性・磨き特性

光学製品、精密電子部品、自動車の内装品などの製造に使用される金型には、プラスチック成形金型の中でも高品質な材種が要求される。これらの金型には、主としてマルテンサイト系ステンレス鋼が使用されるが、最近では非ステンレス系のプレハードン鋼の使用も増加してきている。

これらの金型に使用される材料の選定および使用方法については、以下の点を考慮する必要がある。

CDやDVDの光ディスク用基材、眼鏡、非球面加工、レンズなどの成形用金型では、ナノミクロンオーダーの極めて微細な表面が要求される。鏡面および超鏡面が要求される金型の場合には、材料中の非金属介在物の存在が金型品質に大きな影響を及ぼす。非金属介在物は、微細炭化物と混在して素材中に存在するが、鏡面の研磨過程で生地に比べ硬さが高く、素材が研磨され、硬い介在物が浮き上がり、その後、脱落して鏡面品位を低下させる。

通常の溶製法で溶解・鋳造された鋼材は、真空脱ガス(VIM)や炉外精

錬による清浄化が行われているが、非金属介在物などの欠陥を完全に除去させることは難しい。そこで、材料中の非金属介在物を減少する方法として、ESR 法、VAR 法および P-ESR 法と呼ばれる特殊溶解法により製造された鋼種が供給されている。ESR 法や VAR 法はいずれも、通常の溶製法により溶解・鋳造された鋼塊を特殊な条件下で再溶解・再凝固させることで材料中の非金属介在物や不純物を極力低減化し、清浄度の高い鋼種を製造する方法である[6]。

そこで、非常に高いレベルの鏡面を要求される金型には特殊溶解された鋼種を使用することが必要であり、光ディスク用金型のような高いレベルの超鏡面を得るためには特殊溶解を複数回行ったステンレス工具鋼の使用が有効になる。

また、高精度なシボ加工面を得るためにも、これらの高級で高品質な鋼種は偏析などが非常に少なく均一なミクロ組織をもっていることから有効な選択である。一般の鋼材では、圧延時の組織の変化が大きく、長さ、幅、厚さ方向により多少異なる特性になる。しかし、前述の特殊溶解を行うことにより結晶成長方向に起因した組織の違いは大幅に改善されている。そこで、一体型の金型を製作するのではなく、複数の入れ子を使用する場合が多い。また、大型で同様なシボ模様を形成する時は、同一材料の同一方向から採取した金型材料により入れ子を製作することがよい。

(1) 耐食性・耐摩耗性

表 3.3 は、各ステンレス系鋼種の焼戻し温度（低温・高温）の違いに及ぼす耐食性の影響を示す。マルテンサイト系ステンレス鋼は、低温焼戻し材が高温焼戻し材よりも耐食性が向上している。高温焼戻し処理による耐食性の低下は、Cr と C が結合した二次炭化物（CrC）の形成が促進されるために、粒界近傍では Cr の欠乏した領域が存在して耐食性が低下する。また、低温焼戻しでは残留オーステナイトの分解が不十分になり、経年変化が発生する可能性が高い。そのような場合には、焼入れ後にサブゼロ処理を実施すると改善できる。

図 3.8 はステンレス系鋼および熱間用工具鋼（SKD61）の耐食性比較を示す。この結果は塩水噴霧試験により保持した時の表面に発生する錆の状況を示している。金型用工具鋼の焼戻し温度が低い場合は非常に錆の発生が少な

表3.3 ステンレス鋼種の耐食性比較

材　質 (硬さ)	焼入れ後の 焼戻し処理	腐食量 ($g/cm^2 \cdot hr$)		
		5% H_2SO_4	5% HCl	3% NaCl
SUS420J2 (53HRC)	低温焼戻し	2.2×10^{-3}	0.9×10^{-3}	2.1×10^{-3}
	高温焼戻し	2.9×10^{-3}	1.1×10^{-3}	4.0×10^{-3}
SKD12 (58HRC)	低温焼戻し	24.5×10^{-3}	2.5×10^{-3}	57.4×10^{-3}
	高温焼戻し	27.7×10^{-3}	2.8×10^{-3}	79.0×10^{-3}
SUS440C (58HRC)	低温焼戻し	5.1×10^{-3}	1.4×10^{-3}	10.8×10^{-3}
	高温焼戻し	6.4×10^{-3}	1.8×10^{-3}	15.0×10^{-3}

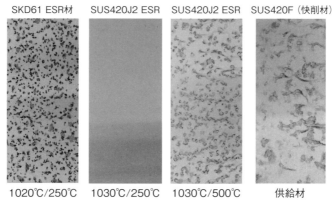

腐食試験、暴露試験、5%食塩ミスト、pH＝3、試験温度20℃、5hr暴露での比較

図3.8 ステンレス系鋼およびSKD61工具鋼の耐食性比較 [6]

い。各工具鋼の腐食感受性は低温焼戻し処理が低く、高温焼戻し処理は生地の残留オーステナイト量は少なくなり結晶粒界近傍のCr濃度の低下、結晶粒の成長などに伴い耐食性が低下し腐食感受性は高くなる。

また、プラスチック成形金型のホルダ用として使用されるステンレス系（SUS420F）材料の耐食性は他の機械加工性に比較して良好であるが、耐食性は他の材料に比較して硫黄濃度が高いために低くなる。しかし、P20系工具鋼に比べてステンレス系材料はCr量が高いので耐食性は一般に高いこと

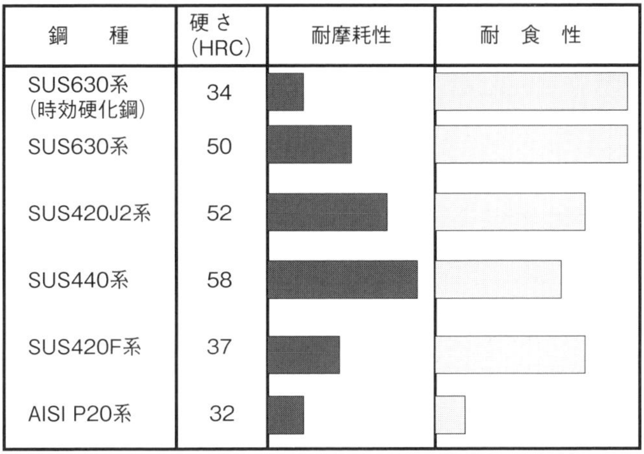

鋼　種	硬さ(HRC)	耐摩耗性	耐　食　性
SUS630系(時効硬化鋼)	34		
SUS630系	50		
SUS420J2系	52		
SUS440系	58		
SUS420F系	37		
AISI P20系	32		

図3.9 ステンレス系鋼とP20系工具鋼の耐摩耗性と耐食性の比較

から樹脂成形に利用されている。

さらに、経年変化に対する要求が厳しい金型の場合には、超サブゼロ処理が有効になる。近年の工具鋼は、樹脂成形用金型の構造も大型化・複雑化してきていることから、成形過程において樹脂温度により金型表面は熱が蓄積されやすい。一般にステンレス鋼系の熱伝導率（24W/m℃）とCr-Mo鋼（30W/m℃）を比較すると後者が低く、ステンレス鋼系金型は熱の発散が少なく局部的に加熱される個所が多くなる。そのため成形中の深い部位は樹脂の凝固速度が他の部分より遅くなり、成形品の変形、表面不良および操業サイクルの不安定性などのトラブルが起こる。

図3.9は、プラスチック成形用の各ステンレス鋼（SUS630、SUS420F、SUS420J2、SUS440C）の耐食性と耐摩耗性の比較を示す。これらからも明確なように、時効硬化系のSUS630系ステンレス鋼は他の鋼種に比べ炭素濃度が低く耐食性は著しく向上している。また、耐摩耗性はSUS440C系の材料で、Cr含有量が18％と硬さが高いことからガラス混入プラスチックの成形には有効な工具鋼である。

表3.4および図3.10は、各種のステンレス鋼における耐食性の比較と腐食形態の一例を示す。ステンレス鋼の場合、一般の金型用工具鋼と比較してCr含有量が高く耐食性は高いが、熱処理による不完全性、溶接後に存在す

表3.4 ステンレス工具鋼の耐食性

			オーステナイト系:A	フェライト系:B	マルテンサイト系:C
湿食	全面腐食	非酸化性酸(硫酸,塩酸など)による全面腐食			
	粒界腐食	オーステナイト系材を500〜850℃加熱、結晶粒界CrC析出	C:溶体化処理304L、321、347の使用	A	A
	孔食	塩化物水溶液での不働態膜の破壊、異物の付着、水溶液の存在により発生	A:異物の付着防止、316(Mo添加有効)	B	C
	隙間腐食	隙間に水溶液の存在隙間内外に酸素濃淡電池形成、不働態破壊	A:隙間を作らない構造	B	C
	接触腐食	隙間に水溶液の存在、隙間内外に酸素濃淡電池形成、不働態破壊	A	B	C
	応力腐食割れ	オーステナイト系ステンレス鋼の成形加工時、溶接時の残留応力の存在と塩化物水溶液の存在により割れ発生	C:応力除去熱	A	A
乾食		高温酸化などのように水分の存在しない腐食	A:耐酸化性改善、309S、310S	B	C

一般特性:良好 A>B>C 不良

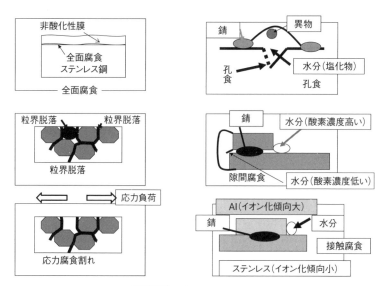

図3.10 各種の腐食形態

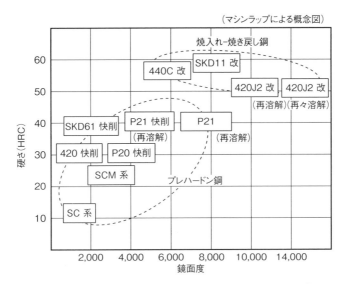

図 3.11 プラスチック成形用工具鋼の鏡面性の比較[3]

る熱影響部、水分、薬剤の存在する環境（電気化学的腐食）、およびステンレス鋼の成分や鋼種により発生する腐食の形態は各々異なる。

（2）鏡面性

　プラスチック成形用の金型表面は鏡面性を求められることが多く、磨きの方法や作業者の技量により、ピット、腐食、オレンジピール（磨き時に炭化物や非金属介在物の存在で素材が磨き方法に流れのように傷がつくこと）などの欠陥が発生することが多い。

　図 3.11 にプラスチック成形用工具鋼における各鋼種の鏡面性の比較[3] を示す。

　表 3.5 は液晶テレビ用フレームの製作用金型の研磨の例を示す。各メーカーにより磨き特性が異なるが、近年では P20 系工具鋼も焼入れ‐焼戻しした ステンレス鋼系工具鋼に近い磨き特性が得られている。

　図 3.12 は、良好な鏡面性を得るための各種の要因と工具鋼の鏡面性に与える影響について示す。鏡面性を左右させる要因としては、「素材、加工による要因」と「磨き性に与える要因」とがある。素材に関する要因には、工具鋼材質（通常溶解、ESR、VAR、P-ESR 溶解）による品質の問題、熱処

表3.5 液晶テレビフレーム用金型の磨き特性

材料グレード	硬さ(HRC)	オレンジピールが認められる磨き	最良磨き可能番手
A社(P21系)	38〜42	#8000	#10000
B社（SUS420J2系）	48〜52	#8000	#12000
C社（SUS420J2系）	46〜50	#8000	#10000
C社(P21時効系)	38〜42	#5000	#8000
D社(P20系)	38〜40	#5000	#8000
D社(P21時効系)	38〜42	#8000	#10000
D社 ESR(再溶解)（SUS420J2系）	48〜52	#8000	#12000
D社 ESR(再溶解)（SUS420J2系）	48〜52	#8000	#14〜16000
D社（析出SUS630系）	48〜50	#8000	#10000

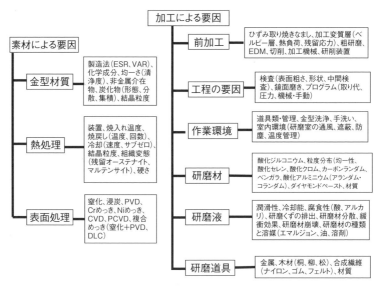

図3.12 鏡面性に与える素材と加工の要因

理による安定性、並びに表面処理がある。また、加工による要因には、素材の磨き手法、磨き材料、作業環境などがあり、両者の要因を注意深く考慮して行わなければ機能性の高い有効な磨き面が得られない。

3.3 冷間用工具鋼

▶ 3.3.1 冷間用工具鋼の鋼種

冷間用工具鋼は、高炭素系・中炭素系鋼でクロム（Cr）、バナジウム（V）、モリブデン（Mo）、タングステン（W）などの炭化物形成元素を添加して、各金属と結合した炭化物により耐摩耗性を向上させている。プレスの操業形態を考慮すると、単に生地や炭化物の硬さだけでは有効な機能が発揮できないことが多く、生地に靱性を向上させた高機能性の高い粉末製造技術が開発されている。

冷間用工具鋼を用いる加工は、抜き、曲げ、絞り、圧縮などのプレス成形、押出し、ボディプレス、リードフレーム、プレス打ち抜き、ファインブランキング、深絞りなどがあり、高精度な製品を高能率的に多量生産できる工具として使用されている。しかし、各加工方法により求められる工具鋼の要求特性は異なる。

近年では、厚肉の高強度材料の加工には冷間工具鋼以外に超硬、セラミックス、複合材料が使用されている。プレス加工は基本的に薄肉製品の高速プレス成形の場合、インサート方式の設計を取り、ベース材料は金型用工具鋼、形状加工部、切れ刃部などにはインサート材として、超硬材や高機能セラミックス材、硬質皮膜した複合材や高速度工具鋼が使用されている。

図 3.13 に代表的な冷間加工法とプレス打抜き金型の構成の一例を示す。

各種の加工法には適用工具鋼の鋼種が異なり、加工目的に合った選択が必要になる[7]。

図 3.14 に、炭素鋼（SK105材）を基準にして各元素を添加した時の冷間

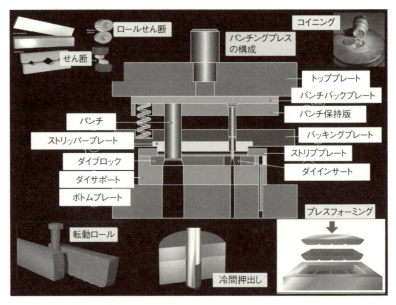

図 3.13 各種のプレス金型の構成と加工方法

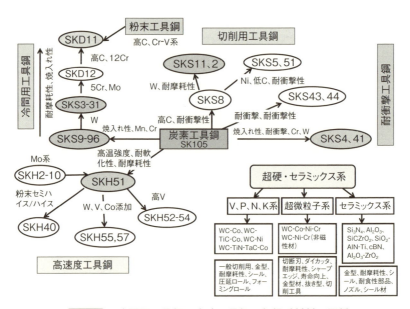

図 3.14 冷間用工具鋼、高速工具鋼と超鋼系材料の関係

工具鋼の系列、超硬およびセラミック材料の関連性を示す。プレス成形工程としては、金型の設計やその加工精度が製品の品質に大きな影響を与えることが多いのでCAD、CAMによる部品の設計が行われるが、高精度加工には設計の高精度化が求められる[8]。

その後、金型を各種の加工機により創成加工する段階においても、プレス成形加工用金型は、機械加工やワイヤ放電加工で2次元加工後、プロファイルグラインダにより仕上げるが、金型の組立精度（クリアランス、エッジの仕上げ、すり合わせ）や安定性の維持は技能者の経験や熟練度により著しく異なる。

ボディプレス用金型は大型のため鋳鋼、炭素鋼、合金工具鋼などが使用されるが、切れ刃には工具鋼やハイスのインサートやフレームハードン鋼が適用されている。順送型などリードフレーム用金型は、ベース材に工具鋼を使用し、切れ刃部分には高靱性の超硬やセラミックスをインサート金型にする場合もある。

図3.15は、工具鋼およびセラミックス材までの耐摩耗性と靱性の関係を示す。

耐摩耗性と靱性との関係は、靱性は工具鋼、粉末高速度鋼、超硬、セラミックスやアルミナ焼結体、cBN焼結およびダイヤモンド焼結体の順に低下

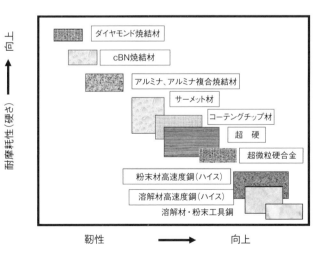

図3.15　工具鋼、ハイス、超硬、セラミックス材の耐摩耗性と靱性の比較

するが、一方、硬さが高く耐摩耗性は向上する。冷間工具鋼は溶製工具鋼のSKD11（AISI D2）材が基準鋼種になっているが、大型の金型材料には高炭素鋼-クロム-モリブデン鋼系以外の冷間材料も使用されている。

溶製材工具鋼の靱性は他の高硬度材料に比較して高いが、耐摩耗性については炭化物の成分・組成に依存して変化し、65HRC程度の硬さが限度になっている。一方、粉末工具鋼、ハイスおよび超硬の材料では、靱性は比較的低いが、高い硬さが得られ耐摩耗性の効果は高い。しかし、この鋼種は材料単価も高く費用対効果から一般的には冷間工具鋼が主に使用されている。

▶ 3.3.2 冷間用工具鋼のJIS規格と用途

冷間用工具鋼は、炭素鋼と合金元素を添加した工具鋼（切削用、耐衝撃用、冷間用工具鋼）および高速度工具鋼がJIS規格で規定されている。

表3.6、表3.7および表3.8は合金工具鋼の成分および用途、表3.9は高速度工具鋼の成分と用途を各々示す[9]。

表3.6 切削工具用合金工具鋼の成分と用途

鋼種の規格	化学成分(重量%：不純物としてNi、Cuは0.25%を超えてはいけない)									用途(参考)
	C	Si	Mn	P	S	Ni	Cr	W	V	
SKS11	1.20〜1.30	0.35以下	0.50以下	0.030以下	0.030以下	—	0.20〜0.50	3.00〜4.00	0.10〜0.30	バイト、冷間引抜ダイス、センタードリル
SKS2	1.00〜1.10	0.35以下	0.50以下	0.030以下	0.030以下	—	0.50〜1.00	1.00〜1.50	0.20添加可能	プレス型、タップ、カッター、ダイス、ドリル、ねじ切りダイス
SKS21	1.00〜1.10	0.35以下	0.50以下	0.030以下	0.030以下	—	0.20〜0.50	0.50〜1.00	0.10〜0.25	
SKS5	0.75〜0.85	0.35以下	0.50以下	0.030以下	0.030以下	0.70〜1.30	0.20〜0.50	—	—	丸ノコ、帯ノコ
SKS51	0.75〜0.85	0.35以下	0.50以下	0.030以下	0.030以下	1.30〜2.00	0.20〜0.50	—	—	
SKS7	1.10〜1.20	0.35以下	0.50以下	0.030以下	0.030以下	—	0.20〜0.50	2.00〜2.50	0.20添加可能	ハクソー
SKS81	1.10〜1.30	0.35以下	0.50以下	0.030以下	0.030以下	—	0.20〜0.50	—	—	替刃、刃物、ハグソー
SKS8	1.30〜1.50	0.35以下	0.50以下	0.030以下	0.030以下	—	0.20〜0.50	—	—	刃ヤスリ、紙ヤスリ

第3章 工具鋼の材料特性

表3.7 衝撃工具用合金工具鋼の成分と用途

鋼種の規格	化学成分(重量%、不純物としてNi、Cuは0.25%を超えてはいけない)								用途(参考)
	C	Si	Mn	P	S	Cr	W	V	
SKS4	0.45〜0.55	0.35以下	0.50以下	0.030以下	0.030以下	0.50〜1.00	1.00〜1.50	—	たがね、ポンチ、シャー刃
SKS41	0.35〜0.45	0.35以下	0.50以下	0.030以下	0.030以下	0.20〜0.50	0.50〜1.00	—	
SKS43	1.00〜1.10	0.10〜0.30	0.10〜0.30	0.030以下	0.030以下	0.20添加可能	—	0.10〜0.20	削岩ピストン、ベンディングダイス
SKS44	0.80〜0.90	0.35以下	0.50以下	0.030以下	0.030以下	0.20添加可能	—	0.10〜0.25	たがね、ベンディングダイス

表3.8 冷間金型用合金工具鋼の成分と用途

鋼種規格	化学成分(重量%)									用途(参考)
	C	Si	Mn	P	S	Cr	Mo	W	V	
SKS3	0.90〜1.00	0.35以下	0.90〜1.20	0.030以下	0.030以下	0.50〜1.00	—	0.50〜1.00	—	ゲージ、シャー刃、プレス型、ねじ切ダイス
SKS31	0.95〜1.05	0.35以下	0.80〜1.10	0.030以下	0.030以下	0.80〜1.20	—	1.00〜1.50	—	プレス型、ゲージ、ねじダイス
SKS93	1.00〜1.10	0.50以下	0.80〜1.10	0.030以下	0.030以下	0.20〜0650	—	0.50〜1.00	0.10〜0.25	丸ノコ、帯ノコ
SKS94	0.90〜1.00	0.50以下	0.80〜1.10	0.030以下	0.030以下	0.20〜0.60	—	—	—	
SKS95	0.80〜0.90	0.50以下	0.80〜1.10	0.030以下	0.030以下	0.20〜0.60	0.20〜0.50	—	—	
SKD1	1.90〜2.20	0.1〜0.60	0.20〜0.60	0.030以下	0.030以下	11.0〜13.0	0.20〜0.50	2.00〜2.50	0.30以下添加可能	ハクソー
SKD2	2.00〜2.30	0.1〜0.40	0.30〜0.60	0.030以下	0.030以下	11.0〜13.0	0.20〜0.50	—	—	替刃、刃物、ハクソー
SKD10	1.45〜1.60	0.1〜0.60	0.28〜0.60	0.030以下	0.030以下	11.0〜13.0	0.70〜1.00	—	0.70〜1.00	ゲージ、ねじ、転造ダイス、ホーミングロール、プレス型、金属刃物
SKD11	1.40〜1.60	0.40以下	0.60以下	0.030以下	0.030以下	11.0〜13.0	0.80〜1.20	—	0.20〜0.50	
SKD12	0.95〜1.05	0.1〜0.40	0.40〜0.80	0.030以下	0.030以下	4.80〜5.50	0.90〜1.20	—	0.15〜0.35	

表3.9 高速度工具鋼の成分と用途

鋼種規格	化学成分（重量%）									用途（参考）
	C	Si	Mn	P	S	Cr	Mo	W	V	Co	
SKH2	0.73~0.83	0.45以下	0.4以下	0.030以下	0.030以下	3.80~4.50	—	17.2~18.70	1.00~1.20	—	
SKH3	0.73~0.83	0.45以下	0.4以下	0.030以下	0.030以下	3.80~4.50	—	17.00~19.00	0.80~1.20	4.50~5.50	高速重切削用、その他の各種工具
SKH4	0.73~0.83	0.45以下	0.4以下	0.030以下	0.030以下	3.80~4.50	—	17.0~19.00	1.00~1.50	9.00~11.0	難削材切削工具用、その他の各種工具
SKH10	1.45~1.60	0.45以下	0.4以下	0.030以下	0.030以下	3.80~4.50	—	11.5~13.50	4.20~5.20	4.20~5.20	高難削切削工具用、その他の各種工具
SKH40	1.23~1.33	0.45以下	0.4以下	0.030以下	0.030以下	3.80~4.50	4.70~5.30	5.70~6.70	2.70~3.20	8.00~8.80	硬さ・靱性・耐摩耗性要求切削工具、その他の工具
SKH50	0.77~0.87	0.70以下	0.4以下	0.030以下	0.030以下	3.50~4.50	8.00~9.00	1.40~2.00	1.00~1.40	—	靱性優先一般切削工具。各種工具
SKH51	0.80~0.88	0.45以下	0.4以下	0.030以下	0.030以下	3.80~4.50	4.70~5.20	5.90~6.70	1.70~2.10	—	
SKH52	1.00~1.10	0.45以下	0.4以下	0.030以下	0.030以下	3.80~4.50	5.50~6.50	5.90~6.70	2.30~2.60	—	靱性要求金属の高硬度材用切削工具、その他の工具
SKH53	1.15~1.25	0.45以下	0.4以下	0.030以下	0.030以下	3.80~4.50	4.70~5.20	5.90~6.70	2.70~3.20	—	
SKH54	1.25~1.40	0.45以下	0.4以下	0.030以下	0.030以下	3.80~4.50	4.20~5.00	5.20~6.00	3.70~4.20	—	高難削材の切削工具用、その他の工具
SKH55	0.87~0.95	0.45以下	0.4以下	0.030以下	0.030以下	3.80~4.50	4.70~5.20	5.70~6.70	1.70~2.10	4.50~5.00	靱性要求金属の高速重切削用、その他の工具
SKH56	0.85~0.95	0.45以下	0.4以下	0.030以下	0.030以下	3.80~4.50	4.70~5.20	5.90~6.70	1.70~2.10	7.00~9.00	
SKH57	1.20~1.35	0.45以下	0.4以下	0.030以下	0.030以下	3.80~4.50	3.20~3.90	9.00~10.0	3.00~3.50	9.50~10.50	高難削材の切削工具用、その他の工具
SKH58	0.95~1.05	0.70以下	0.4以下	0.030以下	0.030以下	3.50~4.50	8.20~9.20	1.50~2.10	1.70~2.20	—	靱性要求金属の高硬度材用切削工具、その他の工具
SKH59	1.05~1.15	0.70以下	0.4以下	0.030以下	0.030以下	3.50~4.50	9.00~10.0	1.20~1.90	0.90~-1.30	7.50~8.50	靱性要求金属の高速重切削用、その他の工具

▶ 3.3.3 粉末工具鋼の特性

　今日の自動車産業は、軽量化や安全対策の要望からプレス用工具鋼においても薄肉化や高強度化の進歩が著しい。特に自動車ボディ、メンバー部品や構造部品では高強度ハイテン（高張力鋼板）の使用が増加している。それら

の製造技術の発展に伴い冷間工具鋼に求められる各鋼種の材料特性・機能性も高度化・高性能化してきている。

現在の粉末工具鋼は材料特性や鋼材品質の向上により、第3世代の粉末製造方法（超清浄粉末工具鋼の製造技術）が確立され、開発初期から現在までにいたる材料特性の開発・改善は著しい発展を遂げてきている。材料開発の特徴として、主として炭化物の均一分散による耐摩耗性と耐チッピング性の改善がされてきている[6]。

通常の溶製法で作られた冷間用工具鋼の場合、炭化物の粗大化や偏析の改善には限界があり、耐チッピング性の低下と軟質炭化物（M_7C_3）の存在から耐摩耗性の向上は難しかった。1970年代初頭、粉末冶金法による第1世代の粉末鋼が開発され、炭化物の微細化、局部偏析の改善により耐チッピング性と耐摩耗性が向上した。1990年代初頭に第2世代、2000年代以降、第3世代の粉末鋼が開発され、靱性および耐摩耗性の著しい改善が行われた。なお各世代間での清浄度（介在物量に比例）を相対的に比較すると、第3世代は、介在物量が第1世代を100％とすると15％程度となり清浄度の著しい向上が得られている。また、M_7C_3炭化物よりも硬いMC（VC）系炭化物の生成が可能になった。粉末冶金法による工具鋼製造の特長は、炭化物の微細分散と優れた等方性により耐摩耗性と耐チッピング性の性能向上が達成できることである。

スプレーフォーミング法（SP法）は、溶融金属を特殊なアトマイザーから回転テーブル上に噴霧しながら連続的に積層させる製造方法である。このスプレーフォーミング法は1974年にオスプレーメタル社（Ospray Metal）により開発[6]された技術であり、従来はアルミニウムや銅合金材料の製造に使用されていた。現在は径500×長さ2,500 mm程度のビレットの製造が可能になっている。この製造方法を用いると合金元素濃度の高い材料の製造が可能になり、耐摩耗性を要求される冷間成形用工具鋼、ロール材、切断刃、破砕刃、特殊の産業機械ならびに機械構造用部品などに有効性を発揮している。（現在は工具鋼としての製造は生産が中止されている）。

図3.16は、SF法により製造された冷間工具鋼、粉末工具鋼および通常の溶製材（SKD11）における金属組織の比較を示す。SF法による素材は、非常に微細な組織が得られる特徴があり、初晶炭化物の成長も少なく均一な分

| 高硬度の炭化物(VC) 炭化物の微細化 | 中硬度の炭化物(M_6C、M_7C_3)、中間的なサイズの炭化物 | 中硬度の炭化物(M_6C、M_7C_3)、大きなサイズの炭化物 |

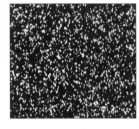  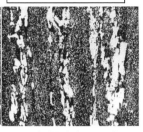

粉末工具鋼(SKD11)　　スプレーフォーミング　　通常溶製鋼(SKD11)
改良材、V系)　　　　　(SF)鋼

図 3.16 溶製鋼、SF 鋼および粉末工具鋼の組織比較

散状態を示す。

図 3.17 は冷間工具鋼種の違いによる靱性の比較を示す。溶製鋼 SKS、(AISI 規格 O1)、SKD12（AISI 規格 A2）、SKD11（AISI 規格 D2）の衝撃値に比べ粉末鋼の各鋼種は微細炭化物が均一に分散して、炭化物の組成（Cr_7C_3、Cr_6C、VC）も低い硬さの炭化物と高い硬さの炭化物とのバランスが取れ良好な分散比率になることから衝撃値が溶製材に比べ高い。

また、粉末材料切り出し方向（ロール方向と反対方向）の衝撃値を相互に比較しても、高性能な粉末鋼は溶製材と比較して大きな値になっている。しかし、粉末工具鋼の場合、クラック発生後の対する進展は、炭化物間の距離が短く（ミーンフリーパス）、溶製材に比較して速くなることが認められ、いかに生地の材料強度と破壊靱性値（靱性）を向上させるかが重要な課題になっている。

表 3.10 は、打抜きプレス加工（ブランキング加工）による被加工材の強度範囲と工具鋼の選択および適用領域を示す。軟鋼の場合は、強度も低く工具鋼も通常の SKD11 材が主体に使用されるが、被加工材の強度の増加に伴い工具鋼の鋼種も異なる。また、高張力鋼板の材料強度が高くなるとプレス成形もスプリングバックが非常に多く、金型に負荷される応力も高くなるために、工具鋼の強度増加や硬さの増加とともに摩擦係数の低い表面処理の適用が必要になる。

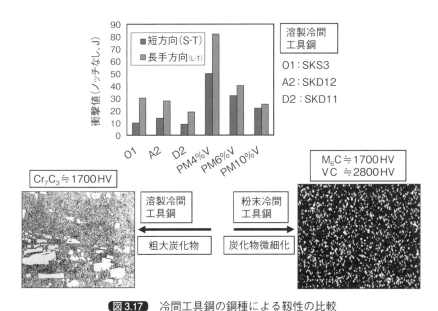

図3.17 冷間工具鋼の鋼種による靭性の比較

表3.10 冷間工具鋼の鋼種による特性比較

被加工材	被加工材の 材料強度 (MPa)	冷間工具鋼の 種類・選択・摩耗・破壊形態 (ブランキング加工)	適用領域特記 (クリアランスなど)
軟鋼 (MS)	<250	高炭素合金鋼、SKD11 改良材 (8％ Cr 系) ＊徐々に摩耗が増加	ダイ、クリアランス：板厚の4～6％
高張力鋼 (通常 HT)	250～450	高炭素合金鋼、SKD11 改良材 (8％ Cr 系) ＊徐々に摩耗が増加	ダイ、クリアランス：板厚の5～8％
超高張力鋼 (エクストラ HT)	450～500	高炭素合金鋼 ＊焼付き、擦れ (Galling) 増加傾向高い	ダイ、クリアランス：板厚の7～10％ 硬さ：58～64HRC
	500～700	SKD11 改良材(8％Cr 系)、粉末 SKD11 改良材 ＊Galling、塑性変形発生	
超々高張力鋼 (ウルトラ HT)	700～1,400	SKD11 改良材 (8％Cr 系)、粉末 SKD11 改良材 ＊塑性変形発生	ダイ、クリアランス：板厚の10～14％ 硬さ：60～64HRC

▶ 3.3.4 超硬材料の特性

　周期律表のⅣ、Ⅴ、Ⅵ族金属の炭化物をFe、Co、Niなどの金属粉末と同時に焼結した複合材料を超硬合金というが、機械的に最も優れているWC-Co系材料を一般的に超硬合金と呼んでいる。

　超硬合金の特徴は、低温硬さ、高温硬さに優れ、高強度で各種の材料特性や物性が安定している点が挙げられる。また、耐酸化性材料には、WC-TiC-Co系合金、WC-TaC-Co系合金、WC-TiC-TaC-Co系合金が使用され、その特徴ある機能を発揮している。

　結合相をNiとする超硬合金は、Ni中へのWの固溶量がある濃度以上では非磁性化して耐食性も向上する特徴をもち、さらにCr金属の添加により耐食性も増す。近年では各成分を超微粒子および超々微粒子化して高硬度、高強度化した合金も製造されている。超硬合金は高硬度、高強度に優れた性質をもつ反面、靱性が低い特性をもっているが、材質の技術改善により切削工具、金属ロール、スリーブ、金型、スウェージングダイ、ホーミングダイ、ノズル、検査ゲージ、切断刃および耐食性を向上させる部品など広範囲に使用されている。また、耐焼付き性、耐酸化性および傾斜機能をもたせ摩擦係数の低減を目的に特殊元素を微細分散させた超硬合金も開発されている[10]。

　表3.11に代表的な超硬合金の特性を示す。

表3.11 超硬、セラミックス合金の特性

JIS 分類記号	密度 (g/cm³)	硬さ (HRA) (HV)	抗折力 (GPa)	圧縮強さ (GPa)	弾性率 (GPa)	熱膨張係数 (x10⁻⁶/K)	熱伝導率 (W/m·K)	特 徴
V (K) 20 (WC-Co)	14.9	91.0 (1250)	2.2	5.0	630	5.1	75	一般超硬材種、金型
P20 (WC-TiC-TaC-Co)	12.1	91.5 (1450)	1.8	4.7	530	6.0	34	切削工具、電子機器
M40 (WC-TiC-TaC-Co)	13.4	89.5 (1100)	2.4	4.3	530	5.7	59	一般超硬材種、金型
超微粒子合金	14.3	91.5 (1450)	2.5	5.1	550	5.8	71.0	高圧工具、冷間工具
超々微粒子合金	13.8	92.0 (1500)	4.0	4.8	545	6.0	67.0	電子機器、切削工具
サーメット (TiC-TaC-Ni-Mo)	6.5	92.5 (1700)	1.6		480	7.0	29.0	金型、パンチ、ダイ
セラミックス ① Si_3N_4、② ZrO_2	① 6.07 ② 3.30	91.0 93.5 (1850)	1.8 1.4	3.0 4.0	210 310	10.5 3.40	3.0 25.4	高強度・高靭性 耐熱性・耐熱衝撃性
SKH3	8.7	64.0 (800)	3.4	3.7	210	11.0	21.0	重切削工具、
SKD11 (溶製材)	8.7	653HV			210	12.0	29.3	一般金型、パンチ、ダイ

(参考値：メーカー材種により値は異なる)

3.4 熱間用工具鋼

▶ 3.4.1 熱間用工具鋼の要求特性

熱間用工具鋼は、ダイカスト、鍛造・押出（冷間・温間・熱間）、プレス成形、プラスチック成形などの金型に使用されている。この材料の基本特性は、中濃度炭素含有量（高靱性タイプの場合は 0.35～0.5 %）で、熱間靱性、軟化特性、耐クリープ性、耐ヒートチェック性、耐溶損性など各種の熱間用金型の要求特性と材料特性・機能性をもっている。

図 3.18 は、JIS で規定（炭素工具鋼基準）されている熱間用工具鋼とセミハイス系鋼種の位置づけを示す。一般的には、ダイカスト鋳造用金型には、SKD61 工具鋼が標準的に用いられ、鍛造用、押出し金型には費用対効果を

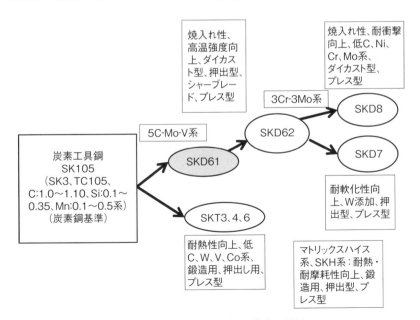

図 3.18　熱間用工具鋼の構成と特性

表3.12 熱間用工具鋼の成分と用途

鋼種規格	化学成分（重量%）										用途（参考）
	C	Si	Mn	P	S	Ni	Cr	Mo	W	V	Co	
SKD4	0.25~0.35	0.4以下	0.2~0.60	0.030以下	0.020以下	—	2.00~3.00	—	5.00~6.00	0.30~0.50	—	ダイカスト型、プレス型、押出し工具、帯ノコブレード
SKD5	0.25~0.35	0.1~0.40	0.3~0.60	0.030以下	0.020以下	—	2.50~3.20	—	8.50~9.50	0.30~0.50	—	
SKD6	0.32~0.42	0.8~1.20	0.2~0.60	0.030以下	0.020以下	—	4.50~5.50	1.00~1.50	—	0.30~0.50	—	
SKD61	0.35~0.42	0.8~1.20	0.60以下	0.030以下	0.020以下	—	4.80~5.50	1.00~1.50	—	0.80~1.15	—	
SKD62	0.25~0.35	0.8~1.20	0.4~0.80	0.030以下	0.020以下	—	4.75~5.50	1.00~1.80	1.00~1.60	0.20~0.50	—	プレス型、押出し型
SKD7	0.28~0.35	0.1~0.4	0.2~0.60	0.030以下	0.020以下	—	2.70~3.20	2.50~3.00	—	0.40~0.70	—	プレス型、押出し型
SKD8	0.35~0.45	0.15~0.5	0.3~0.60	0.030以下	0.020以下	—	4.00~4.70	0.30~0.50	3.80~4.50	1.70~2.10	4.00~4.50	プレス型、ダイカスト型
SKT3	0.50~0.60	0.35以下	0.60以下	0.030以下	0.020以下	0.25~0.60	0.90~1.20	0.30~0.50	—	0.2以下添加可	—	鍛造型、プレス型、押出し型
SKT4	0.50~0.60	0.1~0.40	0.6~0.90	0.030以下	0.020以下	1.50~1.80	0.80~1.20	0.35~0.55	—	0.05~0.15	—	
SKT6	0.40~0.50	0.1~0.40	0.2~0.50	0.030以下	0.020以下	3.80~4.30	1.20~1.50	0.15~0.35	—	—	—	

考慮してSKT4材が用いられている。近年では、ダイカスト、押出、鍛造用金型の加工は製品の精度向上や後工程の短縮化のために「最終製品に近い形状（Near net shape）」の製造を求められることが多く、マトリックスハイス系、炭素系合金工具鋼、析出硬化鋼（溶製、粉末材および高炭素－高Cr鋼）などの材料も使用され、特徴ある機能性を発揮している[11]~[14]。

表3.12は代表的な熱間用工具鋼の成分を示す。熱間工具鋼は、自動車のエンジン製造に代表される大型製品、電機・電子部品、クランクシャフト、コネクティングロット、等速ジョイント、鍛造製品の製造に使用される場合が多く、また操業形態が非常に苛酷であることから、金型の安定性維持にとっては熱処理も重要な工程になる。

図3.19は、熱間用工具鋼の位置づけを示す。熱間系工具鋼は熱サイクルや熱応力が表面に負荷され、塑性変形、クラックの発生など非常に苛酷な状

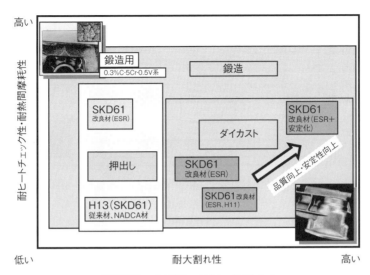

図3.19　熱間用工具鋼の位置づけ

態で操業を行うことが多く、ダイカスト、鋳造・鍛造、ガラス、焼結用の金型への適用には、耐ヒートチェック性、大割れ性、熱間靱性を操業中の金型や製造条件を考慮して熱間用材料を選択する必要がある。

▶ 3.4.2　鍛造用工具鋼の特性

　鍛造技術は加工品のバリなし成形、ニアネットシェイプ化の要求が強く、各種の鍛造用金型表面に与える影響は大きい。熱間鍛造に使用される工具鋼は、高精度化や高品質化の要求と加工面への負荷応力の上昇および各種の軟質・硬質材の加工などの需要も重畳して非常に苛酷になってきている。

　鍛造製品の精度化の要求を満たすには、最適な設計、寿命予測や予知技術および金型の高寿命化・安定化技術も求められている。熱間用工具鋼は、高温特性の向上のみならず、作業の性質上、耐摩耗性、靱性、軟化抵抗、塑性変形能などの材料特性を具備した鋼種が用いられ、品質向上が重要な技術課題になっている。

　鍛造の加工方法には、冷間、温間、熱間域があり、被加工材の多くは炭素鋼、SCM、SNCM、SUS、非鉄金属など非常に多種多様な材料が用いられている[12],[13]。

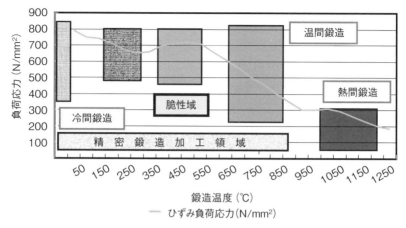

図3.20 鍛造加工の温度領域と負荷応力との関係

　図3.20は鍛造加工における加工温度領域と金型への負荷応力との関係を示す。冷間鍛造は、加工温度域が低いために金型の靱性や強度が高い状態を維持できるが、金型面に負荷される応力は高くなる。逆に熱間域での加工は、金型表面に与える負荷応力は冷間加工に比べ低いが、作業温度域が高いことから金型材料における熱間特性の低下に伴う摩耗、塑性変形、座屈、酸化面の形成・脱落、カジリなどのトラブルが発生して寿命低下は著しい。

　なお、鍛造時の350～550℃近傍の温度域は脆性温度域であり、素材や金型がこの温度域で長時間使用されると脆性破壊が起こることから注意が必要になる。

　温間および熱間加工の温度域では被加工材の加工温度が高く、金型の表面温度は鉄鋼材料のA_1変態を超える加工も認められるため、金型材料は加工時における軟化抵抗、クリープ強度および高温強度の高い材料の使用が必要になる。

　また、熱間鍛造では金型の温度が1,200～1,300℃と非常に高く表面の軟化は著しく、被加工材の塑性変形能が高いため塑性流動により金型の負荷応力は低くなる。しかし、操業過程においては、カジリや微細クラック（ヒートチェック）、塑性変形部が起点となり破壊に至る事例も多く報告されている。

　また、高温状態で長時間金型表面はさらされることから、初期の硬さは操

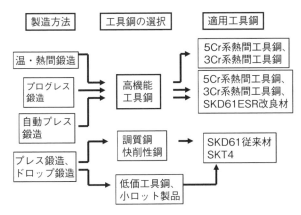

図3.21　鍛造加工法と鋼種選択の概要

業過程で徐々に低下する傾向が強く、引掻き、凝集摩耗、焼付きなどの摩耗現象が早期に発生して寿命低下が起こる。高温度の金型表面はまた、酸化反応も激しく、形成した被加工材や金型材の酸化被膜の形成脱落や金型材料中の粒界酸化およびクリープ強度の低下などの要因も安定性を低下させる要因になる。

　図3.21は鍛造加工法と鋼種選択の概要を示す。各鍛造方法は製品精度、表面状態、工具鋼に負荷される応力などが異なり、非常に寿命が短い傾向を示す。温間、熱間鍛造、プログレス鍛造、自動鍛造などの操業には、高性能な工具鋼が使用され、プレス鍛造やドロップ鍛造には費用対効果のある低価格鋼種、調質鋼やマルエージング鋼など各々の特徴をもった鋼種が使用状態に応じて使い分けられている。

　近年は、鍛造協会の研究会などで、鍛造金型の熱応力解析、被加工材の塑性解析などのシミュレーション解析による技術開発が行われ事前の評価に基づく加工により工具鋼の高寿命化に大きく寄与している[13]。

　図3.22は、鍛造金型における加工状態と金型温度の関係および金型に負荷される面圧との関係について鍛造技術の動向に基づいて示す[15],[16]。

　閉塞鍛造技術は製品のバリなし、ニアネットシェイプ化の発展と後工程の短縮化などの要因に伴い熱間用工具鋼の品質や靱性向上の要求はますます厳しくなってきている。工具鋼の選択[15]において、精密部品の製造では超硬

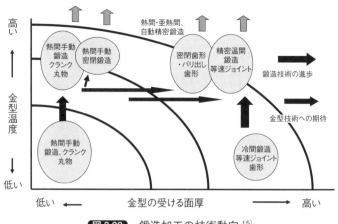

図 3.22 鍛造加工の技術動向 [15]

やセラミックス材料を金型に用いることがある。超硬材料も近年は粉末製法の進歩により超微細粉末の製造が可能になり、工具鋼として使用する機械的・物理的特性および材料品質や靱性が向上し、粉末素材特有の均質化が達成され有効な結果が得られるようになってきている。

図 3.23 は、靱性と高温強度との関係から鍛造製品の位置付けを示す。近年における精密鍛造品の製造には、熱間用工具鋼以外に高合金鋼種、ハイス・セミハイス系、セラミックス系および超硬材料が適用されることも多くなっている。しかし、これらの材料は硬さが高く、安定な熱間特性などの利点があるが、ハイス系やセラミックス系は工具鋼に比べ一般に靱性が低いことから、操業過程における金型への負荷応力、設計形状を考慮して適用材料の選択をしないと早期の破壊を誘発させる原因になる。

熱間用工具鋼の鍛造への適用に当たっては、各作業の特性に合致した工具鋼の選択が必要であり、高精密鍛造製品などは表面品質や形状精度や後加工の少ない加工方法を要求される。

一般的に、クランク、ハンマータイプの作業には従来の SKT4 および SKD61 工具鋼が多用されているが、操業過程のキャビティ面は摩耗や塑性変形が激しく寿命が非常に低いことから、予備型を含め工具鋼の使用率も高い。

そこで近年では、資源の有効利用や省資源化のために再利用技術も活発になってきており 3R（Reduce、Reuse、Recycle）の技術により有効な金型の

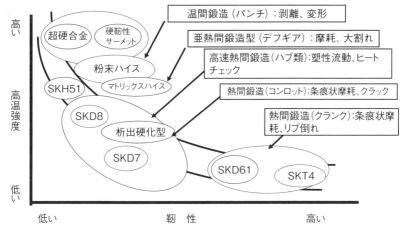

図3.23 鍛造用工具鋼の靱性と高温強度の関係[15]

使用方法が検討されている。特に再利用（Reuse）技術は、工具鋼のキャビティ面を溶接によりリシンク（使用済み金型の摩耗面を溶接により肉盛りする方法）を行うが、高温特性の高い溶接金属の選択により金型寿命は従来の方法に比べ向上すると同時に再利用による資源の有効利用が図られている。

参 考 文 献

1) 財団法人素形材センター資料（2015）
2) 日原政彦：ダイカスト用金型の寿命対策、日刊工業新聞社（2003）
3) プラスチック射出成型技術入門：型技術臨時増刊号（2004）
4) 日原政彦、他：型技術、Vol.20、No.11（2005）
5) 井坂剛：特殊鋼、Vol.63、No.6（2014）
6) ウッデホルム技術資料（2010）
7) 日原政彦：素形材の表面改質と技術動向（その1）」、素形材、Vol.47、No.2（2006）
8) 並木邦夫：金型材料、日刊工業新聞社（2009）．
9) JIS ハンドブック、①鉄鋼、日本規格協会（2009）．
10) 住友電工㈱技術資料（2010）および日本タングステン㈱技術資料（2010）
11) 日原政彦：鍛造技術講演会資料（2002）
12) 田村庸：塑性加工シンポジウム講演資料（2004）
13) 鈴木太他：素形材、Vol.50、No.4（2009）

14) 鈴木寿之：塑性加工シンポジウム講演資料（2004）
15) 濱崎敬一：第76回塑性加工学講座（1999）
16) 小森誠：電気製鋼、Vol.78、No.4（2007）

第4章

熱処理

　金属材料の熱処理は基盤技術であるが、「良くも悪くも熱処理しだい」といわれるほど重要な技術である。機械構造用鋼・工具鋼にとって機能性を発揮させるには熱処理技術の基本をよく理解する必要がある。

　本章では、鉄鋼材料の基本特性、機械構造用鋼・工具鋼の熱処理手法について技術的な特性や処理手法を述べ、熱処理の現象を理解し鋼材の有効な特性をいかに発現させるかについて解説する。

4.1 熱処理技術の概要

▶ 4.1.1 なぜ熱処理が必要か

　JIS に規定されている鉄鋼材料の熱処理に関しては、「普通鋼」と「特殊鋼、合金鋼、工具鋼、特殊用途鋼」により大きく異なる。普通鋼は一般的に熱処理を行わずに製造した状態で使用されることが多く、「一般構造用」、「ガスボイラー鋼」、「素材コイル」に分類される。一般的に構造用普通鋼は JIS でも強度だけでよい場合、「SxxS 材」が使用され、溶接による靱性をもたせたものは「SxxM 材」と用途に応じた使い分けがされている。

　一方、特殊鋼や工具鋼は各種の元素を添加して機能性を向上させているため、硬度、強度、靱性、耐摩耗性、耐熱性、耐食性などの特性が要求される部品や構造物、金型材料として、普通鋼より厳しい環境で使用されるために熱処理が重要な要件であると同時に鋼材の製造プロセスも異なる。

　熱処理は材料の性能や機能性を有効に発揮させる上で非常に重要な基盤技術である。素材の機械的・物理的特性および品質は熱処理の良否により大きく左右されるといっても過言でない。

　そこで、熱処理により機能性を向上させる鋼種には、合金鋼、工具鋼（一般工具鋼、金型用工具鋼、高速度鋼）および特殊用途鋼（SUS 材、SUJ 材、SUP 材、SUH 材 SLA 材、磁石鋼）などがある。

　構造用鋼や工具鋼に限らず、いかに高品質な素材を使用しても適切な熱処理が施されなければ材料特性が有効に発揮されず、操業や稼働過程において部品などの破壊、クラック、摩耗、腐食など多くのトラブルを誘発させる原因になる。また、特殊用途鋼は特殊溶解された鋼種（ESR、ESR-VAR、P-ESR）が使用されるが、いかに高品質な素材を使用しても熱処理が悪ければその材料のもつ機能的特性が発揮されず、一般用構造用鋼材よりも品質が低下する場合もある[1]。

　構造材料や工具鋼などの熱処理の目的は機能性向上のため、材料内に生成

する安定な金属組織を得る操作で、その性能を有効に発揮させる熱加工技術であり、「赤めて-冷やす」操作[2]を行い、目的とする組織を得る処理手法を熱処理といっているが、一般的には下記のように定義されている。

「熱処理（Heat treatmentまたはHeat processing）」とは、鉄鋼および非鉄金属やその合金に所定の加熱と冷却の操作を加え、目的とする性質を得るための処理である。この場合、表面処理・改質も熱処理法の範疇に入り、材料の性能は良くも悪くも熱処理により大きく影響されることになる[3]。

構造用鋼、炭素合金鋼や工具鋼を含む各種の材料特性の変化は、処理後に発現する組織の変成、表面と内部の不均一な温度差、加工面粗さや鋭利な形状に起因して発生する変形・変寸・割れ、荷重・応力の負荷、加熱温度（オーバーヒート、アンダーヒート）の間違い、放電・溶接加工による組織変成など多くの要因が複雑に影響して起こる。

各鋼材による熱処理後の評価は、現在一般的に指定硬さを処理後の表面において確認、カラーチェックによるクラック発生状況、変形・寸法などの測定が行われている。しかし、構造材料や金型などでは内部組織の健全性まで非破壊検査によって品質を確認することは難しい。

▶ 4.1.2 基本的な熱処理

熱処理については、いろいろな組織の名称や方法が日常生活に使用され、体が「なまる」、「焼を入れる」などの日常よく耳にする言葉は熱処理手法から由来している。そこで、熱処理に使用される名称、言葉や処理時の現象について概要を説明する。

基本的な名称および挙動は、鉄-炭素系状態図に基づき処理されることが多いので、理解を深めるために図4.1に熱処理手法を補足して述べる。なお、特殊鋼、合金鋼や工具鋼は2元系の状態図ではなく3元、4元系の合金となるので図4.1に示すような単純な状態とならないが、基本的な現象を理解するには十分であると考える[2]〜[6]。

鉄鋼材料における熱処理の基本操作は、図4.1に示すように材料をA_3変態点以上〔材料および成分により多少変化するが723℃（共晶点）に存在し、この温度域以上はオーステナイト組織に変化する温度〕に加熱して、内外の温度差がなく均一に保持した後、急激に冷却させる方法か徐冷するかにより

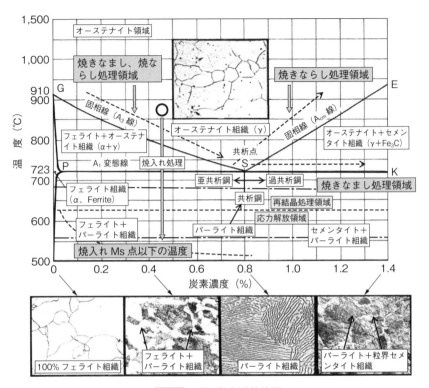

図 4.1 鉄-炭素系状態図

各熱処理の名称が異なる。

　一般には、鋼中の炭素量が増加し各種の添加元素が存在する場合、高温から冷却すると焼きが入り硬さが増加する現象はよく知られている。この現象を工業的に利用して材料の機械的・物理的特性の向上や機能性を発現させる操作が熱処理といえる。

　また、構造用鋼や工具鋼に機械加工を行った表面は塑性変形に伴う応力が付与されているので、応力解放のための熱処理が必要になるが、一般にひずみ取り焼きなまし処理温度260℃では85％、490～500℃の温度で100％が解放される。

　熱処理は鋼の添加元素、成分により特性は個々に異なるため、各鋼種に適切な熱処理を行うと材料特性を有効に発揮させることができるが、その基準

になっているのが各製鋼メーカーから提案されている CCT 曲線である。

構造用鋼、工具鋼やステンレス鋼に熱処理を行う場合、各鋼種に特有な CCT 曲線（連続冷却変態曲線：Continuous Cooling Transformation curve）があるが、これを参考にして安定な熱処理を行うことが多い。

この CCT 曲線は構造用鋼、焼入れ性を保証した鋼材（SCM 材）、工具鋼における材料特性を決める重要な特性曲線であり、高温のオーステナイト領域からマルテンサイト変態域までの冷却速度の違いに伴う組織変化や硬さ変化を示している。特に大型化してきている鋼材においては、熱処理における安定処理や焼入れ性の向上した鋼種が使用することと同時に熱処理方法の確立も重要になる。

図 4.2 に SNCM439 材料の熱処理時の CCT 曲線を参考に示す。焼入れ時、短時間で冷却すると安定なマルテンサイト組織が得られる。しかし、あまり早い冷却方法をとると、単純形成で小さい試験片の場合は問題が少ないが、

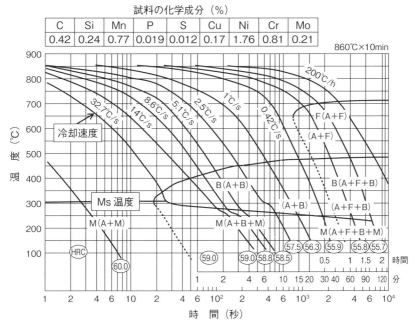

図 4.2　CCT 曲線の例（SNCM439 鋼）

複雑形状、大きな肉厚差さをもつ機械構造物や工具鋼では冷却速度が個々の場所で異なり表面部と中心部の冷却差により割れや変形が発生することがある。

また、冷却速度が遅くなる（長時間側）と、300℃近傍のマルテンサイト変態が開始する前にパーライトやベイナイト組織領域で長時間保持されると硬さの低下やマルテンサイトに比べ衝撃値の低いベイナイト組織が処理後に認められるようになる。これらの組織が存在すると操業段階でトラブルが発生する場合が多い。

そこで、炭素工具鋼、合金工具鋼などの熱処理には、この曲線を利用して複雑形状をもつ材料の最適な冷却方法を選択して安定な組織を得て品質を向上させることが必要になる。

図4.3にTTT曲線（恒温変態曲線：Time-Temperature-Transformation

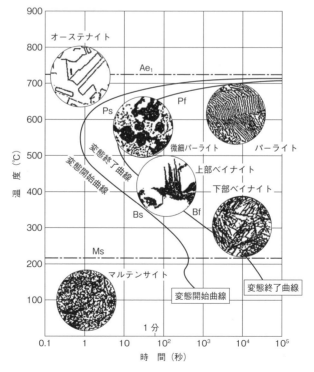

図4.3 TTT曲線（共析炭素鋼の例）

curve）を示す。この曲線は、各材料の焼入れ時の冷却過程で起こる変態開始と終了温およびその時間および組織変化の関係を示している。材料の焼入れ温度から冷却する過程で、新しい組織が認められる時間と消失する時間がこの曲線で明確になる。この曲線を観察すると、発現する組織の挙動がＳ字型の状態を示すことから「Ｓ曲線」ともいっている。

このように各鋼種に特有な焼入れ処理時の温度と時間の関係および、その各段階で認められる組織変化および変態挙動を参考にして最適な熱処理を行うことが重要になる。

▶ 4.1.3　熱処理手法とその特徴

一般的な熱処理の作業については、油焼入れや大気焼戻しもあるが、これらの処理は熱処理後に表面に酸化物が存在することが多く、鋼材の場合は処理後の加工取り代が少なく、時には硬さが低く異常層が存在して問題になることも多い。そこで、真空中での熱処理（光輝熱処理、ガス加圧冷却）手法が取られることが多くなってきている[4), 7), 8)]。

図 4.4 に機械構造用鋼（SS、SK、SKS、ばね鋼など）の熱処理方法とそ

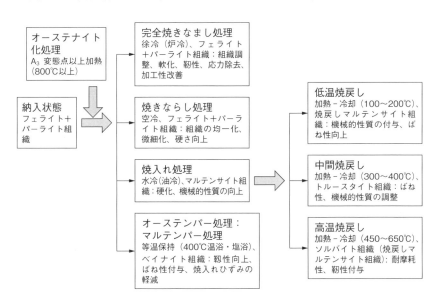

図 4.4　機械構造用鋼の熱処理方法と処理特性

れにより得られる特性の概要を示す。通常の納入状態（調質で使用の場合は、焼入れ-焼戻し処理により硬さを調整する）のときは、金属組織が軟らかいフェライトとパーライト（ファライト＋セメンタイトの混合組織）であるが、各熱処理手法で得られる組織は異なる。なお、通常、熱処理は焼入れ-焼戻しにより機械的性質の向上、硬さおよび靭性の向上を目的に行う処理が一般的にいう熱処理である。

　一般的な熱処理方法は下記に示す方法であるが、それ以外に、表面硬化熱処理（窒化処理、浸炭処理、高周波焼入れ、火炎焼入れなど）および特殊熱処理（光輝熱処理、イオン熱処理、真空熱処理など）も熱処理方法の中に含まれる[3), 4)]。一般の普通鋼、機械構造用鋼、合金鋼や工具鋼にとって最も重要で常時行われる処理であることから具体的な処理方法について以下に説明する。

　・焼きならし（焼準：Normalizing）
　・焼きなまし（焼鈍：Annealing）
　・焼入れ（Quenching）
　・焼戻し（Tempering）
　・サブゼロ処理（深冷処理：Subzero treatment）
　・プレハードン（調質処理：Prehardened process）
　・溶体化処理（Solution treatment）
　・時効処理（析出硬化、時効硬化処理：Aging、Precipitation hardening）

　熱処理時の加熱温度は変態点以上と以下では熱処理の内容が著しく変わる。変態点以上に加熱して行う処理が、焼きなまし（軟化）、焼ならし（強化）、焼入れ（硬化）であり、変態点以下で行う処理が、焼戻し（靭性化）になる。

（1）焼きならし

　焼きならし処理は前加工の影響を除き、組織の微細化や均一化を図り、機械的性質を改善する目的で行う処理であり、金属の内部を均一な組織に変換させる方法である。

　この熱処理は鋼を標準組織にするための熱処理操作である。熱処理は鋼をA_3、A_{cm}変態点以上プラス50℃程度に保持してオーステナイト組織にした後、大気中で空冷する操作を行う。亜共析鋼（炭素量C＜0.8％以下はA_3＋50℃）と過共析鋼（炭素量C＞0.8％以上はA_{cm}＋50℃）は処理温度が異なるので

注意が必要である。

（2）焼きなまし

鋼の結晶組織を調整して材料を軟化させ均一化、被削性の改善、内部応力の除去を目的に行う熱処理である。処理は、A_3 変態点以上の温度プラス 50 ℃程度に加熱する。その後、Ar_1 以下の温度でパーライト組識に変態させる。

焼きなましには、完全焼きなまし（Full annealing）、恒温（等温）焼きなまし（Isothermal annealing）、球状化焼きなまし（Spheroidizing）、応力除去焼きなまし（Stress relief annealing）がある。

（3）焼入れ

鋼を高温状態（A_3、A_{cm} 変態点以上の温度）から急冷して、生地を硬くし強度を向上させる処理であり、構造用鋼および工具鋼には最も重要な熱処理である。焼入れは、オーステナイト化温度（焼入れ温度）から急冷する必要があり、フェライト、パーライト、ベイナイト組織の存在を極力阻止して均一なマルテンサイト組織として硬さや靱性を向上させる。

焼入れ時の加熱時間は昇温時間＋保持時間の合計である。保持時間は、目標の熱処理温度に到達した時に維持する温度の内外差が同一温度になった時からの経過時間をいう。SxxC 材や SA 材の構造用鋼では「パーライト系」であるので保持時間は必要ない。それは、パーライト系鋼種の場合、A_1 変態点で瞬間的にオーステナイトに変態し、A_3 変態点以上では完全なオーステナイトになるメカニズムをもつためである。しかし、炭素工具鋼、軸受鋼、工具鋼などは「カーバイド系」鋼種であり、保持時間が 20 分以上必要になる。カーバイド系鋼種はオーステナイト中にある程度のカーバイドを固溶させるために保持時間が必要になるためである。

なお、焼戻しにおいてもカーバイド系は生地からの析出現象のために保持時間（目安は1インチ当たり1時間程度）が必要になる。

焼入れ時の冷却過程において表面と中心の温度差（冷却速度の遅れ）が大きいと、残留オーステナイトの遅れ変態による変形や変寸およびフェライト、ベイナイト、カーバイドなどの組織の出現・成長および変化に伴い材料強度が低下して本来の材料特性が得られない場合がある。

なお、ステンレス鋼の SUS304 材などはオーステナイト組織をもつステンレス鋼であり、焼入れ温度（1,020 ℃程度）から水冷してオーステナイトの

安定化組織を得る方法を取る。この処理は、通常の焼入れ可能な工具鋼とは異なる挙動を示すために「溶体化熱処理」といっている。この処理は、オーステナイト組織のステンレス鋼の場合、加工硬化部の応力解放、耐食性の改善、非磁性特性の回復、安定した軟らかい組織などが得られ、焼入れとは異なる状態になるために名称を区別している。

炭素合金鋼や工具鋼の焼入れ-焼戻し処理の方法については、以下の3種類の方法がある。

① 処理材を室温まで連続的に冷やす方法（連続冷却）
② 冷却の途中で冷却速度を変える方法（2段冷却）
③ 冷却に熱浴を使い等温保持後冷却する方法（等温冷却）

焼入れ方法には各種の手法があるが、その概要を**図4.5**に示す。段階的冷却方法は比較的昔から行われる方法で、実用性は高く、2段焼きなまし・2段焼ならし、引き上げ焼入れなどがある。また、等温冷却は熱浴を使用して

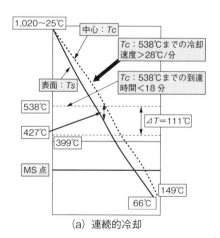

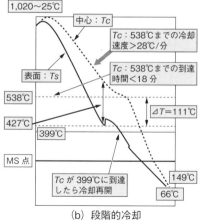

(a) 連続的冷却　　　　　　　　　(b) 段階的冷却

図4.5 工具鋼の連続冷却、段階的冷却による熱処理方法

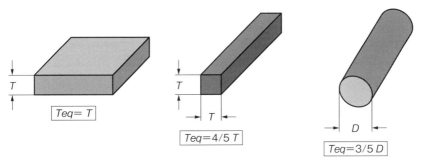

図 4.6 熱処理時の等価肉厚 (Teq)

行うが、等温焼きならし・焼きなまし、オーステンパー、マルクエンチ、マルテンパーなどがある [4], [7]。

熱処理時の冷却方法は、表面と中心部の温度差が極力大きくならないような冷却方法をとることが重要であり、各種の手法は熱処理企業から提案されている。熱処理は、いかに処理材料の内外の温度差を少なくして加熱や冷却を行うかが安定な品質を維持させるのに重要になる。

熱処理時の保持時間の決定は、各処理材の形状から等価肉厚（Teq）を決めて行う必要がある（**図 4.6**）。

表 4.1 は材料の板厚と保持時間の関係を示す。塩浴炉中と真空ガス炉中では保持時間が、焼入れ時には冷却速度の違いにより塩浴炉中の処理が短い時間になる。しかし、焼戻しの場合は塩浴炉と真空ガス炉とは同じ時間で処理が可能である。

なお、焼入れ温度と保持時間の関係（鋼種により異なる）は、下記の式で示すことができる [5]。

$P = T(C + \log t) \times 10^{-3}$

　　T：オーステナイト化温度〔絶対温度、K(273＋℃)〕
　　t：保持時間（秒）
　　C：C％量により決まる定数。

鋼の焼入れでは、焼入れ温度の上昇やオーステナイト化時間が長くなるとカーバイドの固溶により硬さは高くなる。また、硬さの低下は焼入れ後の組織に残留オーステナイトが増加する場合が多い。従来からいわれている「厚み 25 mm 当たり 30 分保持」とは、設定温度に材料が到達して処理材全体

表4.1 焼入れ-焼戻し熱処理の保持時間
（塩浴炉、真空ガス、合金鋼、工具鋼の場合）

・塩浴冷却方法

等価肉厚（T_{eq}）	焼入れ時間	1回焼戻し時間	2回焼戻し時間	3回焼戻し時間
5.0 mm	15 min	2.0 hr	2.0 hr	2.0 hr
10 mm	20 min	2.5 hr	2.5 hr	2.5 hr
20 mm	25 min	3.0 hr	3.0 hr	3.0 hr
30 mm	30 min	3.5 hr	3.5 hr	3.5 hr
40 mm	35 min	4.0 hr	4.0 hr	4.0 hr
50 mm	40 min	4.5 hr	4.5 hr	4.5 hr
50 mm 以上	(T_{eq}/1.25) min	(T_{eq}/2+2.5) hr	(T_{eq}/2+2.5) hr	(T_{eq}/2+2.5) hr

・真空加圧方法

等価肉厚（T_{eq}）	焼入れ時間	1回焼戻し時間	2回焼戻し時間	3回焼戻し時間
5.0 mm	40 min	2.0 hr	2.0 hr	2.0 hr
10 mm	50 min	2.5 hr	2.5 hr	2.5 hr
20 mm	60 min	3.0 hr	3.0 hr	3.0 hr
30 mm	1.15 hr	3.5 hr	3.5 hr	3.5 hr
40 mm	1.30 hr	4.0 hr	4.0 hr	4.0 hr
50 mm	2.0 hr	4.5 hr	4.5 hr	4.5 hr
50 mm 以上	(T_{eq}/25) hr	(T_{eq}/25+2.5) hr	(T_{eq}/25+2.5) hr	(T_{eq}/25+2.5) hr

（表面と内部）の温度が同一温度（均一）になってからの保持時間である。

鋼の焼入れ性試験（ジョミニー焼入れ端試験）[4]、[7]と可能な材料サイズとの関係では、約1インチ（25.4 mm）以上では一部に焼きの入らない部分が存在し、サイズの増加に伴ってその領域は大きくなる。工具鋼などの焼入れ時に考慮しておく項目として、質量（処理重量）、サイズ、形状などがあり、各状況により焼入れ性は著しく異なるので注意が必要になる。

焼入れの冷却方法には、

・連続焼入れ法

・引上げ焼入れ法：オーステナイト温度から焼入れ液（水、油）に入れ、ある時間経過後引き上げ、ゆっくり冷やす。

・マルクエンチ法

「割れず、硬く、曲がらず」焼きを入れる方法。250℃近傍に保った油や塩浴に焼入れした後、25 mm 当たり 4 分の保持時間を目安に引き上げ後、空冷する

・オーステンパー法

焼入れ液に 300〜500℃の塩浴槽を使用し焼入れを行う。その後、等温変態を完了させてから引き上げ空冷する。この方法は高温の焼入れ液を使用するために、大きな材料の熱処理には高速冷却が必要な臨界域で冷却速度が遅くなることがあるが、小物の処理には有効な方法である。

冷却媒体の違いによる冷却速度の変化を**図 4.7** に示す。

熱処理の焼入れ段階での冷却速度は、使用する冷却媒体やガス圧力により異なり、冷却速度はガス空冷⇒真空 1 bar ⇒真空 3 bar ⇒真空 5 bar ⇒油の順に速くなる。

水冷の場合は、焼入れ温度から水中に浸漬すると冷却速度が速く、鋭利な

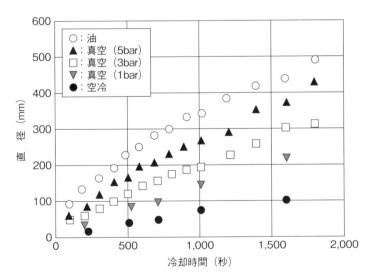

図 4.7 各冷媒による冷却速度の違い

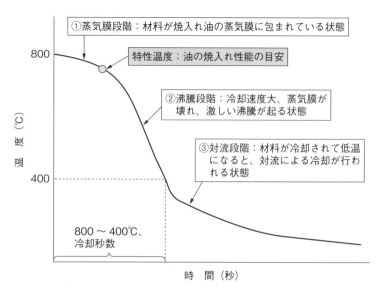

図 4.8 焼入れ液の冷却段階の温度・状態変化

部分や微小 R 部などから割れが発生することがあるので、熱処理時に容積の小さい急冷部や微小 R 部などは急冷されないような保護が必要になる。

油および水焼入れの冷却過程において材料を焼入れ浴に挿入した直後は表面に水蒸気膜や油膜が形成するので、撹拌や振動により除去しないと水泡や油膜部分は空気層を形成するために熱伝導性が悪く冷却速度が遅くなり、焼きむらの原因になる（図 4.8）。

焼入れには、質量の違い（質量効果）や形状により冷却速度や焼きの入り方が異なることが多く、焼入れ性の向上した炭素合金鋼や工具鋼は合金元素を添加して大きな質量でも焼きが内部まで入り、硬度差の少ない状態が得られる材料組成となっている。

一般的に焼入れ時の形状による冷やされ方（冷却係数）の違いは図 4.9 に示すように異なるので、処理時には十分な注意が必要である。非常に早く冷却される部位は、ステンレス箔や金属を保護材として他の部分と極力同様な冷却速度になるような考慮が必要になる。この時にステンレス箔は熱伝導率が鋼の場合に比べ約 1/3 であるので、冷却速度の速い部分には保護材として使用することができる。

第4章　熱処理

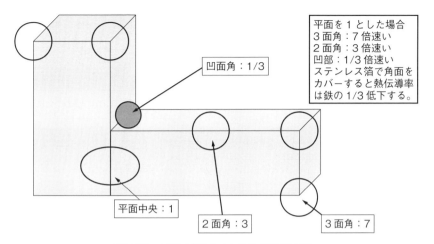

図4.9　材料の形状による冷却速度の違い

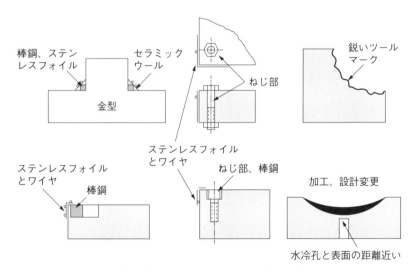

図4.10　熱処理時の割れ発生防止方法

図4.10 は、各種の鋼材による焼入れ時における冷却過程での内外温度差（変化）に伴う材料の保護法の一例を示す[9]〜[11]。

鋭利なコーナー部や、表面と裏面の距離の近さ、ボルト穴など非常に肉厚さの大きい場合は、ステンレスフォイル（箔）、棒鋼、ワイヤなどを使用し

143

てより均一な冷却がされるような保護対策を取ることが必要になる。

(4) 焼戻し

　機械構造用鋼、合金炭素鋼や工具鋼材料などの焼入れ後のマルテンサイト組織を A_1 変態点以下の温度で加熱、冷却する操作をいう。過飽和に固溶した炭素を炭化物などとして析出させ安定な組織とし、靭性の回復やひずみの除去を行う処理である。

　特に炭素工具鋼、特殊用途用鋼、合金工具鋼などの高性能鋼材を焼入れした後は速やかに焼戻し（30分以内）を行わないと焼割れを起こす原因になるので、絶対に翌日までそのままの状態で放置することは避けるべきである。このような焼戻し処理を一般金属の場合では「時効処理」と呼ぶが、鋼の場合は焼戻しにより残留オーステナイト組織の消失、安定化およびひずみの除去の目的で行っている。

　焼戻し処理には、250℃近傍の「低温焼戻し処理」と550℃近傍の「高温焼戻し」処理がある。高温焼戻しは、二次硬化が現れる合金工具鋼の場合のように高靭性の組織を得るために行う場合と、溶接や放電加工後に存在する残留オーステナイトの消失や異常組織の改善を目的に行う場合がある。しかし、焼戻し脆性が特定の温度域（低温脆性：200〜400℃、高温脆性：450〜500℃）で起こり、オーステナイト結晶粒界が破壊してトラブルの原因になる。

　また、焼戻し熱処理時の保持時間や硬さの決定は、焼戻し温度と時間の組み合わせにより決めることができる。焼戻し温度と保持時間の関係は「焼戻しパラメーター」で決められ、下記の式で示すことができる[5]。

　　$P = T(C + \log t) \times 10^{-3}$

　　T：焼戻し温度（絶対温度）

　　t：保持時間（hr）

係数 C は、工具鋼の冷間材料（SKD11など）は15、熱間材料（SKD61など）は20である。

　焼戻しの温度と保持時間の関係は、一般に「モノグラフ」を参照して求めると簡単である（JIS規格や熱処理技術書に記載されているので参照するとよい）。上式から一例を計算すると、600℃の場合、保持時間は1時間であるが、500℃になると450時間になる。

また、構造用鋼や合金工具鋼などの機械部品に放電加工を行うと加工表面に変質層が存在し、残留オーステナイトが通常の熱処理後の焼入れ－焼戻し処理状態に比べ高いので、消失には高温焼戻しが必要になる。その理由は、低温焼戻しの場合、残留オーステナイトの消失が難しく、熱処理的に安定化したオーステナイトになる。しかし、この残留オーステナイトは構造物、部品および工具鋼などの稼働状態で応力が負荷されると変態や不安定な内部状態になり変形や変寸および割れの発生を誘発させる事例もあるので注意が必要になる。

(5) サブゼロ処理 [4]、[10]

深冷処理（クライオ処理）はサブゼロ処理（Subzero treatment）の一種で、処理温度が－100℃以下の処理（超サブゼロ処理）をいい、これに対して－100℃までの処理を普通サブゼロ処理といって区別している。

クライオ処理には、液体窒素（－196℃）を一般に使用している。液体窒素を液体のまま使用する「液体法」とガス雰囲気で使用する「ガス法」があるが、液体法のほうが便利な場合が多い。クライオ処理は次の4つの工程から成り立っている。

第1段階：クライオ・クーリング（Cryo Cooling：CC）

クライオ温度まで冷やす方法は液体法とガス法とがあるが、液体法は冷却速度が速く（$v ≒ 80℃/min$）、ガス法は遅い（$v ≒ 1～3℃/min$）。しかし、液冷でも最初は窒素ガスに包まれて冷却は遅く、約－150℃になると沸騰段階になるので冷却が早くなる。しかし、実際には金型の形状を考慮するとクライオクラックの防止のためにガス冷却が有効になる。したがって、いきなり液体冷却しても割れるようなことはめったにない。複雑形状の場合は、100℃の湯戻しを行ってからクライオ液による冷却を行えば安全である。

第2段階：クライオ・ホールディング（Cryo Holding：CH）

クライオ保持時間は長いほど良いといわれているが、作業工程上、JSTH法（日本熱処理技術協会法）では1時間と決めている。

第3段階：クライオ・ウォーミング（Cryo Worming：CW）

クライオ温度から室温に戻すには急速に処理することが必要で、これによって残留応力が約80％も除去されるという。これをアップヒル・クエンチング（Up-hill quenching）といい、JSHT法（日本熱処理技術協会法）では

100℃の沸騰水に投入することを推奨している。100℃の熱湯中に投入しても割れることはない。

第4段階：クライオ焼戻し（Cryo Tempering：CT）

クライオ処理した後では必ずクライオ焼戻しを行う。C.Tには低温（200℃）と高温（500～600℃）があるが、金型（SKD11、SKD61）にはすべて高温焼戻し処理が良い。焼戻し保持時間は1時間で空冷し、ダブルテンパーの必要はなく、一回焼戻しで良い。このクライオ・テンパーによってカーバイドが微細析出して機械的性質がアップし、ヒートチェックの防止にも役立つのである。

図4.11はクライオ処理のサーマルパターンを示す。これに対して従来の焼戻し硬化型の熱処理パターンはγR対策の処理のため、オーステナイトの条件化（Austenite condition）といわれている。

焼入れ後の工具鋼、合金鋼におけるクライオ処理[10]は、焼入れ⇒クライオ⇒焼戻し（Quenching-Cryo-Tempering：QTC）の順序で行われ、残留オーステナイト（γR：Retained austenite）をクライオ処理でマルテンサイ

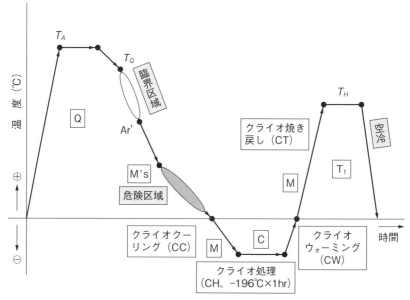

図4.11 クライオ処理のサーマルパターンと焼戻し処理

ト化し、その後、焼戻しを行い、カーバイドを微細粒として析出させることを目的としている。このためマルテンサイトの条件化〔マルテンサイトコンディション（Marutensite condition：MC）〕といわれている。

　クライオ処理によるメリットは鋼材の耐摩耗性の向上が第一で、次いで靭性の向上および寸法の安定性である。特にクライオ処理はマルテンサイトコンデションによってカーバイドの微粒析出、残留応力の低減などから、耐摩耗性が著しく向上する。特にSKD61のヒートチェック防止にはぜひともクライオ処理の適用を図る必要性が重要である。

（6）プレハードン処理（調質処理：Prehardened process）
　特に炭素工具鋼や工具鋼においては一般的に焼入れ-焼戻し手法で行うが、事前の熱処理により硬さを30〜40 HRCに調整した材料を使用し、各部品形状に加工して使用するために供給する場合、その鋼材を「調質鋼」といっている。機械部品や工具鋼は一般的に焼きなまし状態の材料に機械加工を行い、充分な取り代を残して焼入れ-焼戻し処理により使用目的の硬さに調質して最終仕上げ加工を行う方法が良好な品質を得る方法である。

　しかし、最近の構造材料や樹脂成形用工具鋼などの場合は、操業温度が低いことや工程短縮および直接仕上げ加工までを中間の焼入れ-焼戻し熱処理なしに行うことが可能となり、非常に効率的で経費削減効果も大きい。そこで、事前に特定の硬さ（30〜40 HRC）にして材料を直接機械加工などにより最終製品を作る方法が採られている。

　近年、各種の機械加工において機械の剛性および機能性の向上と高硬度切削が可能な刃物開発により高硬度の鋼材でも十分に機械加工が可能になってきている。今後、高硬度に調質された機械構造用鋼、炭素合金鋼、特殊鋼や工具鋼などに直彫り加工を行い各種の部品製造に適用可能になるものと考えられ、現在でも硬さ50HRC程度の直彫り加工は行われている。

（7）固溶化（溶体化）処理（Solution treatment）
　高温に加熱し、一度析出物を生地に固溶させる処理を固溶化処理または溶体化処理という。この処理は、有害な炭化物を析出させない場合にも使われる。0.03〜0.08％Cのオーステナイト系ステンレス鋼は、1,000〜1,150℃で炭化物を固溶させてから水中に急冷すると耐食性、靭性が改善できる。この処理は通常の焼入れ-焼戻し処理とは概念が非常に異なるので名称も溶体化

処理といっている。加工後の磁性消失の改善にも有効になる（オーステナイト系ステンレス鋼は、加工されるとマルテンサイト変態が発生して加工硬化すると同時に磁性が発現し、磁石を近づけると付くことになる）。

（8）時効処理（析出硬化処理：Aging または Aging treatment）

　機械構造用鋼や工具鋼を急冷または冷間加工を行い、室温より高い温度（材料により異なるが工具鋼の場合は300〜600℃程度の温度）に保持して、時間と共に材料の析出現象により硬くなる現象を利用して鋼材の性質を調整する操作をいう。これらの特性を発現させるには、材料中にNi、Al、Co、Ti、Moなどの元素を添加し、マルテンサイトの組織から金属間化合物を析出させて生地を硬化させる。

　材料としては、ジュラルミン（Al合金）、PHステンレス（析出硬化型ステンレス鋼）あるいはマルエージング鋼（工具鋼の場合、溶接補修用溶接棒によく使用されている）など、非鉄材料や鋼にこれらの析出硬化型合金が適用されている。これらの材料については各社提案されているが、時効材料を工具鋼に適用する場合は、操業過程の温度が材料の時効硬化処理温度以上になると硬さが著しく低下するので使用条件を注意して適用しないと特性を維持させることが難しい。

（9）その他の熱処理

　熱処理後、肌をきれいに仕上げるためにピーニングやグラインダ研磨が行われることがある。光輝状態の構造用部品、機械部品、金型などの表面は酸化層の形成がないことが重要な条件になるが、研磨面の残留応力（RS：Residual stress）を除去（SR：Stress Rereise）することが必要になる。硬さを低下させないで応力除去をするには、低温焼戻し（200℃）によって残留応力が約1/2除去される。したがって、研磨後は200℃に加熱することがよいが、200℃が難しければ100℃のお湯で戻すことも充分である。200℃の焼戻しをすると、焼戻しカラー（テンパカラー）が表面に形成するので、トラブルが起きた感覚になるが、青色のテンパカラーは錆止めの効果もあり、耐摩耗性にも効果が認められている。

　また、特殊用途鋼、工具鋼は放電加工もよく行われるが、放電加工の異常層を残したまま使うことはなく、ピーニングや電解研磨などで表面の変質層を除去している。これらは200℃の応力除去がよいが、通常は500℃前後の

焼戻し処理が電気加工および溶接加工された工具鋼の安定化や残留オーステナイトの消失には最良である。

応力除去にはクライオ処理が有効になる。特に超硬の応力除去にクライオ処理はメリットがあり、欠け防止、延命に有効（約2～3倍向上）である。

また、通常のSKD61材（改良材はSKD61の基本成分が多少異なり、材料特性が改良された素材をいう）に健全な焼入れ－焼き戻し処理を行っているが、従来材は時として偏析の大きい組織が得られる場合がある。

金型への安定した熱処理の実施は、操業時の品質安定性や寿命に大きな影響を及ぼし、熱処理の良否により金型はいかようにも変化することが多いので細心の注意を払い慎重に処理を行う必要がある。

また、靱性（衝撃値）に対する材料の採取方向性による変化は、通常材の場合、採取方向、表面部と中心部との衝撃値は著しく異なる。すなわち、偏析が存在するような素材の場合は、ロール方向に平行な位置と反対の方向では組織の異方性が存在するために材料特性は異なる結果になる。近年の工具鋼のESR、VAR、P-ESRなどの再溶解した材料は、表面部と中心部、ロール方向性の違いによる衝撃値の変化は素材の均一性が得られない。

また、偏析や材料中の組織変化は熱処理による要因も大きいことから、大型の金型の場合やプラスチック成形に用いるステンレス系工具鋼の熱処理には十分に技術的な考慮が必要となる。

4.2 炭素鋼、機械構造用鋼、工具鋼の熱処理方法と諸特性

近年の熱処理技術は、温度管理、熱処理シミュレーション解析、冷却管理技術が発展し、大型で一体の部品や金型など（自動車エンジン部品、プラズマテレビ用筐体、鍛造品、ダイカスト、電気・電子部品、厚肉金型）は、真空ガス加圧方式やオイル冷却併用型熱処理方法の適用により従来に比べ光輝状態（酸化物の形成が少ない処理）で安定した熱処理が可能になってきてい

る[1]。なお、機械構造用鋼（S-C、S-A材）はパーライト系のために金属組織に依存することが多いことから複雑な挙動が比較的少ない。なお、中・高炭素鋼や炭素合金鋼などの熱処理は工具鋼と同様な考え方で熱処理を行うことが多い[2]~[6]。

各種の工具鋼（マルテンサイト系ステンレス鋼、SKD、SKHなど）は炭化物形成（カーバイド、炭化物）系が多く使用されている。熱処理に対してはカーバイド形状、粒径、分布状態などが材料特性に著しく影響を及ぼすことから[3],[7]、炭化物系ではカーバイドの形態、存在量などが大きく影響し、一般的に安定なサイズは1μmが標準とされている。

機械構造用鋼、特殊鋼や工具鋼の熱処理方法は基本的に大きな違いがなく、熱処理の基本である加熱、焼入れ、冷却方法および焼戻し温度の違い、並びに炭素鋼などは「フェライト系」、工具鋼などは「カーバイド系」と組織の違いを考慮することが良い。

各構造用鋼、における熱処理条件などの特性を一括して**表4.2**に示す[3]。

工具鋼（マルテンサイト系ステンレス鋼、SKD、SKH、SCMなど）は炭化物形成（カーバイド、炭化物）系鋼種である。熱処理に対してはカーバイドの形状、粒径、分布状態などが材料特性に著しく影響を及ぼすことから、熱処理技術は材料の安定化にとっては非常に重要になる。なお、特殊鋼のSUJ2（ボールベアリング鋼）の規格ではカーバイドの大きさ、分布状態によって、優、良、可、不可の等級別を規定しているが、他の鋼種ではあまり規定されていない。工具鋼の性能・特性を左右するカーバイドの存在は重要なため、カーバイドの大きさと分布状態も品質規格に入れることが必要と考えられる。

（1）一般構造用圧延鋼（SS400）

この鋼種は一般に最も多く使われている鋼材であり、機械構造物や機械部品に利用されている。しかし、この鋼種は焼入れしても機能性を向上させることができない。この鋼種は低炭素系金属であり、表面の炭素を拡散させた浸炭焼入れ程度になる。それ以外に表面硬化を目的とする場合は窒化処理や硬質クロムめっきを行い製品としている。焼ならしにより結晶粒を微細化して引張強さを確保して使用することが多い。

表 4.2 鋼材の種類と熱処理方法

種類		目的	処理方法	焼入れ（℃）	焼戻し（℃）	硬さ（HRC）	組織
構造用鋼		強靱化、靱性	焼入れ・焼戻し	800〜850	400〜600	40〜50	トルースタイト（T）、ソルバイト（S）
			オーステンパー・マルテンパー	800〜850	400〜500（熱浴焼入）	45〜50	ベイナイト（B）
		表面硬化	浸炭	900〜950	150〜200	≧60	マルテンサイト（M）
			窒化	500〜550	—	≧68	ε-Fe₂₋₃N（窒化物）、γ-Fe₄N（窒化物）
			高周波焼入れ	800〜850	150〜200	≧60	マルテンサイト（M）
			火炎焼入れ	800〜850	150〜200	≧68	マルテンサイト（M）
			溶融浴焼入れ	1,100（浴中加熱）	150〜200	≧60	マルテンサイト（M）
工具用鋼	切削用	硬化、耐摩耗性	焼入れ・焼戻し	800〜850	120〜150	≧60	マルテンサイト（M）
	耐摩・不変形用	硬化、耐摩耗性	焼入れ・焼戻し	800〜850	120〜150	≧60	マルテンサイト（M）
	高速度鋼	硬化・強靱化	焼入れ・焼戻し	1,300	580	≧60	マルテンサイト（M）
	耐衝撃用	硬化・強靱化	焼入れ・焼戻し	800	300〜400	50〜55	トルースタイト（T）
			オーステンパー	800	300（熱浴焼入）	50〜55	ベイナイト（B）
	熱間加工用	硬化・強靱化	焼入れ・焼戻し	1,000〜1,100	600〜650	40〜50	マルテンサイト（M）、ソルバイト（S）
特殊用途鋼	ステンレス鋼	耐食性・非磁性化、安定化、硬化、耐摩耗性	焼入れ・焼戻し	1,100〜950	700〜750	18〜30（HB140〜180）	フェライト（F）、オーステナイト（A）（固溶化処理）、マルテンサイト（M）（焼入れ・焼戻し）
	耐熱鋼	耐熱性	焼入れ・焼戻し	1,100〜1,000	700〜（800）	30〜35	フェライト（F）、オーステナイト（A）
	軸受鋼	硬化	焼入れ・焼戻し	850	120〜180	≧60	マルテンサイト（M）

（2）機械構造用炭素鋼（S45C）

この鋼種は丸棒で使用されることが多いが、調質により強靱化して使用する場合が多い。S45C 材を焼入れする場合は非常に焼入れ性が悪く、処理サイズにより質量効果により不均一な硬さになることが多い。この鋼種を焼入れする場合は、限界サイズ（JIS では完全焼入れ限度が 37 mm と規定している）を考慮して水による焼入れが良いが焼割れが発生しやすいので注意が必要になる。

（3）機械構造用合金鋼（SCM435）

この鋼種は Cr、Mo 元素が添加され S45C 鋼に比べ焼入れ性が高く、大径（直径 50～60 mm）程度まで焼入れが可能になる。SCM435 の調質品を使用した例では 6 角ボルトがある。この鋼種は引張強さ 1,200 N/mm^2、降伏比 90 ％程度の材料も使用されている。また、機械構造用合金鋼には焼入れ性を保証した鋼種が JIS 規定されていて、「H 鋼」として機械構造用合金鋼の各鋼種について熱処理方法が決められている。

（4）炭素工具鋼（SK105）

この鋼種は高炭素含有量で焼入れすると硬さが高くなる特徴をもっている。なお、この鋼種は炭素濃度を高くしているだけである。そこで、焼入れ性は質量効果が大きく、S45C 材と同様な傾向を示す。刃物材料として多く使用されるが、焼入れ前の切削性を向上させるために球状化焼きなまし状態で出荷されている。焼入れ性は悪いが、火炎焼入れや高周波焼入れにより表面部を硬くすることが可能な鋼種である。この鋼種は SK105 と表示されているが、炭素量が 1.05 ％の意味で非常に理解しやすいが、昔の記号としては SK3 と呼ばれていた鋼種である。

（5）合金工具鋼（SKS3）

この鋼種は機械構造用炭素鋼を改良したものであり、炭素鋼の焼入れ性を改善した合金鋼である。成分には C、Mn、Cr、W が各々約 1 ％程度含まれ、炭素が焼入れ硬さ、Mn と Cr が焼入れ性、W が炭化物形成元素とした役割をもっている。この鋼種は耐摩耗性が高く、ゲージ類に使用され、焼むらが少なく安定した耐摩耗性をもっている。しかし、この組成の鋼種は熱処理後に残留オーステナイトが残存することがあり、ゲージに使用する場合は経年変化、変形が発生するので注意が必要となる。

（6）冷間用工具鋼（SKD11）と熱間用工具鋼（SKD61）

　冷間用工具鋼（SKD11）は代表的な空気焼入れ鋼種であり、徐冷できるために変形や変寸が少ない特徴をもつ。しかし、高い硬さを求めるときには焼入れ時に冷却速度を速くする必要があり、変形や変寸が認められる。また、高炭素・高 Cr 系合金のため、熱処理後は残留オーステナイトが存在することから焼戻しにより消失させることが重要になる。この鋼種は粗大炭化物が生地中に存在することから、チッピング（欠け）のトラブルが起こることが多く、近年では 8 ％ Cr 鋼の材料も開発され、冷間用工具として利用されている。

　熱間用工具鋼（SKD61）材は高温での軟化特性が良好で、ダイカスト、鍛造、プラスチック成形、ゴム成形用などの金型用鋼として使用されている。焼入れ温度（1,000～1,250 ℃程度）が高く、熱移動の激しい部位や部品に使用されることが多いため、熱処理は表面の硬さ管理だけでなく中心部の冷却速度の管理も金型の安定化には必要になる。

　機械構造用鋼、合金鋼、炭素工具鋼および特殊鋼などの熱理方法についての処理方法を図 4.12、図 4.13 および図 4.14 に示す。これらの方法は各種の一般的な熱処理法であり、焼入れ、加熱時間と保持時間の関係および焼戻しの各々にパターンを示す。特に図 4.13 に示す加熱時間と保持期間の考え方は異なるので認識する必要がある。

　図 4.15 は冷間用工具鋼（SKD11）や熱間用工具鋼（SKD61）の熱処理手法を示す。この熱処理方法は、焼入れは「早く、ゆっくり」冷却し、焼戻しは 2 段焼戻しで、焼入れ後はすばやく焼戻しを行うことが重要になる。焼入れ後、すばやく焼戻しを行わないと、各工具鋼は焼入れ直後の残留オーステナイト量は高く〔冷間用工具鋼（SKD11）で約 16 ％、熱間用工具鋼（SKD61）で 4 ％程度存在〕、室温まで冷却されると冷却の内外差に起因した変態応力により置き割れが発生することから注意が必要であり、焼入れ直後の処理が難しい時は 250～350 ℃の炉に保持して置くことが必要である。

　さらに、深冷処理（クライオ処理）を行うと、耐摩耗性、耐食性、ヒートチェックの発生[7]防止に有効になるという報告もある。

　なお、冷間用工具鋼の場合、焼戻し温度は低温焼戻しが良いとの考え方が多い。JIS の熱処理でも低温焼戻し（200 ℃）しか規定していないことも影

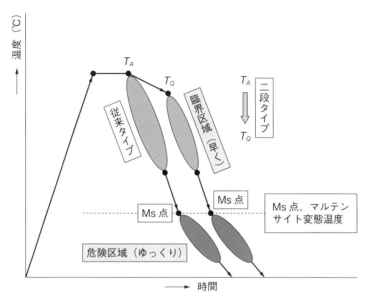

図 4.12 一般的な焼入れ処理パターン

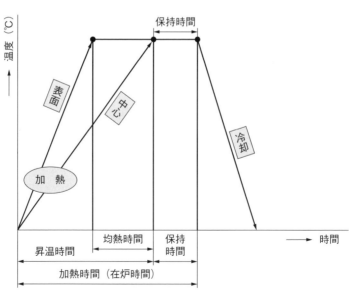

図 4.13 焼入れ時の加熱時間と保持時間の関係

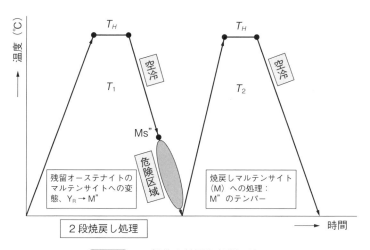

図4.14　一般的な焼戻し処理パターン

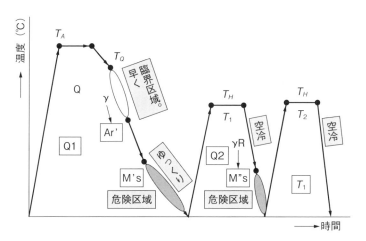

図4.15　冷間・熱間用工具鋼の焼入れ-焼戻し熱処理のパターン

響している。昔のJISには低温焼戻しと高温焼戻しの2種類が規定されていたが、現在は低温焼戻しのみになっている。

現在、SKD11材の冷間用工具鋼は低温焼戻し処理になっている理由は、JISで規定している熱処理は現物の工具鋼でなくテストピース用だからである。したがって、金型の焼戻し温度は作業中の加工物（被加工）に与えられ

る温度を考えて、焼戻し温度+50℃にすることを選択することがよい。すなわち、被加工材の温度が400であれば+50℃=450℃になり、高温焼戻しが必要になることである。そこで、見掛け上の作業から冷間用工具鋼は低温焼戻しで良いとの考えでなく、被加工物から発生する温度を考える必要がある。

(7) 高速度鋼（SKH51）

この鋼種はハイスと呼ばれ、ドリルなどの切削工具に使用される。耐摩耗性と靱性の良好なMo系ハイスと高温耐摩耗性の特徴をもつW系ハイスがある。この鋼種の熱処理は高温度（1,200～1,300℃程度）で処理を行い、靱性を求める場合はアンダーハードニング処理（1,100℃程度）を行う工具鋼としては最も高い温度で処理される鋼種である。焼入れ後の残留オーステナイトも多くなるので、焼戻しも数回行う必要がある。

(8) 特殊用途鋼

・ばね鋼（SUP10材）

ばね鋼は弾性限度と耐疲労特性が高い材料特性を求められる。一般的に硬さが高いことが必要になるが、疲労強度が低下するため45HRC程度の硬さに処理される。ばね鋼のSUP10材料は構造用鋼と工具鋼の中間的な炭素量で、焼入れ性を考慮してCr-Vを添加した鋼である。そのために回転トルクの強さも向上し、炭化物生成により耐摩耗性も良好で、ばね以外にドライバー、スパナ、レンチなどにも使用される。なお、複雑形状の製品では弾性限度が少し下がるが、硬さを35～40HRC程度の落とすと破壊のトラブルを防止できる。ばねの性質は硬さが高くすることであり、熱処理には焼入れ-焼戻し処理、加工硬化処理、オーステンパーなどがあるが、ピアノ線などは冷間成形で十分な機能を得られることが多い。

・高炭素クロム軸受鋼（SUJ2材）

化学組成としては炭素工具鋼（SK105）にCrを1.5％添加した素材であり、耐摩耗性や焼入れ性が向上している。この鋼種はベアリング部品などに使用され、炭化物の球状化の規定もあり、焼入れ硬さが安定している特徴がある。焼入れ性は、SUJ2では径25mm程度までは60HRC程度が得られ、SUJ3では径が50～60mmくらいまで硬さが確保できる。この鋼種は摺動部や転動部での耐摩擦抵抗が高く、関連部品にも適している。低温焼戻し鋼である

ので焼戻し温度以上で使用する場合は軟化が起こり、耐摩耗性の低下が認められる。焼戻し後の硬さ 60 HRC を確保する場合は 200 ℃ 程度の処理が必要になるが、150 ℃ 程度が安定していてよい。

・オーステナイト系ステンレス鋼（SUS304 材）

この鋼種は耐食性が非常に高く、非磁性の 18 Cr-8 Ni ステンレス鋼（標準的鋼種）である。溶体化処理（1,100 ℃ 程度から急冷する処理）によりオーステナイト組織が室温でも存在するので機械部品などに適用範囲が広い。しかし、素材に応力負荷、加工ひずみなどが負荷されると「加工誘起マルテンサイト変態」が起こり、耐食性の低下や弱い磁性が認められる。また、耐熱鋼としても使用されるが、600 ℃ 近傍で長時間加熱されると粒界腐食の危険性が高くなるので、改善鋼として SUS310 材か SUH が使用される。

・マルテンサイト系ステンレス鋼（SUS440 材）

この素材はステンレス系鋼でも焼入れ–焼戻し処理により高い硬さが得られる。はさみ、包丁、カミソリなどの日常品、刃物に利用される。代表的鋼種は、SUS420J2 と SUS440 が多く使われる。耐食性はオーステナイト系ステンレス鋼に比べ落ちるが、硬さが維持できるためプラスチック成形用やゴム成形用の金型などにも用いられている。これらの鋼材は真空ガス冷却により 53HRC 程度の硬さが得られ、耐食性は低温焼戻しが高温焼戻し比べ良好である。

・析出硬化系ステンレス鋼（SUS630 材）

ステンレス鋼を強靭化して使用する場合、構造用鋼と同じに調質して使用するが、この鋼種は炭素による焼入れ効果を得るのではなく、固溶体から微細な析出物を形成させて硬さを増加させるメカニズムを利用し、強化機構は析出強化により硬化する。一般に炭素含有量は少なく、使用温度が析出硬化以上であれば軟化するが、以下での使用では十分な硬さが得られる。焼入れ処理がなく、時効により硬化するので機械加工には便利であり、熱処理コストが安くできるが、単価が高いことなどがあり、耐食性や耐熱性の必要な高負荷シャフト、ピン、金型などに利用されている。

4.3 真空熱処理の方法と事例

▶ 4.3.1 真空ガス加圧熱処理

構造用鋼や工具鋼などの熱処理は、真空ガス加圧タイプの熱処理炉の使用が最近非常に多くなってきている。このタイプの特徴は、処理後、真空ガス冷却のために各種の材料表面への酸化物形成が少ないことで、脱炭層徐去の工程が少なく、表面品質の向上や後工程の短縮に有効である。

他の大気炉や塩浴炉に比較しての特徴は以下のようになる。

① 作業環境のクリーン化。

② 金型の光輝熱処理（表面に酸化物の形成がなく、処理後の機械加工工程が短縮）が可能。

③ 冷却時に高圧ガスによる冷却効率が向上し、金型の品質安定性が達成。

④ 大型熱処理炉の製造が可能。

真空熱処理炉は、大型材料に対応できる炉内熱源の改善、冷却制御方式などの開発による機能性の向上が大きく、従来の水焼入れ、オイル焼入れ、ポリマー焼入れ、溶融塩ナトリウム焼入れ（塩浴処理）などに近い冷却速度が得られ、焼きムラも比較的少ない処理が可能になっている。

近年では 30 bar 程度の高圧力をもった熱処理炉も製造されているが、日本では 10 bar 以上の圧力では高圧容器法により工場内に簡単に設置できない事情があるので 10 bar 以上の炉の設置は少ない。

なお、大型で厚肉の構造用部品、自動車部品や電機部品などにおける熱処理においては、冷却ガス圧力の増加だけでは厚肉の内部組織の安定化に問題があり、ガス冷却併用オイル冷却方式による熱処理も行われている。しかし、オイル焼入れの作業環境の悪さや火災の危険性を考慮して、ポリマー冷却による焼入れも行われている。

▶ 4.3.2　大型金型用部材の熱処理

　大型部材の熱処理においては、雰囲気温度や表面硬さの管理だけでは安定した熱処理が行われたか否かの判断は難しい。また、小型の試験材と、質量や板厚の異なる複雑形状の機械的部品や工具鋼における熱処理では、処理後の性能は異なり、安定した金型性能を得るためには熱処理の現場ノウハウの取得が重要になる 4)、5)、8)。

　熱処理の安定化には、熱処理過程における鋼材の表面部と中心部の温度測定を実体物内に挿入した熱電対により連続測定し内外の温度差を極力少なくさせる加熱・冷却過程での熱管理制御を行う必要がある。また、不均一な冷却により変形・変寸および割れなどのトラブルの発生原因にもなっている。大型部材における熱処理では、表面と中心部の冷却速度が著しく異なり、質量の違い、表面と中心の冷却速度の違いに起因してカーバイドやフェライトノーズおよびベイナイト組織の出現を長時間側に移行させた（CCT 曲線による不安定組織の出現を長時間側にシフトさせる）焼入れ性の良好な材料が多くなってきている。

　構造用鋼は常温で使用されることが多いが、工具鋼は多くの場合は高温にさらされることが多いので、すべて熱間用と考えて高温焼戻しを行うことが鋼の安定化には良い方法である。そのことにより焼戻し温度域までの加工時に発生する熱には耐えられることになる。工具鋼の多くは焼戻し硬化型（500℃近傍に存在する硬さが増加する二次硬化領域が存在する）であるので 2 段焼戻し（ダブルテンパー）が必要になり、焼戻保持時間は 1 時間程度を目安にする。

　なお、JIS やメーカーのカタログなどに記載されている熱処理方法は多くの場合、テストピース（10 mm 角または丸、長さ 20 mm、1 円玉の径 20 mm より小さい）により得られたデータで作成していることが多く、実際の質量が大きく複雑形状の鉄鋼材料に対するデータとは一致しない場合がある。このことから、金型などは JIS 通りの熱処理をしなくても良く、熱処理温度や冷却方法、焼戻し温度などは金型の使用状況や負荷の状態により適当に変えることが重要であり、このことが実際の金型の安定した熱処理性能を得る方法である。

　熱間用工具鋼も冷間金型と較べてオーステナイト化温度が違う程度で加熱

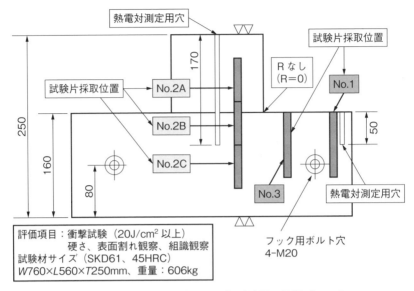

図 4.16 ダイカスト金型の評価試験用工具鋼ブロック

-冷却形態はほとんど同じである。熱間金型に起こる損傷はヒートチェックが多いので安定な処理が必要となる。近年では、熱処理時に金型の表面と中心部に熱電対を挿入して冷却速度の管理を実施することが金型の内部組織の安定化には重要である。

　図 4.16 は、工具鋼で作られる金型の安定な品質安定性を確保する目的で実態に近い容積をもった材料の評価試験時の材料形状を示す。この工具鋼は熱間用工具鋼（SkD61 改良材）で、重量 606 kg、工具鋼寸法は幅 760×長さ 560×厚さ 250 mm であり、表面と中心部の工具鋼内の実体温度を測定しながら熱処理を行っている。焼入れ-焼戻し処理後の評価試験ブロックは、コーナ部からの割れの有無や表面硬さの測定を行っている。その後、図中に示す表面近傍と中心部の最も冷却速後の遅い部分（2 の位置）をワイヤ放電加工により試験片を切り出し、衝撃試験（日本の場合は 2 mmU ノッチ試験片）により評価した。同時にその部分の組織検査も合わせて行い、実態金型に近い評価を行う方式である。

　なお、金型の靱性値（衝撃値）は、この熱間工具鋼の金型材の場合、20 J/cm^2（45-46 HRC）をガイドラインとして熱処理方法を検討した[9]。

このように大型金型に類似した評価試験は、エンジンブロックや大型で厚肉差の大きい金型の実態モデルに近い状態であることから、このような評価で得られた結果から、熱処理後の品質が保証でき操業中の金型寿命の安定性が得られることになる。従来は熱処理メーカーに処理を任していたので金型の品質にバラツキが多かったが、このような手法はより客観的な処理になることが確認できる事例である。

なお、このような評価試験は他の企業でも自社の状況に合った評価方法により評価するようになってきている。また、熱処理後の工具鋼の衝撃値を規定したことも、熱処理メーカーに限らずダイカスト製造企業にとっても操業中の品質安定化には有効な技術手法になっている。しかし、アジア諸国のローカルの熱処理メーカーではまだこのような品質管理技術をクリアーすることが難しい状況である。

このような事例は、金型メーカーも認識してきており、大型金型においては粗加工後に焼入れ-焼戻しの熱処理を行い、その後、金型のガイドポスト近傍の厚い部分から評価試験片をワイヤ放電加工で切り取り衝撃試験による評価を行い、設定値のクリアを確認して最終仕上げを行う方式を取っている企業もある。このような方式で金型の製造を行うと、ダイカスト鋳造時に操業サイクルが安定して計画生産が可能になることになる。

大型工具鋼の熱処理時の安定化の評価方法としては、下記のような事例がある[11]。

図4.17は、図4.16における各位置から熱処理の試験片と同じ位置の空間に試験片を挿入して熱処理した試験片の各衝撃値を比較した。各採取位置における衝撃値には大きな違いがないことが認められる。実体金型からは切り出し試験片の採取が現実的に不可能であることから、冷却孔や金型形状の冷却速度が遅くなる位置に評価用試験材を実際の金型の熱処理時に一緒に処理を行い、間接的な材料（同一鋼種）で評価を行うと熱処理時の安定性が推定でき、品質安定化には効果的な方法と考えられる。

図4.18は実際の材料における間接的な評価方法の事例を示す。この大型ブロックは熱間用工具鋼（SKD61 ESR改良材）を用いて検証した結果である。

大型の金型にはベース面側に操業の効率と冷却のための水冷孔があり、そ

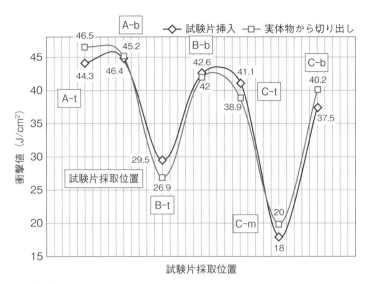

図 4.17 各試験片の衝撃試の比較(図 4.16 の試験片採取位置)

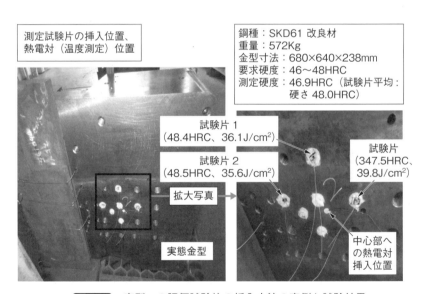

図 4.18 実型への評価試験片の挿入方法の事例と試験結果

の位置に試験片を挿入して熱処理を行い、得られた硬さおよび衝撃値は位置が多少異なっても近い値が得られた。この手法は、各ユーザーが自社の管理値を設定して、類似した金型の熱処理後の品質管理を行うことが可能になり、より安定した金型を得る一手法になると考えられる。

熱処理メーカーではユーザーからの指定硬度に合致した処理条件を選択するが、熱処理後における実際の金型における操業過程での寿命安定性は異なる場合が多く認められることから、各金型について熱電対による測温から熱処理条件の調整や管理を行うことが重要である。また、同時に衝撃試験片により各大型金型の最適処理方法のガイドラインの作成が可能になり、この方法により操業時の金型寿命の安定性が図れるものと考える。

4.4 構造用鋼と工具鋼の熱処理トラブル

▶ 4.4.1 熱処理で発生する問題

構造用鋼や工具鋼を熱処理した時にトラブルが発生すると、多くの場合、構造物の補修、部品の破損や製品として使用が不可能になることが多く、再熱処理を行い回復させても工数や納期に大きな影響を受ける。そのため、トラブルが生じないように適正な熱処理方案の作成と確実な作業管理が必要になる[2),12),13)]。

熱処理を依頼された時には、材料を安定に処理を行うための品質検査を下記の項目に沿って事前事後に実施しなければならない。

① 受入れ時の処理品の目視検査、カラーチェック、キズなどの検査、洗浄、不純物の徐去。
② 熱処理時の被処理品の炉内セット方法、計器類、熱電対の管理。
③ 熱処理条件の検討(冷媒の選択、保持時間など)。
④ 処理後の品質確認、割れ・変形・酸化物の有無の確認。
⑤ 検査結果作成・データ管理。

炭素工具鋼や工具鋼の焼入れ性はSK＜SKS＜SKH＜SKDの順で、SKD材が最良となる。また、同一鋼種でも結晶粒度番号が8～10が靱性向上に有効である。なお、結晶粒度は鋼種や熱処理方法の選択・条件により異なり、オーステナイト化温度の保持時間や冷却速度にも影響されるので、焼入れ端試験（ジョミニー試験）やCCT曲線から詳細を検討する必要がある。

　熱処理においては、上述の管理をして注意深く処理をしても、材種により特異的に発生する欠陥や問題点がある。

　熱処理時に発生する代表的な欠陥や使用する炉の種類により起こる各種の問題点としては、表面異常（酸化、脱炭）、硬さ変化、熱処理時の変形・変寸、焼割れなどがある。これらの各項目のトラブルの発生、対策および熱処理炉に関わる各種の要因について以下に述べる[2)～5)、12)、13)]。

▶ 4.4.2　焼入れ変形

　焼入れ変形は焼入れ時の急速冷却操作により生じる寸法の狂いであり、「変寸」と「変形、焼曲がり」がある。変形は焼入れ時にオーステナイト組織から冷却過程でマルテンサイト変態を起こすが、この変態時に結晶格子の大きさが異なるオーステナイト組織（FCC格子：面心立方格子）からマルテンサイト組織（BCT格子：体心正方格子）に変化する過程において格子サイズの違いにより膨張するためである。

　炭素合金鋼および工具鋼は焼入れ後にマルテンサイト組織に変化するが、一部組織中に存在する残留オーステナイトが「加工誘起マルテンサイト変態」により膨張する過程で変形や割れを誘発させることもある。この現象は、焼入れ冷却過程での表面と内部との不均一冷却、熱ひずみ、変態ひずみおよび変態時期のずれによる変形の現象が重畳して起こる。これらの改善には冷却時の均一性のある処理が有効な手法になる。また、試験片のような小さい材料では形状が単純で、あまり問題にならないことが多い。

　寸法変化に関わる要因としては、熱処理時における、熱膨張、焼入れ時のマルテンサイト変態、残留オーステナイト量が大きく関係している。

　一般的に、残留オーステナイト（γR）＝1％の変態は0.010～0.015％の伸びが発生する。鋼材の場合は焼入れ前の粗加工時や焼入れ時に変形が発生することから、通常0.1～0.3％程度の仕上げ代を取ることが必要になる。よっ

て各変化において、熱ひずみは「ツヅミ型の変形」、変態ひずみは「タイコ（膨張）型の変形」が発生し、この合成応力により最終変形形態が決まる。

このような対策としては、超サブゼロ（-196℃）、サブゼロ、応力解放、ひずみ取り熱処理、高温焼戻し、安定化処理（400～450℃の低温処理）、均一厚さや形状の確保・維持などが有効になるが、費用対効果や処理時間の短縮化などの問題により特定の機能発現のためにしか行われていないのが現状である。

▶ 4.4.3　冷却速度の違いと寸法変化

焼割れは、炭素鋼、構造用鋼や工具鋼などの焼入れ過程における急冷時に発生した熱処理応力と変態応力の相互作用により生じる。焼入れ直後の焼割れは残留オーステナイトの変態に起因する。応力発生による焼割れ防止には素材特性を低下させない範囲で冷却速度を低下させることが最良である。大型材料の場合は、内外の温度差が大きい時にも焼割れが発生する。

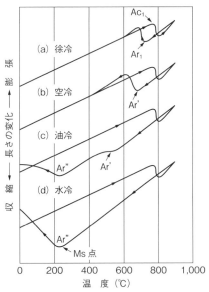

共析炭素鋼（5mm 試験片）をオーステナイト状態に加熱して冷却下底の長さの変化

図 4.19　冷却速度の違いによる収縮-膨張曲線（Ac_1：加熱、Ar_1：冷却過程の変化）

図 4.19 に焼入れ時の冷却媒体の違いによる膨張-収縮曲線を示す。これは温度を上昇させながら材料の変態に伴う膨張を測定したものである。徐冷は室温での変形は少ないが、水冷を行うと大きな膨張が認められる。すなわち、実際の構造物では質量や形状が異なるために各部分の冷却速度が異なることから、材料の局部的な変形や拘束に伴い割れが発生することになる。

▶ 4.4.4 焼入れ性

焼入れ性は鋼のマルテンサイト組織の生成しやすさを表す指標である。一般に焼入れ性に大きな影響を与える元素は炭素（C）であり、次にボロン（B）、Mn、Mo、Crの順となる。そこで、大きな質量をもつ材料であっても焼入れ性の向上する合金元素を添加して、硬度が高く靱性の高い材料を熱間用工具鋼などに使用されている。

また、ジョミニー試験（一端を冷却し焼入れの深さを測定する）で焼きの入るサイズが大きくなることは、焼入れ性が良いことになり、なおかつ冷却速度が遅くてもマルテンサイト組織が生成することである。また、不完全焼入れの状態で炭素鋼、合金工具鋼として使用した場合は、操業過程での品質安定性が著しく低下する。

▶ 4.4.5 脱炭層

脱炭層とは、大気熱処理や塩浴焼入れや大気焼戻しに発生する酸化物の形成に伴う異常層をいう。処理後、硬さを測定すると指定硬さの部分と非常に軟化した部分が存在する。変形、硬さ不良や割れなどの現象は、表面の酸化膜の除去不良が原因となることが多い。大気加熱を行うと表面には酸化物が形成するが、機械加工時に酸化物の除去量が少ないと軟化部分が存在して硬さが低下する。

なお、熱処理時に起こる表面の硬さの違いはそれ以外に、炉内に挿入時に材料が密着した状態で処理を行うと、表面と密着部の冷却速度の違いに起因して硬さが低下することがあるので、各材料は均一な加熱-冷却が可能なセットの仕方や方法を取る必要がある。また、材料（製品）の水冷冷却過程における動かし方が不安定な場合、気泡が付着すると熱伝導が異なり、硬さの変化が起こる。

第 4 章　熱処理

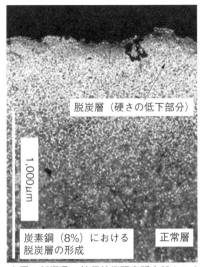
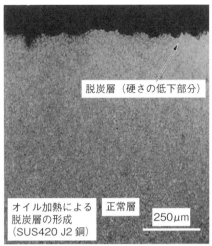

出展：新潟県工技行技術研究所中越センター報告

図 4.20　脱炭層の顕微鏡観察

　図 4.20 は、炭素鋼およびステンレス鋼を大気加熱した時の脱炭層（エッチングされず白色の状態に見える）の組織を示す。この層の存在は表面の硬さが低下する以外に変形や割れの起点にもなるので、硬さ測定には酸化物を除去して測定することが必要になる。

▶ 4.4.6　熱処理炉内への設置問題

　熱処理時には炉内への材料の設置方法、装置の条件、温度管理、計器類の日常管理などを考慮して行う必要がある[2)、4)]。

　一例として図 4.21 に炉内の測温方法の良否の事例を示す。熱処理時の温度管理は最重要項目であり、測温方法、熱電対の精度維持、品質管理を時々検査して行う必要がある。温度の測温方法は極力、材料の近傍や炉内の中心部の温度が測定できる挿入方法を取ることが必要である。悪い例としては、ヒータ近傍や材料から離れた場所に設置すると材料の精度良い温度が得られない。これらの精度維持には日常検査や管理項目の確認、測定機器の検査を作業員に義務化する訓練や教育が必要になる。

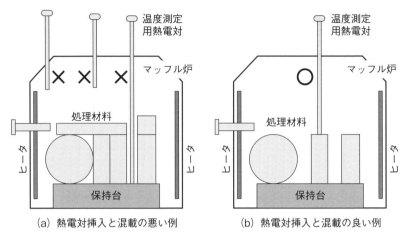

図 4.21 炉内の温度計（熱電対）設置方法と材料の保持方法

　焼きなまし時に起こる問題点としては、通常の金型材料は焼きなまし材料を機械加工後、焼入れ-焼戻し処理を行うことが一般的であるが、繰返しの熱処理を行う場合は必ず焼きなましを施し、その後に焼入れ処理を行う必要があり、省くと焼入れ時に焼割れのトラブルを起こす。

　また、焼きなまし処理は、鍛造、機械加工、放電加工、溶接により金型材料の加工応力除去を行う目的も含まれている。残留応力の除去と焼きなまし処理温度の関係からは、450℃では500 MPa程度の残留応力が存在しても、600℃で行うと40～50 MPa程度に低下して安定な組織に変換できる。また、焼きなまし処理は各種の不安定な処理により発生した金属組織を安定な結晶組織にする効果もある。

　なお、焼きなましや焼戻し処理と材料中に存在する残留オーステナイトの解放効果は高温焼戻しが有利であり、250℃程度の焼戻し処理によるひずみ開放や残留オーステナイトの消失は非常に少なく、500～600℃近傍の温度ではほとんど消失する。

　図4.22は、プラスチック成形用ステンレス鋼（金型）に使用するSUS420J2材料の熱処理時、炉内設置方法のミス（同一の矩形板材材料を密着させて熱処理を行う）による割れの発生や耐食性の劣化事例を示す。割れの発生は、冷却孔が材料の端面に非常に近い位置に加工されたことが原因に

第 4 章　熱処理

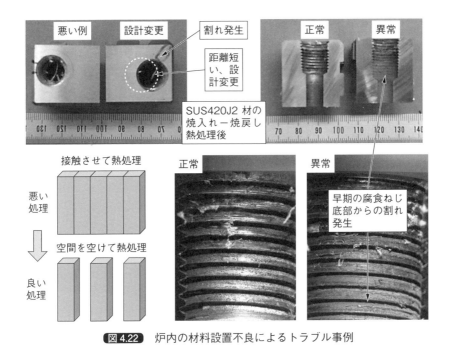

図 4.22　炉内の材料設置不良によるトラブル事例

なる。また、耐食性の低下は、金型材料を密着して処理したことによる中間材料の冷却速度の低下により初晶炭化物の析出や Cr 元素の粒界析出に伴う生地の耐食性の低下が原因として起こる。

このようなトラブルは熱処理直後の段階では認められず、操業過程の初期段階で割れ（応力腐食割れ）の発生や水冷孔の腐食によることが多い。材料の設置方法や質量の大きいものとの混載、密着させた処理など炉内への材料の設置方法のミスが大きな原因である。

▶ 4.4.7　表面の酸化と脱炭

鉄鋼材料の熱処理の場合、高温まで材料を加熱されることが多く、加熱炉内の雰囲気と反応する時に形成される変質層（異常層）は酸化層と脱炭層がある。燃焼炉の場合は火炎ガスを使用し、電気炉の場合は空気、ソルトバスの場合は溶融ソルトと材料表面の反応が起こる。これらの反応の結果、熱処理後の工具鋼表面に酸化層や脱炭層が形成する[7]、[8]、[9]。

鋼と酸素ガスとの反応では $2Fe+O_2=2FeO$、炭酸ガスとの反応で $Fe+CO_2=FeO+CO$、水蒸気との反応で $Fe+H_2O=FeO+H_2$ などにより酸化鉄および酸化スケールが表面に形成する。この場合、加熱温度が高いほど保持時間が長いほど酸化物厚さは増加する。

また、脱炭は炭素系鋼材中の炭素が酸化される時に起こる現象であり、変態点以下の加熱では、

$2Fe_3C+O_2=6Fe+2CO$

$Fe_3C+CO_2=3Fe+2CO$

$Fe_3C+2H_2=3Fe+CH_4$

の反応により起こる。変態点以上の加熱では、オーステナイト中に固溶している炭素との反応で、

$2Fe\gamma(C)+O_2=2Fe\gamma+2CO$

$Fe\gamma(C)+CO_2=Fe\gamma+2CO$

$Fe\gamma(C)+2H_2=Fe\gamma+CH_4$

の反応が起こる。

一般には、酸化と脱炭は同時に起こることが多いが、酸化速度が脱炭速度より速ければ材料表面には酸化スケールが形成され、その直下では脱炭されずに正常の組織になる。通常は脱炭反応が酸化反応に比べ速いので、表面の炭素量は低下してフェライト状の白色組織を呈する。また、工具鋼を高温で長時間加熱される鍛造型やダイカスト型などには内部に粒界酸化現象が認められる。

なお、脱炭の増減は材料の成分にもよるが、Crは脱炭の進行をCr酸化膜の形成により遅延・防止でき、Si、W、Mo、Vなどは脱炭を促進させる作用を持つ。

▶ 4.4.8 硬さ不良

工具鋼の硬さ変化は熱処理時の冷却速度の違い、および脱炭や酸化により起こる現象である。表4.3に硬さ不良の原因とその対策について示す[12)、13)]。

▶ 4.4.9 熱処理時の変形・変寸

熱処理変形の発生は、工具鋼を焼入れした後、冷却する過程での不均一冷

表 4.3 硬さ不良の原因と対策 [12)、13)]

原　因	作業因子	対　策
加熱温度の低下 （焼入れ、焼戻し処理）	温度設定ミス（指示温度低すぎ）	
	温度管理ミス（熱電対劣化、挿入方法の不十分）	
	焼むら（挿入量、挿入法、方法不十分、材料間隔不良）	均一加熱可能な適正間隔、挿入材料の適正化
加熱温度の高すぎ （焼入れ-焼戻し処理）	温度設定ミス（指示温度高すぎ）	
	温度管理ミス（熱電対劣化、挿入方法のミス、挿入量）	材料の中心位置に挿入 材料温度の測定
冷却不十分	タイムラグ長い（炉出し-焼入れ液挿入までの時間）	取出し方法合理化、炉間、設備レイアウト修正
	冷却方法の選択ミス	
	スケール、ソルト付着（大気、ソルト加熱の時）	酸化防止剤塗布、雰囲気炉、ソルト迅速除去
	液温の管理、攪拌不十分	油温；60〜80℃、水温 30℃、攪拌装置
	液中から引上げ温度高すぎ	Ms+50℃くらいで引き上げ
焼戻し温度が高い	Ms 近傍で焼戻し	焼割れを生じない程度に温度低下、通常 30〜80℃
脱炭	素材の脱炭層残存、焼入れ加熱による脱炭（大気、過熱）	最終削り層の均一除去、雰囲気またはソルト加熱
異材	前工程、熱処理工程での混入	作業記録表の管理（記録保存）

却により起こる現象である。

図 4.23 は熱処理変形の事例を示す。なお、焼入れ-焼戻し時には変態に伴う膨張や熱収縮が複合的に発生して材料の形状が複雑に変化する。また、材料は長さ、幅、厚さ方向は熱処理後に寸法が変化する。この変化の状態は各鋼材メーカーのカタログにより示されているが、焼入れ前の許容寸法（取り代）値はメーカーのガイドライン（長手方向に対しての取り代は 0.1〜0.3 % 程度）として提示している。しかし、極端に取り代が少ない状態で焼入れ-焼戻し処理を行うと処理後に大きな収縮が起こり材料が使用できなくなる危険性がある。

表 4.4 に熱処理ひずみの防止方法と対策について示す[12)、13)]。

材 質	SKD61、サイズ：平鋼、厚さ 20×幅 150×長さ 2,000 mm
硬 さ	指定硬さ：不明
問題点	クレームは、熱処理後、曲がり測定（規格は 1 mm 以内）したところ 3 mm 曲がった。通風冷却が一方向で通風面が裏面に比べ早く冷却して曲がり発生。
対 策	処理材の回転させる方法を取る。冷却時の衝風を遮断できるボックス内で冷却する方法を取る。 熱処理変形は非常に難しく、経験的なデータの積み重ねが必要
熱処理状態	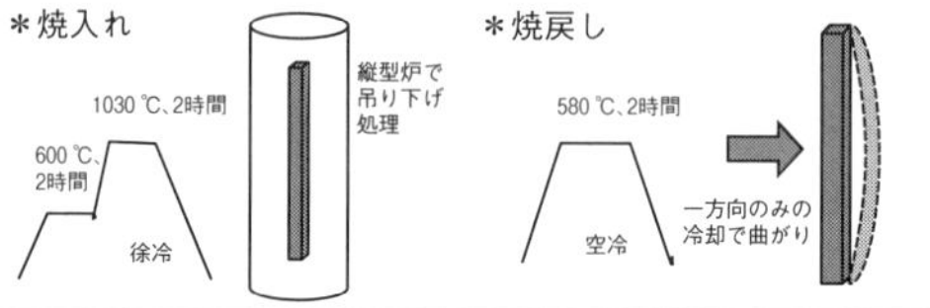 ＊焼入れ　1030 ℃, 2時間　600 ℃, 2時間　徐冷　縦型炉で吊り下げ処理　＊焼戻し　580 ℃, 2時間　空冷　一方向のみの冷却で曲がり

図 4.23 熱処理変形の事例 [13]

表 4.4 熱処理ひずみ防止のポイント [12]、[13]

対 策 法	作業の考え方	具 体 策
材質の改善	① 焼入れ性の良い材料の使用、冷却速度の緩和による熱ひずみの低減 ② 材料取り方法の検討 ③ プレハードン鋼の選択、適用	① 焼入れ性の良い材料の選択 　例：SK → SKS、SKS → SKD ② 材料の方向確認、材料取り選択 ③ マルエージング、析出硬化型鋼
前処理の改善	① 素材の内部応力の除去 ② 加工応力の除去	① 素材の調質（40 HRC 程度、プラスチック型、ダイカスト型） ② 荒加工後のひずみ取り焼きなまし処理の実施
形状の改善	① 均一加熱が可能な肉厚、変動を小さくする。 ② 長尺のように曲がりやすい物は分割する。	① 対象形状にして熱処理後加工 ② 熱処理前に分割し、後加工で組合せを行う
熱処理条件の検討	ひずみ発生の少ない熱処理条件の選択	① 特性を満たす範囲で焼入れ温度を低くする ② 部分的な硬さ要求の場合はソルトやフレーム焼入れ実施
加熱冷却方法の改善	① 均一加熱とダレ防止 ② 徐加熱の採用 ③ プレスクエンチの採用 ④ 均一冷却の実施 ⑤ マルテンパーの採用	① 　a) 部品間隔、対流熱位置、支持方法対策 　b) 温度分布確認、有効域内で加熱処理 ② 適正な予熱、できるだけ徐々に加熱 ③ 形状に見合った治具を使用、Ms 点近傍を使用 ④ 　a) 冷却の流れは均一実施 　b) 臨界冷却速度領域内でゆるい条件を選択 　c) 薄肉部はグラスウール、SUS フォイルなどで保温効果確保、保護。厚肉部は衝風冷却実施 ⑤ 適正な熱浴温度、時間の検討

▶ 4.4.10 焼割れ

割れの現象は、熱処理過程で発生した応力やひずみが塑性変形域以上の応力に達した時に起こる。材料の焼入れ操作における冷却時に発生した熱応力と変態応力の相互作用により起こる現象で、変形や変寸の現象に非常に類似している。

この現象は単に熱処理方法の問題でばかりでなく、処理品の厚肉と薄肉の肉厚差、異形状やコーナR径の大きさ、および冷却部の保護状態の不完全性なども割れの発生の原因になる。また、焼入れ直後の数時間か数日後に割れが起こる現象は、残留オーステナイトのマルテンサイト変態に伴う表面と内部の温度差が原因で起こる。

これらの防止策として、熱処理の冷却過程での内外の冷却温度差の最小化がある。材料の性能を極力低下させない範囲で低い冷却速度を選択させることが割れ防止には良い。

図 4.24 は焼割れの事例を示す。また、**表 4.5** に焼割れ防止対策についての各要因を示す[12)、13)]。

炭素合金鋼や工具鋼の場合は焼入れ後にマルテンサイト組織に変化するが、一部組織中に存在する残留オーステナイトが「加工誘起マルテンサイト変態」により膨張する過程で変形や割れを誘発させることもある。この現象は、

材　質	SKS3（打抜き型） サイズ：厚さ15×幅70×長さ80 mm（圧延材）
硬　さ	指定硬さ：HS80±2≒66±2HRC
問題点	熱処理後、抜き型に使用したが、凹型コーナRから割れが発生した。ミクロ組織観察、表面から、0.3 mm脱炭層、研削焼け層が認められ、硬さが低下。材料は大気加熱実施
対　策	原因は、①熱処理後の脱炭、②研削焼け、③凹部のコーナRの鋭利形状。 加熱はソルトか雰囲気加熱実施。研削条件選択、砥石ドレッシング実施、金型形状の設計変更が必要。
熱処理状態	＊焼入れ 　850℃、15分　600℃、0.5時間　油冷　　＊焼戻し 　300℃、3時間　空冷

図 4.24 脱炭の事例[12)、13)]

表4.5 焼割れ原因と対策 [12]、[13]

原　因	作　業　因　子	対　策
形状不具合	コーナR、刻印、孔位置などの偏肉、薄肉	丸み、捨て穴、グラスウール保護
過熱	熱電対劣化、材料挿入方法	熱電対管理、熱電対挿入位置
脱炭	過熱、大気加熱、素材脱炭層残存	雰囲気加熱、ソルト加熱、最小削り代確保
冷却不十分	冷却条件選定ミス	焼入れ性を阻害しない程度に遅く均一冷却
	過冷 ① 攪拌中止、温度低すぎ ② 液中からの引き上げ低すぎ ③ 焼戻し時の素材温度低過ぎ	臨界域を過ぎたら中止 Ms＋50℃で引き上げ 冷やしきらぬこと 30～80℃で焼戻しに移行
焼戻し不良	① 焼戻し時期は早過ぎ ② 焼戻し加熱時急熱 ③ 焼戻し時急冷	焼戻し徐冷、追加焼戻し 焼戻し徐冷 焼戻し徐冷（特に第1回目）
素材ミクロ組織不良	球状化不十分、炭化物、偏析存在	焼きならし、球状化焼きなまし実施

　焼入れ時の冷却過程における表面と内部との不均一冷却、熱ひずみ、変態ひずみおよび変態時期のずれによる変形挙動が重畳して起こる。

　また、試験片のような小さい材料では形状が単純でサイズも小さいことから、焼入れ-焼戻し処理での温度差はほとんどなく問題は少ないが、実際の構造用鋼、炭素工具鋼や工具鋼は大型で複雑形状をもつことから不均一冷却が避けて通れない問題があり、これらの処理技術を処理メーカーや技術者がいかに蓄積するかにより鋼材の品質は変化する。

　なお、寸法変化に関わる要因としては、熱処理時における熱履歴による膨張、収縮の挙動やマルテンサイト変態量、残留オーステナイト量の残存が大きく関係している。熱応力と変態応力の材料の変形は、熱ひずみでは「ツヅミ型の変形」、変態ひずみでは「タイコ（膨張）型の変形」が発生し、合成された形態により形状変化が決まる。なお、残留オーステナイト（γR）＝1％の変態は、0.010～0.015％の伸びが発生する。このような対策としては、超サブゼロ（－196℃）、サブゼロ、応力解放、ひずみ取り熱処理、高温焼戻し、安定化処理（400～450℃の低温処理）、均一厚さや形状の確保・維持などが有効になる。

参 考 文 献

1) UDDEHOLM 技術資料（2010）
2) 大和久重雄：熱処理ノート第2版、日刊工業新聞社（2005）
3) JIS ハンドブック鉄鋼 I（2014）
4) 大和久重雄：熱処理のおはなし、日本規格協会（2003）
5) 大和久重雄：鋼のおはなし、日本規格協会（2004）
6) 安部秀夫：金属組識学序論、コロナ社（1970）
7) K.E.Thekning：Steel and its Heat Treatment、Cox-Wyman Ltd.（1975）
8) ハザロフ著、大和久重雄訳：熱処理技術、アグネ（1969）
9) NADCA：Product ＃ 207（1997）
10) （社）熱処理技術協会：「クライオ処理（C・T）研究成果報告」（2001）
11) 日原政彦、他：日本ダイカスト会議（2016）
12) 特殊鋼ガイド編集委員会編：特殊鋼ガイド、第4編「熱処理」（1994）
13) 特殊鋼ガイド編集委員会編：特殊鋼ガイド、第5編「特性と事故例」（1979）

第5章

表面処理・表面改質

　機械構造用鋼や工具鋼への表面処理は耐摩耗性の向上に有効な特性を発揮でき、拡散系の浸炭、窒化、浸硫窒化、酸化処理が行われてきた。これらの処理が熱的に負荷される工具鋼などにも適用され、その有効性が認められてきている。また、硬質皮膜処理の安定性、機能性向上、汎用性が高まり、素材の特性を損なわず新たな有効な機能を発現する処理が確立されてきた。
　本章では、構造用鋼や工具鋼に各種の表面処理を適用した時に機能性や品質向上に寄与するための各表面処理層の特性ならびに適用技術について拡散系表面処理と硬質皮膜処理の諸特性を述べる。

5.1 表面処理の概要

▶ 5.1.1 表面処理、表面改質とは

　表面処理技術は装飾性、防食性、機械的特性および電気的特性などが求められる。一般的には浸炭、窒化、電気めっき、溶融塩めっきなどが構造材料・部品の表面に施され機能性や特性向上を目的に広く使用されている。

　表面処理とは、英語で Surface Treatment、Surface finishing といい、金属材料に対しては Metal finishing と表現している。これらの表面技術（Surface Technology）には表面改質（Surface Modification）および表面改質技術（Surface Modification Technology）などが含まれている。表面処理の考え方は下記のように言われているが、現在でも名称の使用方法については明確な使い分けがされていないようであり、この技術は熱処理技術の分野に含まれている（参考に JIS H0211 の 1001 に表面処理、JIS H0221 の 1002 に表面改質の定義が述べられている）[1), 2), 3)]。

　「表面処理」とは、基材の機能を損なわずに浸炭、窒化処理、浸硫窒化処理、酸化処理、硬質皮膜処理（PVD、CVD、PCVD）などを基材（材料・金型）の表面に形成させて、耐摩耗性、耐食性、鏡面性、伝導性、防眩性などの機能を改善・向上させる手法である。

　「表面改質」とは、基材表面に熱エネルギー、応力などを付加して、傾斜合金的組成の形成や複合化による新たな機能性のある特性や基材とは異なる組成層を形成する手法である。これらの処理法には浸炭、窒化、ピーニング、電子ビーム、レーザ、放電加工などがあり、新たな処理を適用して機能性のある層を形成させる手法である。

　近年では従来の技術に新たな機能性の発現、適用領域の拡大、処理層の特性改善や付加価値の高い機能性処理などの研究開発が進んでいる。さらに電子部品産業の高機能化に貢献した PVD、CVD、PCVD、TRD（TD）処理などは構造材料、金型、機械部品への安定な適用が可能となり、新たな技術

分野として表面処理技術の進展を支えている。

なお、表面処理技術は、材料本来の特性だけでは目的とする構造物に充分な性能や機能を発揮できない場合に相互補完的な役割として各種の材料表面に適用されてきている。

▶ 5.1.2　表面処理および表面改質の要求特性

表面処理や改質方法には下記の形態がある。

① 基材の表面を変化させ目的とする特性が発現した表面を形成する方法。例えば、表面にガス成分を拡散形成させて新たな表面特性を発現させるためにガス・イオンと基材との反応により改質層（化合物層、拡散層）を形成させる方法である。

② 基材の表面を変化させないで他の物質を被覆して目的の表面を形成する方法。例えば、生地とは異質の成分や組成をもつ皮膜や形成層（めっき、PVD、CVD、溶射など）を存在させる方法。

③ ①と②を複合化させる方法。

これらの処理方法は材料の要求特性（耐摩耗性、耐食性、高機能化、高寿命化、高負荷化、耐熱性など）を有効に発現させる。

表面処理に要求される特性には以下のようなものがある。

① 材料表面特性：表面の清浄度、結晶構造（配向性）、皮膜形成メカニズム、表面粗さ、残留応力など

② 機械的特性：硬さ、耐摩耗性（低摩擦係数）、潤滑性（保油性、低摩擦係数）、離型性、剛性、靭性、伸び、密着性、耐スクラッチ性など

③ 電気的特性：電導性、導波性（高周波、マイクロ波、ミリ波）、抵抗特性、接点特性、磁性、電磁波遮蔽性、静電特性など

④ 光学特性：光沢度（鏡面、半光沢、梨地）、光耐候性（光変色性）、光反射率、光選択性、光触媒性、光電効果、光透過性など

⑤ 熱的特性：耐熱性、熱伝導性、熱吸収性、熱反射性、断熱性、耐酸化性など

⑥ 物理的特性：接着性（ボンデング性、はんだ付け性、ろう付け性、超音波接合性、溶接性）、多孔性、防塵性、親水性、撥水性、アンカー効果、密着性など

⑦ 化学的特性：耐薬品性、汚染防止性、抗菌性（殺菌性）、耐食性（防錆性）、化学反応性、生体融和性、化学触媒性、難燃性、化学吸着性など

⑧ 装飾性：色調（色合い）、模様（梨地、ヘアーライン）、光沢など

各種の表面処理・改質法は、従来から機械構造部品、機能部品、電気・電子部品、自動車部品などの摺動部の耐摩耗性や耐食性の要求を満たすために適用されることが多かった。しかし、近年の表面処理法および改質法は技術の進歩に伴い従来の構造物や部品に限らず構造用鋼、炭素工具鋼、各種の工具鋼の高機能・高精度化、品質安定化の目的にも適用され、その性能向上に大きく貢献している。また、工具鋼などへの要求は得られる製品品質のレベルが高くなり、その安定化には表面処理や改質手法が応用され新たな応用領域が広がっている。中でも、超微細形状、超鏡面性の高いプラスチック成形用金型，軽量化・省燃費化に伴う自動車用ボディ鋼板（ハイテン材：High Tensile Strength steel）、成形用冷間プレス金型および耐摩耗性の要求が高いガラス金型などと各種の部品製造に利用され、素材の安定性や品質の向上に大きく寄与している。これらの処理は素材の機能性発現のみならず操業安定性の維持や材料との相互補完による機能性の向上を目的として用いられることが多い。

表面処理には各種の処理方法があり、拡散のメカニズムを利用した処理（浸炭処理、窒化処理，浸硫窒化処理など）と物理的・化学的蒸着法を利用した皮膜処理（PVD、CVD、PCVD、TRDなど）および通常のめっき処理やレーザ、溶射などの溶融・凝固作用を利用した方法など広い技術領域が含まれる。

表5.1は、鉄鋼材料に表面処理を適用する時の成形過程と表面処理・改質の技術的手法やメカニズムを示す。各種の表面処理・改質は材料表面とのガスやイオン化により反応生成物（拡散層、金属間化合物層）を形成する方法、局部的・部分的溶融による異種組成層の形成、および固相接合や塑性加工による方法に分類できる。金属学的原理を応用して表面に形成する方法が表面処理や改質における手法であるが、近年では各種の技術の単独な機能ではなく技術を相互融合した複合技術も発展している。

また、構造用鋼、炭素工具鋼および金型に使用する工具鋼などは寿命の安定化、操業トラブルの削減、製品の高硬度化や過酷な操業条件下における安

表5.1 基材と表面処理・改質手法

基材・成形過程	処理方法
金属(固体)→ガス、イオン→固体表面反応(イオン・ガス化学変化、プラズマ)→化合物層形成、拡散層形成	窒化処理(元素の拡散メカニズムを利用)、PVD、CVD、PCVD、電気・無電解めっき
金属(固体)→部分的溶解→結合・化合物・皮膜形成	溶接、ろう付け、レーザ・電子ビーム、プラズマ溶射
金属(固体)→塑性加工・変形→結合および成形	固相接合、圧接、鍛接など ピーニング(粒子、高圧水)など

表5.2 表面処理のメリットとデメリット

メリット	デメリット
(1) 皮膜の特性は生地硬さの増加により安定。 (2) 複合処理により、生地と処理層間の特性を相互補完することが可能。 (3) PVD、CVD、PCVD皮膜などの耐食性、耐摩耗性、耐焼き付き性の向上。窒化処理傾斜組成層の形成により疲労強度向上、クラックの進展阻止や応力分散。 (4) 拡散系処理(窒化・浸硫窒化など)は、焼戻し温度域での処理のため変形が少ない。圧縮応力の付加による強度向上。ひずみの解放。	(1) 皮膜、化合物と生地との界面の密着性により処理層の性能は異なる。 (2) 皮膜の除去、再形成などのメンテナンスが難しい。 (3) 硬質皮膜は皮膜の種類により物理的特性が異なる。 (4) 硬質皮膜は処理単価が高く、剥離後の再処理経費も高い。 (5) 拡散系処理は処理温度以上の使用環境では、処理層が不安定、分解、剥離、膨れなどの欠陥が発生。

定化が求められることが多く、鉄鋼素材のままや単一な表面処理・改質では特性や過酷な要求性能が達成できることが難しい状況になっている。

　表面処理のメリットとデメリットの概要を**表5.2**に示す。窒化処理系、拡散系処理のメリットは、比較的高温度な処理が少なく、鉄鋼材料、構造用鋼や工具鋼における高温焼戻し温度域（450～600℃近傍）での処理が多いために処理品の変形や変寸が少ないこと、表面から拡散層における傾斜組成のために硬さが徐々に低下する形態を示し、皮膜のような生地と皮膜の剥離現象は少ないことである。また、処理温度、ガス圧、ガス組成により表面の化合物の形成が調整可能な利点があり、窒化処理においては繰返し処理も可能な方法もある。

　なお、硬質皮膜は皮膜自身に靱性、耐食性、耐摩耗性の特性をもち、健全性は生地硬さが高い場合が良好で安定な特性を得られるメリットがある。

　一方、デメリットとして、拡散系の処理は処理温度以上の使用において処理表面層が分解することや、化合物層の分解に伴う表面近傍の残留応力のバランスの崩れによる変形や割れ、変成が起こる。また、硬質皮膜処理の場合は再処理が面倒で難しい場合が多く、単価が高くなることがある。

5.2 鉄鋼材料への表面処理の種類と適合性

各種の表面処理の構造用鋼、機械部品および金型などへの適用は材料と表面処理層との相互補完的な機能が有効に発現することが重要であり、安定した性能を発揮するための要件になる。

図 5.1 は鉄鋼材料および素材と表面処理層との実用特性を発揮させるための諸要因を示す[3)、4)]。有効な機能性を発揮せるためには、表面層、界面、基材の特性および処理部の機械的・物理的特性、並びに境界部の安定化が大きく影響する。また、機械加工面の処理状況（表面粗さ、ツールマーク、加工段差など）も、その後に形成する処理層、皮膜やめっき層などの安定性に大きく影響を与える。

表面処理に伴い処理面や生地に応力が集中する場合および処理過程における残留オーステナイト量の存在は、各種の元素を添加した合金鋼（炭素合金

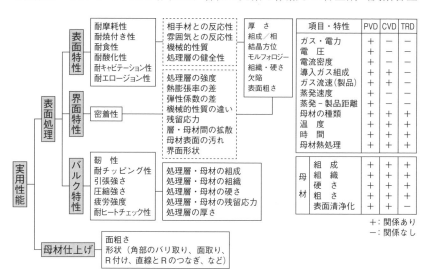

図 5.1 基材と表面処理層との諸要因[4)]

鋼、ベアリング鋼、工具鋼）において、稼働中の負荷応力や変動応力により加工誘起マルテンサイト変態を生じ、格子が膨張する過程で表面処理層や皮膜の破壊や変形などの事例も認められている。特に皮膜処理の場合は、皮膜の種類や組成にもよるが非常に薄く（1～10μm程度）、硬さは素材硬さと比較して非常に高い場合が多い（金属間化合物の形成が多い）ことから、生地との安定性は素材との剛性や密着性、皮膜の結晶性、成長方向および皮膜の靱性により変化する。

図 5.2 は、各種の低合金鋼、高炭素鋼、合金鋼、高速度鋼工具鋼などの熱処理温度域と表面処理温度との関係を示す。表面処理の場合、合金鋼や工具鋼における高温焼戻し温度域（400～600℃程度）で処理する場合と合金鋼や工具鋼の焼入れ温度域（高温域：1,000～1,150℃程度）で処理する場合の2種類の方法がある。

低温域の処理では処理後の材料の変形・変寸は比較的少ない。しかし、低温度域での表面処理においても鉄鋼材料の焼戻し温度以上に加熱して表面処理を行うと素材の焼戻し軟化が起こることから、通常の表面処理は処理する

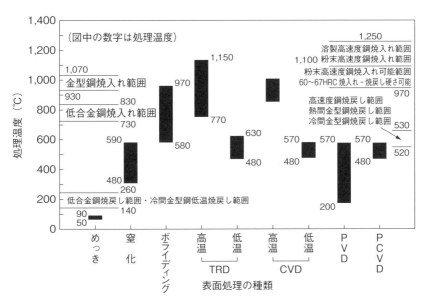

図 5.2 各鋼材の熱処理温度域と表面処理温度との関係

鋼材の焼入れ後の焼戻し温度より−50℃程度低い温度で処理することが必要になる。

一方、高温 TRD（TD）処理のように構造用鋼、特殊用途鋼や工具鋼などの焼入れ温度域での表面処理においては処理後に必ず素材の焼戻し処理が必要になり変形や変寸が大きくなるため、寸法精度の高い部品、構造物や工具鋼（金型）に対しては、硬さが高く容易に大きな寸法変化を修正することが難しくなることが多い。

表5.3 は、近年行われている表面処理および改質方法、処理温後、特性および美適用領域などを一括して示す[5]。使用される製品、部品の製造分野や材料の機能性および求められる要求特性が違うことから、各種の処理方法が開発されてきている。また、近年は耐候性を向上させる機能性めっきを機械構造物、橋梁、船、自動車に亜鉛めっき、亜鉛アルミめっきした機械構造用鋼板などが使われている。

ステンレス系鋼に窒化や拡散系の処理を行うと、生地中の Cr 成分が窒素と結合して生地の Cr 量が消耗し耐食性が低下する。プレス用工具鋼においては耐摩耗性を優先されることが多く、生地硬さの高い鋼種が求められるが、靭性と硬さの関係は、硬さが高くなれば靭性が低下し、チッピング（欠け、クラック発生）などの発生頻度は高くなる。熱間用工具鋼においては鍛造やダイカストに使用され、複雑な欠陥（クラック発生、溶融金属との反応）が発生することが多い。また、自動車鋼板用材料などには亜鉛めっき、亜鉛アルミめっき鋼板の利用による耐食性や耐摩耗性の改善が求められる。

図5.3 は、各鋼材（素材）と表面処理層の健全性を得るための表面処理層と生地との界面特性の概念図を示す。表面処理層の界面は、生地と表面処理層の密着性、熱膨張係数（率）の類似性、傾斜合金組成、中間層およびインサート材の特性などを考慮して、生地との親和性の高い表面処理の適用が必要になる。また、拡散系処理層、硬質皮膜の健全性や品質は基材と処理層（皮膜）の境界領域の反応性や健全性および析出形態に大きく影響され、化合物状態および皮膜の析出形態（モルフォロジー：Morphology）が柱状晶、層状晶、樹脂状晶、粒状晶などにより処理層および皮膜の物理的・機械的諸特性に大きく影響を与える場合が多い。

図5.4 は各鉄鋼材料の組織の硬さ、各、物質、成分による硬さの比較など

第5章 表面処理・表面改質

表5.3 各種の表面処理方法、特性、適用領域 [5)、6)、7)]

表面形成法	処理方法	処理名	表面組成	特性・機能	主たる適用領域・用途
気相法	拡散法	ガス窒化、プラズマ窒化・浸硫浸炭ー窒化、アルミナイズ	FeN、FeCFeS、FeO-C-N、TiAl、他	※機械的特性・化学的特性；耐食性、耐摩耗性、耐ヒートチェック性、耐溶損性、硬さ、離型性、耐酸化性	各種金型、機械部品摺動部、ステンレス、自動車部品（ピストンリング、クランクシャフトなど）、航空機部品、電子部品、他
	表面反応法	酸化処理、ホモ・水蒸気処理	Fc_3O_4	※機械的特性、防食性、耐摩耗性、耐食性、耐溶損性	各種金型、機械部品、防食部品、建築材、橋梁、船舶、他
溶液法	電解析出法 めっき法	無電解法、化成処理、クロム、複合めっき	Cu、Au、Fe、Ni、Ti、Al、Mg、Cr、Zn、他	※機械的・化学的・光学的特性；耐食性、耐摩耗性、加飾性	各種金型、プリント基板、コネクター、食品器具、導電性部品、電子部品、プラスチック、軸受、他
	窒化法	塩浴窒化、塩浴浸硫窒化	FeN、FeS、FeO-C-N	※機械的特性硬さ、耐摩耗性、耐ヒートチェック性	各種金型、自動車部品、機械部品、航空機部品、船舶部品、他
	ボロナイズ法	ホウ化処理、浸ボロン	FeB、TiB、CoB	※機械的・化学的特性；耐食・耐摩耗性、耐熱性	各種金型、耐摩耗性、機械部品、ステンレス、他
溶融塩法	TRDプロセス、クロム浸透法	VC処理 クロム処理	VC、NbC、Cr(C, N)	※機械的・化学的特性；加飾性、耐食性、硬さ	各種金型、耐摩耗性、機械部品、航空機部品、他
蒸着法	PVD法	真空蒸着、イオンプレーティング、スパッタリング	TiN、CrN、BN、Al_2O_3、TiC、DLC、SiC、他	※機械的・熱的・電気的・光学的・生物的・化学的・着色特性；耐食性、耐摩耗性、耐食性、加飾性、熱吸収性、反射防止、寸法精度、密着性、伝導性、絶縁性、他	電気・電子部品、各種金型、機械部品、光学機器、レンズ、自動車部品、包丁、耐火material、時計、眼鏡、プリント基板、リードフレーム、IC基板、切削工具、接点、磁気テープ、プラスチック、耐熱材、航空機部品、生体適用材料、他
	CVD法	熱・レーザ・光	TiC、TiN、WC、他		
	PCVD法	プラズマ	FeN、TiAl、Al_2O_3、TiAlN、他		
溶融法	溶射・溶着法	フレーム、プラズマ、減圧、連続爆発溶射	NiCr、WC-Co、TiO、NiAl、Al_2O_3-TiO_2	※機械的・熱的・化学的特性；耐食性、耐摩耗性、耐熱性、熱衝撃性	プラスチック・紙・ガラスの被覆、各種金型、航空機タービン、肉盛、他
	溶接法	TIG、MIG、アーク	Fe、SUS、Ni、Co、他	※機械的・化学的特性；耐食性、耐摩耗性	クラッド・複合処理、他
	放電法	粉末放電、着色	SiO、TiC、WC、TiO	※機械的・着色特性；鏡面性、加飾性、耐食性	金型加工、鏡面・チタンの着色、他
表面焼入れ法	高周波・火炎法	焼入れ	マルテンサイト組織	※機械的特性；硬さ、耐疲労	自動車、各種部品の焼入れ、他
	レーザ法	焼入れ、改質	マルテンサイト組織	※機械的・化学的特性；耐摩耗性、加飾性、耐食性、硬さ	航空機、自動車、鏡面材、光センサ、他
	電子ビーム法	クラッド、焼入れ、改質	Ti+Fe、CrC、TiO	※機械的・化学的特性；耐摩耗性、耐食性	航空機、自動車、原子力、他
その他	機械的処理法	ショットピーニング、加工硬化、研磨	マルテンサイト組織	※機械的・化学的特性；潤滑性、耐応力腐食、硬さ、耐摩耗性、耐疲労、鏡面性	自動車、機械部品、金型、航空機、歯車、ばね、他
	熱処理法	応力除去、めっき熱処理	めっきと基材との複合層	※機械的・化学的特性・応力除去特性；複合法、耐疲労、他	機械部品、構造材料、複合材料、他
	特殊被覆法	化学緻密化法、ゾルーゲル法、塗装	SiO_2、TiO_2、$BaTiO_3$、他	※電気・磁気・光学・化学・機械・生物的特性；導電性、絶縁性、耐薬品性、耐環境性、耐候性、耐熱性、発水性、他	理化機器、耐食材料、プラスチック、耐熱材、木材、自動車、建築物、一般機械、缶内面保護、フォトレジスト、電着、フィルター、他

を示す。皮膜と組織の安定性、相互の摩耗性の関係などを検討する場合には各成分の硬さを比較することにより最適な組合せが可能となる。

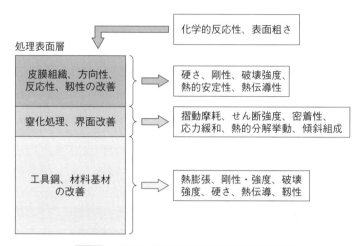

図5.3 素材と表面処理層間の境界面の特性

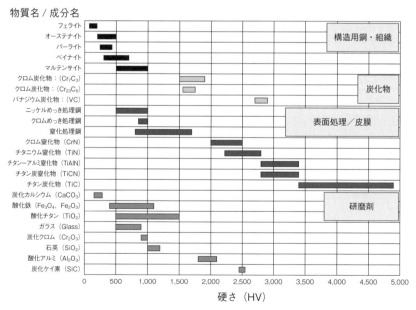

図5.4 各素材と鉄鋼材料の組織、成分、皮膜の硬さ比較

5.3 拡散系処理

▶ 5.3.1 浸炭・浸炭窒化処理

浸炭処理や浸炭窒化処理は鋼の耐摩耗性を向上させる目的で構造材料や部品の表面に行うことが多い。また、浸炭処理と同時に窒化処理を行う複合処理が浸炭窒化である。鋼に浸炭処理を行う場合、生地は靱性や延性に富む状態で表面の領域に炭素を拡散浸透させて硬さを高めて耐摩耗性を向上させる[3, 8]。

浸炭処理方法には、ガス浸炭、固体浸炭、塩浴浸炭、真空浸炭、プラズマ浸炭などがある。表 5.4 に浸炭・浸炭窒化処理の種類と特徴を示す。

ガス浸炭法は、RX ガス(変成ガス:メタン、プロパン、ブタンガスと酸化性ガスの空気や酸素を炉内で反応させ浸炭処理を行う)の反応により鋼の表面に浸炭層を形成する方法、および真空炉引き、作動ガス(CH_4、C_3H_8 または N_2、NH_3 ガス)を流入してグロー放電によりプラズマ環境下で炭素イオンや窒素イオンにより材料に浸炭層や窒化層が形成する方法である。この処理は、鋼の表面に高濃度(約 2.0 %)の炭素を浸透拡散させ、微細セメンタイト層が形成し生地に比べ硬さの増加により耐摩耗性を向上させる方法である。

各浸炭処理方法では形成成分、硬化層の形態が異なるが、有効浸炭層深さが鋼種により規定されている。有効浸炭層深さは JIS により測定方法[1] が規定されている。プラズマ浸炭処理は浸炭と同時に窒化処理も可能になる。

プラズマ浸炭法について、ガス浸炭や真空浸炭などと比較した特徴を下記に示す。

① 粒界酸化がない(浸炭異常層が少ない)。
② 表面の光輝処理が可能(後処理が必要なく、処理のままで部品として使用可能)。
③ 炭素濃度で処理可能(安定操業とコストの低減化)。
④ 浸炭層が均一(処理層のバラツキが少ない)。

表5.4 浸炭・浸炭窒化処理の種類と特徴

処理方法		反応物質・反応形態・特徴	
固体浸炭		「反応物質」：木炭＋促進剤（$BaCO_3$、Na_2CO_3 など） 「反応形態」：$C+O_2 \Rightarrow CO_2$、$C+Co_2 \Leftrightarrow 2CO$（活性化炭素） $Fe+2CO \Rightarrow [Fe-C]+CO_2$ による反応。 鋼と木炭を主成分とする浸炭剤を耐熱容器（浸炭容器）中で加熱する方法。$BaCO_3$、Na_2CO_3 を 20〜30％混ぜて処理する。	
液体浸炭		「反応物質」：塩浴（$NaCN+Na_2CO_3+NaCl$ など）。 「反応形態」：ガス炉、重油炉で処理。シアン化ソーダ、またはシアン化カリを主成分とする塩浴中（900℃）で処理する。炭素と同時に窒素も浸透拡散するために炭窒化処理になる。シアンを含まない液体浸炭も開発されている。	
ガス浸炭		天然ガス、都市ガス、プロパン、ブタンガスなどの変性した浸炭性ガス・液滴により発生した浸炭性ガスを加熱した炉内で反応させ、炭素の浸透拡散を行う処理法。電気炉、雰囲気炉、真空炉などを使用して処理する。	
	変性ガス法	CH_8+空気、$C_4H_{10}+$空気 など	電気炉
	分解ガス法	CH_3OH、灯油 など	－
	窒素ベース法	$N_2+CH_4+CO_2$、N_2+CH_3OH など	電気炉（雰囲気炉）
	直接浸炭法	$C_3H_8+CO_2$、$C_4H_{10}+CO_2$	－
	真空浸炭法	$C_3H_8、C_4H_{10}、C_2H_2$ など	真空炉、電気炉（プラズマ浸炭はイオン浸炭ともいう）
	プラズマ浸炭法		

⑤ 浸炭速度が速い（低温処理可能、細粒化、ひずみが少ない）。
⑥ 高濃度浸炭も可能（炭化物分散硬化）。
⑦ 複合浸炭が可能（浸炭窒化処理）。
⑧ 難浸炭材の処理も可能（SUS、非磁性鋼、高 Mn 鋼）。
⑨ 防浸炭処理が容易（めっきなどの前処理不要、低コスト化）など。

これらの利点により、機械部品、構造材料、自動車部品、建設機械部品、粉末部品、印刷機械ロール、ギア、ピニオン、シャフトなど多くの機械構造用製品や素材、材料部材に処理されている。

低炭素鋼（通常肌焼鋼）における浸炭処理は鉄-炭素系状態図からすでに明確なように、材料の表面に炭素（C）を濃化させた後に焼入れして表面を

硬化させる処理であることから、生地は軟らかく靱性や延性に富み、表面部の硬さを高くして耐摩耗性の向上を得る目的で処理を行う。よって実際の処理は、状態図の A_1 変態点以上（オーステナイト領域）の温度に加熱すると浸炭が促進される。炭素が生地中に拡散され、その後、焼入れ処理と同様な操作で急冷することにより高い硬さが得られる。

一般的なガス浸炭処理の反応形態は下記のようになる。

$2CO \leftrightarrows [C] + CO_2$

$CO + H_2 \leftrightarrows [C] + H_2O$

$CO \leftrightarrows [C] + 1/2O_2$

$CH_4 \leftrightarrows [C] + 2H_2$

[C]：鋼中の炭素を示す。

なお、CO 反応や CH_4 だけの反応は平衡状態では遅くなり、水素の存在は CO の反応を加速させることが知られている。浸炭処理は下記の主たる反応により形成されるが、詳細は各文献により報告されているので参照していただきたい。

$2CO \leftrightarrows [C] + CO_2 + CO_2 + H_2 \leftrightarrows [C] + H_2O$

また、浸炭処理後における硬化層の評価は JIS G 0557[1]「鋼の浸炭効果層深さ測定方法」に規定され、HV550（焼入れのままか、200 ℃を超えない温度での焼戻し後の硬化層の限界硬さ）までの距離と規定している。

▶ 5.3.2　窒化・浸硫窒化処理

機械構造用鋼、特殊用途鋼、炭素合金鋼や工具鋼への窒化および浸硫窒化処理は、表面に窒素化合物（窒化物）や硫黄化合物（硫化物）が形成し、その直下に拡散層の存在する処理形態を取る。一般的には処理材の表面の耐摩耗性向上に用いられることが多い。また、近年では各種の金型にも耐摩耗性、耐食性や熱疲労特性の効果が認められ、冷間用、プラスチック用、熱間用金型にも適用されている[7],[8]~[11]。

窒化処理などの処理方法は、**表 5.5** に示すようにガスの熱分解反応（アンモニア、NH_3）およびプラズマ（流入ガスとして N_2 および H_2 ガスを使用してイオン化）を形成させる。この処理により工具鋼表面に形成する化合物は $\gamma - Fe_4N$ および $\varepsilon - Fe_{2-3}N$ が主に存在する[10],[11]。

表5.5 各窒化処理、浸硫窒化処理の特徴

処理法	ガス軟窒化（炭窒化）		ガス窒化	プラズマ窒化	浸硫／浸硫窒化	
使用反応ガス	RX＋NH$_3$		NH$_3$＋H$_2$	真空＋ガス供給（H$_2$、N$_2$、CH$_4$、Arガス）＋プラズマ反応	シアン酸ナトリウム（NaCNO）、炭酸ナトリウム（Na$_2$CO$_3$）硫黄添加材	
	尿素分解ガス					
	N$_2$＋NH$_3$＋CO$_2$				NH$_3$＋H$_2$S（ガス浸硫窒化）	
適用鋼種	SPCC、SC、FC、P20、P21、SKD、SKH		SC、SCM、SKD、SKH、SUS、Ti、P20、P21	SC、SPCC、FC、SCM、P20、P21、SKD、SKH、SUS、Ti	SC、SPCC、FC、SCM、P20、P21、SKD、SKH、SUS、Ti	
表面硬さ（HV）	400〜700		800〜1,300	800〜1,300	800〜1,300	
硬化層深さ（μm）	10〜20		50〜300	50〜150	100〜300	
表面から形成状態	炭化物、窒化物、拡散層		窒化物、拡散層	窒化物、拡散層	硫化物、酸化物、窒化物、拡散層	
処理時間（目安）	2〜5時間		5〜100時間	5〜20時間	3〜20時間	
適用領域	一般鋼材、機械部品、耐摩耗性優先。塩浴中での処理を［塩浴軟窒化、タフトライド処理］		一般鋼材、構造用鋼、各種工具鋼、部品	機械部品、刃物、構造用鋼、各種工具鋼	一般鋼材、各種構造用鋼、機械部品、各種工具鋼と部品	

なお、ガス窒化処理の基本反応は下記の式により起こる。

$NH_3 \leftrightarrows [N] + 3/2H_2$

[N]は項中の窒素を示す。

また、窒素ポテンシャル（K_N）を自動制御することにより、目的の窒化物が得られる。

$K_N = P_{NH3}/P^{3/2}H_2$ （窒素ポテンシャル式）

P_{NH3}、P_{H2}：HN_3、H_2の分圧を示す。

この式から、NH_3濃度かH_2濃度を管理することにより目的の窒化層が形成可能になる。

また、軟窒化処理の表面近傍にはカモメマーク（この化合物の分析結果はFe、Cr系炭化物と窒化物の混合物になっている）といわれる化合物が形成される。この化合物は線状で結晶粒界に沿った析出が認められるため、表面にクラックなどの欠陥が生じると、その硬い析出部に応力が集中して割れが進展する。この処理では、形成した白層が有効となる場合と、白層（硬さが高く靱性は低い）がトラブル発生の原因になる場合がある。白層の形成は、耐摩耗性、耐溶損性、耐食性に有効な作用を示し効果的である。また、白層を形成しない処理や拡散層領域は表面に圧縮応力が存在し、耐疲労強度および耐熱疲労性の向上に有効になる[12)〜16)]。

窒化や浸硫窒化処理における炭素工具鋼、構造用鋼、特殊用途鋼、工具鋼などへの処理は、処理面の変成（耐摩耗性、耐食性、耐熱疲労性特性の変化）が表面の品質を大きく左右させることが多い。特に各種の工具鋼においては、使用される領域が高温の場合、熱応力と機械的応力の負荷により表面領域が著しく変成しトラブルが発生する。

表 5.6 はガス軟窒化処理を各種の鋼種に適用した時の処理層の変化を示す。処理は炭素鋼、SCr鋼、熱間用工具鋼、鋳鉄などに行い、表面硬さ、化合物形成および拡散層の深さなどを比較した結果であり、鋼種により窒化処理の挙動は異なる。

窒化物（白層）の形成状態も合金成分の違いや含有量により異なる挙動を示す。なお、化合物層の厚さが厚い場合、機械的な摺動摩耗や耐食性に対しては有効になるが、熱的なサイクルを負荷される場合、あまり厚いと剥離が発生することがあるので適用領域により処理条件を調整する必要がある。

表5.6 各鋼種におけるガス軟窒化処理層の変化

鋼種	表面硬さ (MMV)	化合物厚さ (μm)	拡散層深さ (mm)
S45C	600～650	10～15	0.3～0.5
S40C	650～700	10～15	0.3～0.5
SCr435	750～800	8～12	0.3～0.5
SKD61	800～1050	5～8	0.05～0.20
FC25	650～750	5～8	0.05～0.20

ガス窒化処理条件：570℃×1.5hr、N_2冷却

5.3.3 拡散系処理層の熱的挙動

図5.5は、熱間用工具鋼（SKD61）に窒化処理および浸硫窒化処理した試験片に加熱（570℃）-冷却（100℃）の熱サイクルを一定サイクル負荷した後の表面近傍の硬さ変化を示す。処理前の各窒化処理の硬さは線で示し、試験後の硬さは各々○、●、△印で示す。試験前の浸硫窒化および軟窒化処理の表面は表面に白層が形成することから硬さが高い値を示す。ガス窒化処理は表面に白層の形成が非常に少なく、前者に比べて低い値を示す。熱疲労試験後の表面近傍は共に加熱による表面の分解が起こり、硬さがともに低下する傾向を示すことが特徴である。

図5.6は、熱間用工具鋼（SKD61）とその材料にガス軟窒化処理した試験片の大気中における各加熱温度での酸化増量の変化を示す。ガス軟窒化処理材は加熱温度の上昇に伴い徐々に酸化増量は増加する。この挙動・現象は、表面処理層が加熱温度の上昇により窒化処理領域の分解が起こり、外部に窒素の逃散が激しくなり、粒内や粒界からの窒素の加熱による逃散により、大気中の酸素と鉄鋼材料や工具鋼の粒界やガス放出領域が反応して酸化物が形成するためである。

無処理の熱間用工具鋼（SKD61）における表面の酸化反応は、合金成分（5％Cr含有）の影響もあり重量増加が少ない傾向を示す。600℃以上になると試験片表面は酸化反応が徐々に増加するが、その増加量は窒化処理した材料に比べ少ない。

このように窒化処理表面は高温域になるに従い窒素の拡散が激しくなり重

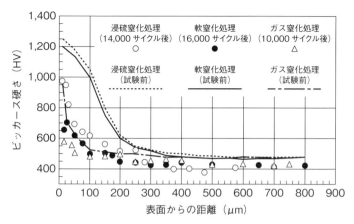

図 5.5 窒化処理および浸硫窒化処理の硬さ変化
(SKD61 に処理、加熱前後の変化)

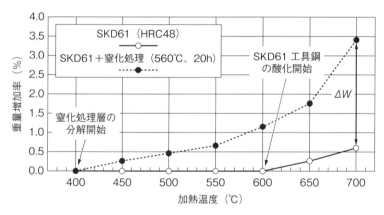

図 5.6 窒化処理と工具鋼の加熱による重量変化

量増加は多くなることが明確になる。工具鋼に利用される金型の場合は、表面領域が高温領域で長時間さらされることから表面層の劣化が徐々に進行することが明確になる。

図 5.7 は各拡散系の窒化処理断面と試験後の表面観察を示す。なお、浸硫窒化処理は処理時間が 3 時間および 10 時間を示す。ガス窒化処理の表面は白層の形成が非常に少なく、軟窒化および浸硫窒化処理は表面に、処理時間などにより異なるが 2〜10μm の白層が形成する形態を示す。これらの試験

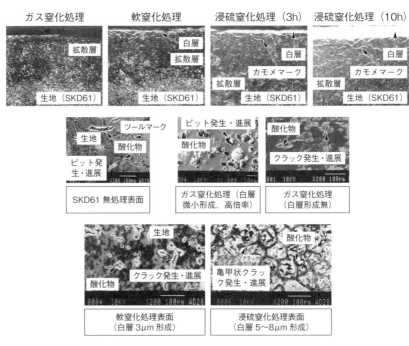

図 5.7 窒化および浸硫窒化処理材の試験前後の断面・表面観察

材の加熱 - 冷却の熱サイクル試験をすると表面の窒化物層（白層）は加熱により一部分解するが、その表面挙動は処理方法により異なる形態を示す。

図 5.8 は、ガス窒化処理の硬さと残留応力分布および加熱処理後のクラックの発生形態の変化を各々示す。ガス窒化処理は白層の形成が少なく、残留応力分布形態も表面から徐々に低下する形態を取り、クラックの発生に対しては非常に有効に作用する。熱疲労試験後の表面は加熱による微小窒化物の分解や拡散層内の窒素の逃散が発生する。

鉄鋼材料に拡散系処理を行うと、表面層近傍は各種の残留応力が存在することが認められている。この残留応力の解析は、表面層領域の挙動を理解するには非常に有効な手法である。**図 5.9** は各種の窒化処理表面から内部への残留応力分布形態の模式的な状態変化を示す。図に示すように、表面の残留応力は白層（窒化物、$Fe_{2-3}N$ および Fe_4N）の形成とそうでないものでは残留応力分布形態が異なることが多い。

第 5 章　表面処理・表面改質

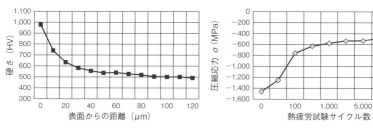

ガス窒化処理後の硬さ分布曲線（SKD61）　　ガス窒化処理後の熱疲労試験サイクル数と圧縮残留応力の変化（SKD61）

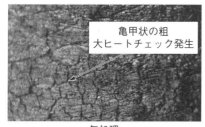

無処理　　　　　　　　　　　　　　ガス窒化処理

（SKD61、16,000 ショット後）

図 5.8　ガス窒化処理の硬さ、残留応力、試験後の表面観察 [11]

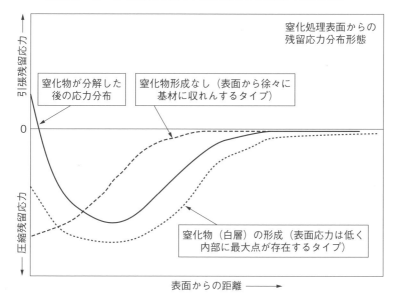

図 5.9　窒化処理材の残留力分布形態のモデル

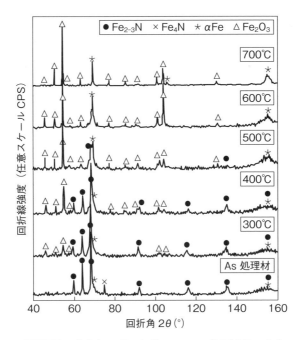

図5.10 窒化処理層の加熱によるX線回折線の変化

　窒化物は熱間用工具鋼（SKD61）の縦弾性係数に比べ高い値をもち、硬さや剛性も高いために鉄鋼材料や工具鋼素材を拘束している。しかし、白層直下には窒素濃度の高い拡散層が存在するが、徐々に窒素濃度は低下して生地になる応力形態と硬さ分布形態を取る。表面が加熱され白層が徐々に分解し完全に消失すると、内部の圧縮応力との釣り合いにより引張応力に変化する形態を取る。このような状態になると、表面に加熱‐冷却の熱サイクルが負荷されると早期にクラックの発生が起こる。

　しかし、表面から最大応力が徐々に低下する分布形態の場合、窒化処理の硬さ分布と同様に残留応力は徐々に低下して傾斜的に生地に収斂する形態を取り、クラックの発生は非常に少ない形態を示す。このような状態は窒素が工具鋼の格子中にFe固溶体（最表面近傍は一部粒界析出物が存在しているが、回折線には窒化物の回折線は認められない）として窒素濃度は表面から徐々に低下する状態を取ることから、応力の変化がひずみの負荷に対しても安定な状態になるために耐ヒートチェック性が向上する。

第 5 章 表面処理・表面改質

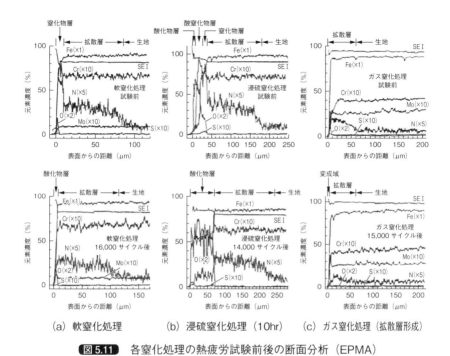

(a) 軟窒化処理　(b) 浸硫窒化処理 (10hr)　(c) ガス窒化処理 (拡散層形成)

図 5.11 各窒化処理の熱疲労試験前後の断面分析 (EPMA)

図 5.10 は、各温度におけるガス軟窒化処理層（生地素材 SKD61）の分解挙動を X 線回折線の変化から窒化処理層の状態を観察した結果を示す。ガス軟窒化処理状態の表面では、窒化物の ε-$Fe_{2-3}N$ と γ-Fe_4N と生地の α Fe の存在を示すピークが明確に認められる。加熱温度を増加させて、回折角 $2\theta = 160°$ 近傍のピークを観察すると、処理した状態では $Fe_{2-3}N$ と αFe が混在した状態であるが、温度の上昇に伴い窒素の分解が起こり、αFe のピークが明確になる。この挙動は窒化物が分解して徐々に消失する過程に対応し、$Fe_{2-3}N$ ピークと Fe_4N ピークの存在が小さくなることに対応している。さらに温度が上昇して 550〜700℃ になると窒化物層の存在がなくなり、α Fe ピークの強度が大きくなり、新たに酸化物（Fe_2O_3）の存在が認められるようになる。なお、拡散層の挙動は αFe 中に窒素が固溶（鉄の生地に窒素が溶け込んでいる状態）しているので、単一のピークとしては認められない。

図 5.11 は、軟窒化、浸硫窒化およびガス窒化処理の加熱過程による試験前後の表面からの各元素分析結果を示す。この実験素材は熱間用工具鋼

(SKD61)の窒化処理系の熱的特性を理解するには非常に有益な挙動である。

軟窒化処理した試験片は試験前に白層が形成し窒素濃度は高い領域が存在する。しかし試験後の窒素濃度を観察すると、最表面の高濃度窒素領域は分解して拡散層領域と同様な濃度に変化することがわかる。この現象は白層が加熱により分解することを示すが、表面から内部への拡散層領域は分解しない。この現象は、ダイカスト金型のような加熱状態が表面近傍の局部的な加熱で表面からの温度勾配が存在することを示している。なお、均一な炉内に挿入し材料全体を均一に加熱した場合、内部まで均一に加熱されることから分解は全体に起こり、熱サイクル負荷の場合のような状態とは異なる。

しかし、各熱間系の金型は表面領域が非常に高温にさらされるが、内部領域における熱伝導は表面の酸化物の形成や材料自体の熱伝導率により左右され、ダイカスト金型のような温度領域では窒化処理層の拡散層領域は明確に変化しない状態が認められる。

一方、浸硫窒化処理は最表面に硫化物層、窒化層などが形成しているが、窒素濃度は軟窒化処理濃度と同様な状態を示すので、形成した窒化物は$Fe_{2-3}N$とFe_4Nの混在した化合物であることが明確になる。また、白層の厚さは処理温度および時間、反応ガス成分量により異なる。

浸硫窒化処理層の熱疲労試験後の表面近傍は、窒化物が分解し最表面に酸化物、拡散層の状態になることがわかるが、拡散層深さは試験前後には明確に変化していない。

図5.12は、特殊用途鋼である時効硬化性鋼（析出硬化鋼、マルエージング鋼）の熱的特性および、その材料に窒化処理を行った時の表面の残留応力変化を示す。この鋼材は時効温度（約500〜600℃で硬化処理）以上の加熱によるとその表面の変成が起こる。よって、表面の残留応力の挙動における表面残留応力は無処理、窒化処理およびピーニング＋窒化処理材共に圧縮残留応力が存在する。なお、圧縮応力値は窒化処理およびピーニング処理後がこの試験片において最大値を示す。

その後、加熱回数約1,000回の加熱－冷却熱サイクルを負荷させると無処理材以外は引張応力に変化する。マルエージング鋼は高温焼戻し温度域近傍で時効析出させる特性を利用した材料であるために、加熱試験や鍛造、ダイカスト鋳造など高温領域に長時間保持される操業状態では材料のもつ時効特

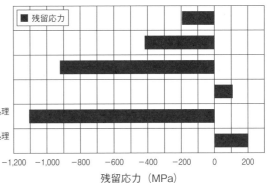

図 5.12 窒化処理した時効硬化性材料における熱的試験前後の表面残留応力変化 [9)]

無処理（SKD61）、非常に激しい消耗

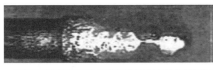
ガス窒化処理（白層微小形成、拡散層の反応は激しい）

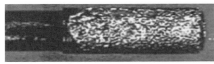
ガス窒化処理（白層形成、耐溶損性は良好）

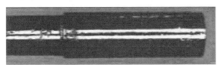
酸化処理（非常に良好）

SKD61、45HRC 材料の溶損試験（ADC12、650℃、一定時間浸漬後の表面）による窒化処理および酸化処理表面の溶損状態の観察

図 5.13 各窒化処理の溶損特性の比較

性が低下して軟化すると同時に応力状態も変化するためクラックは初期ショットで発生する傾向が多い。

図 5.13 は参考に工具鋼（熱間用 SKD61 改良材）と窒化処理および酸化処

理の溶損試験結果を示す。無処理試験の結果は、初期の形状がほとんどなく非常に大きな溶損が認められる。ガス窒化処理で白層の形成なし試験片は無処理に近い反応状態を示し、白層の形成した試験片および酸化処理試験片が共に良好な結果を示す。特に酸化処理は試験前の状態と同様な状態が認められ、耐アルミ溶湯（ADC12）に対して大きなダメージが与えられない。

これらの結果と各窒化処理層の物理的現象を解析すると、窒化処理と酸化処理の複合処理層がダイカスト金型に対して有効性が認められ、現在は多くの表面処理メーカーから複合処理層として提案されている。窒化処理と酸化処理の複合化は耐溶損性と耐ヒートチェック性に対して有効である利点を2種類の表面層において補完した結果であり、硬質皮膜と窒化処理に比べて費用対効果では有効な処理になる。しかし、酸化膜の成膜性能によりピット状の欠陥が認められる場合があるので、品質安定性の高い処理が重要になる。

▶ 5.3.4　複合窒化、繰返し窒化処理

ガス窒化処理のように白層の形成しない窒化処理は繰返しの窒化処理が可能であり、操業中の工具鋼表面の劣化をピーニングと窒化処理の併用により防止できる可能性をもった処理である。そこで、これらの処理特性や処理層の挙動を以下に述べる[13)～16)]。

図5.14はガス窒化処理による繰返し処理条件を示す。各処理の前後にはピーニング粒子の種類が異なる条件で処理している。なお、繰り返しの窒化処理条件はすべて同じ条件で行っている。

ピーニング処理は表面に圧縮応力を負荷して疲労強度の向上を図る処理として有効であるため、構造用鋼、ベアリング鋼、ばね鋼および自動車用板ばね、歯車表面の耐摩耗性向上に適用されている[17),18),19)]。しかし、工具鋼（ダイカスト金型や鍛造金型）などには熱的な負荷が与えられるので表面処理の効果は疑問視されていた。そこで、ピーニング処理は表面のクリーニングやバリ取り作業に使用されることが多かったが、近年では技術データや適用領域の開発が進み、多くの領域で効果が発揮できるようになっている。

図5.15は繰返しのガス窒化処理の試験前後の硬さ分布を示す。繰返し数の増加に伴い硬さおよび拡散層深さは徐々に増加するが、この影響は繰返しによる表面の窒化処理時の結晶粒界の加工硬化の影響による。また、トータ

第 5 章　表面処理・表面改質

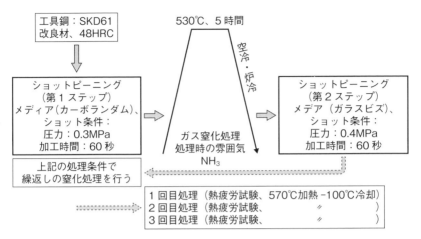

図 5.14　繰返し窒化処理の処理条件

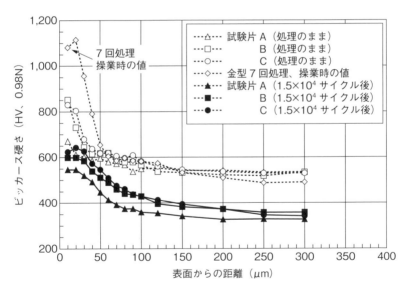

図 5.15　繰返しのガス窒化処理の試験前後の硬さ分布

ルの拡散層深さは明確に変化がない。なお、試験後の硬さは表面に窒化物の形成が少ないために軟化が大きい。

しかし、**図 5.16** に示すように薄い形状部位、凸状コーナ部への窒化およ

201

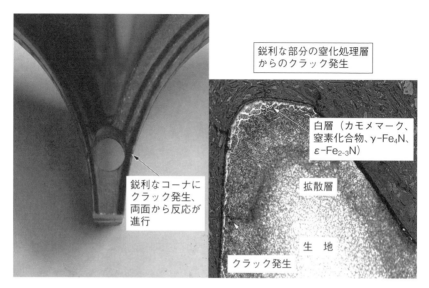

図5.16 窒化処理層からのクラック発生事例

び浸硫窒化処理では、両面から窒素が鉄中に拡散することから硬化部分の比率が増加し、靭性の高い生地領域が少なくなり、時にはクラックを誘発させる原因となる。部品などにこのような処理を適用すると表面は靭性が低下し、微細なクラックが発生する。そこで、このようなエッジ部には白層の形成しない処理が有効になる。

また、工具鋼の場合は耐摩耗性が要求されるので、ステンレス鋼（SUS420J2など）の表面には硬質皮膜の形成した処理を行う。この場合、耐食性は低下するが耐摩耗性は向上する処理になる。

浸硫窒化処理は表面近傍にFeS（硫化鉄）、$Fe_{2-3}N$（窒化鉄）およびFe_3O_4（酸化鉄）などの化合物が形成し、耐焼付き性や耐摩耗性、潤滑性に効果がある。また、窒化処理および浸硫窒化処理の表面近傍は、生地領域までに窒素濃度の傾斜組成を形成する拡散層が存在するので、処理温度以上で長時間の操業を行うと窒化物の分解および窒素の逃散が著しくなるので注意が必要になる。

また、窒化物の形成させた後に反応ガス圧を低下させて再窒化処理を行うと表面の化合物は消失して拡散層の内部拡散層が増加する処理方法も提案さ

れている[19]。この処理により、拡散層の深さを増加させ、なおかつ化合物の靱性低下（脆化）を防止して安定な表面処理層の形成が可能になる。

▶ 5.3.5　工具鋼へのピーニング処理との複合化処理

表面に微細粉末を高速で射出する方法・技術はショットピーニング（SP）およびブラスト処理といわれている。図 5.17 はピーニング処理の挙動と作用について示す。この方法は、表面の欠陥除去、圧縮応力の付与により疲労特性の向上、残留オーステナイトのマルテンサイト組織への変換など多くの有効性の高い処理として認められている。図 5.18 はピーニング装置の概要を示す[17]～[19]。

ピーニングの処理効果としては、処理により付与される被処理材表層の硬化過程と残留応力の値は SP 処理材断面の弾性変形または塑性変形挙動に支配される。被処理材の硬さは、SP 処理後の硬さや圧縮残留応力の分布に影響する。被処理材が焼戻しマルテンサイト組織の場合、同一硬さの被処理材であれば SP 処理後の硬さや残留応力分布は同一の形態を取る。

図 5.19 は熱間用工具鋼（SKD61 改良材）およびピーニング処理した工具鋼の疲労強度の比較結果を示す。無処理工具鋼における疲労試験結果は疲労

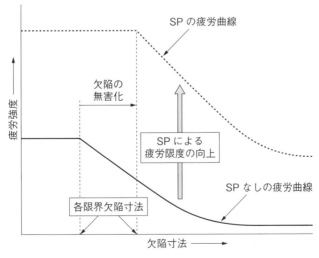

図 5.17　ピーニングの作用と効果[18]

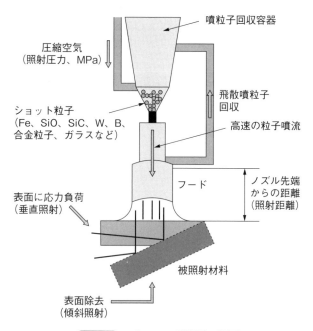

図5.18 ピーニング装置の概要

強度が低いが、その表面にピーニング処理を行うと疲労強度は増加する。

機械部品、自動車用板ばね、熱間用金型においても、メンテナンスにこのピーニング処理が応用され、表面の汚れの除去や放電加工面および溶接補修部などの安定化にも有効な方法になっている。しかし、投入粒子の形状、粒径および粒子の種類〔鋼球（各種の硬さを選択できる）、カーボランダム系（炭化ケイ素：SiC）、コランダム系（アルミナ系酸化物：Al_2O_3）、ガラスビーズなど〕により表面に発生するデンプル（圧痕状のへこみ）形状が異なり、使用目的により鏡面状態の形成、および針状ショット粒子による表面の徐去などでは、微細な欠陥を形成させる場合もあるので粒子形状や射出条件に注意が必要になる。また、局部的に粒子の集中投射および長時間のピーニング作業では表面に大きな塑性変形域が形成し、操業中に面脱落が発生する欠陥を誘発させるので、条件と照射方法には注意が必要になる。

図5.20は、操業過程で表面の清浄度が劣化した時にメンテナンスのため窒化処理とピーニングを行ったダイカスト用金型の改善事例を示す。表面に

第 5 章　表面処理・表面改質

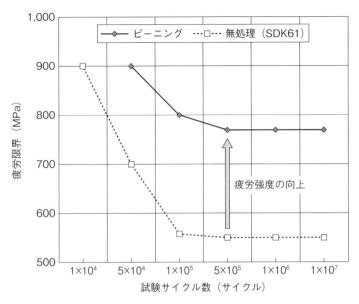

図 5.19　熱間用工具鋼（SKD61）およびピーニング処理

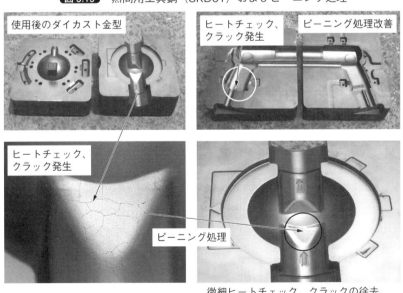

図 5.20　操業過程で発生した欠陥のピーニングによる改善事例

存在した微細なクラックはピーニングにより除去可能であり、さらに表面に圧縮応力が負荷されるので、その後の金型品質の安定化には非常に効果的である。

5.4 皮膜系処理

▶ 5.4.1 皮膜系処理方法と特性

各種の構造用鋼、機械部品および工具鋼に適用されている皮膜系表面処理にはウェットプロセス（湿式法）とドライプロセス（乾式法）がある。ウェットプロセスは「水溶液または非水溶液を用いて処理する方法」であり、ドライプロセスは JIS H 2011 によると「材料表面を気相または溶融状態を用いて処理すること」と定義されている[1]。

ウェットプロセスは主として水溶液を用い電解作用を利用して成膜する方法であり、電解法と非電解法がある。代表的な方法は電気めっき、無電解めっき（Ni、Cu めっき、化成処理である。

ドライプロセスは水溶液を使用しない乾式成膜法であり、PVD、CVD、PCVD、溶射法、レーザ、電子ビーム法がある。材料表面に新たな機能を付加して材料の特性や機能性を向上させる方法である。

各種のドライプロセスによる硬質皮膜（金属間化合物）の形成方法を**図 5.21** に示す。ドライプロセスには薄膜形成と表面改質方法がある。表面改質はイオン注入、電子ビーム、レーザ加熱、ダイナミックミキシング方法が各種の材料に適用されているが、金型などの表面改質には電子ビーム、レーザ改質手法が研究されている。

ドライプロセスについてウェットプロセスと比較すると主な利点は下記になる[21],[22]。

① 金属、無機材料、有機材料に関係なく処理が可能。
② 酸化物、窒化物、炭化物などの形成が容易。

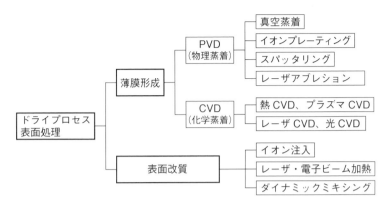

図 5.21 ドライプロセスによる薄膜・皮膜の形成方法

③ 基板への密着性に優れた皮膜の形成が可能。
④ 原子、分子レベルの膜厚の制御が可能。
⑤ 多層膜の形成が可能であり、傾斜組成の成膜も可能。
⑥ 成膜プロセスの低温化が図られ熱的に不安定なプラスチックなどにも処理が可能。
⑦ 原材料の有効利用が可能。

一方、処理に真空系回路を使用するために装置が大掛かりになり高価であること、制御プロセスのパラメータが多いなどの欠点もある。

PVD、CVD、PCVD、DLC などのコーティングは、近年では多層膜やナノレベルの薄膜形成が可能になり、構造用鋼、機械部品、工具鋼（金型）の表面にも各種の機能性・多層膜表面処理として処理が行われている[23]。

また、ダイヤモンド薄膜や DLC（Diamond Like Carbon）の成膜技術も向上し、形成可能範囲が電子機器、IC、切削工具、レンズ、民生品や各種の工具鋼（金型やピン）に広く適用されている。

PVD（Physical Vapor Deposition）は、真空蒸着、イオンプレーティング、スパッタリング法による薄膜形成方法の総称である。真空蒸着法による工業製品への適用は、眼鏡、カメラ、望遠鏡、レンズ、光学用途などが多く、スパッタリング法では皮膜の適用領域が広く多くの工業製品、電子部品、刃具、金型用ピンなどに用いられている。イオンプレーティング法は、窒素、酸素、炭素と反応性ガスを利用して硬質のセラミックス薄膜（金属間化合物の形態

が多い）を形成させる方法である。この成膜法は1963年に米国のMattoxにより考案され、HCD（ホローカソード）とマルチアーク法がある[24]。

化学蒸着法（CVD、真空蒸着、スパッタリング）は1857年に研究され始め、工業的には各種の成分の薄膜が確立されている。これらの形成皮膜における品質は皮膜の形態や結晶性により物理的・機械的特性や機能性が大きく異なる。基材に形成する金属間化合物（結晶質と非晶質）においては皮膜の均一性、無欠陥化（ドロップレットなど）の制御および成膜品質安定性が重要な処理技術になっている。

PCVD（Plasma Chemical Vapor Deposition）はイオン化されたプラズマ粒子により基材（被加工材）に薄膜を形成する方法であり、分子の平均自由行程が短く欠陥の少ない廻付きの良い均一な膜形成が可能で、多くの皮膜や窒化処理との複合処理にも応用されている。

CVD（Chemical Vapor Deposition）は高温（～1,000℃）におけるガス分解の化学反応を利用して成膜する方法で、工業的には安定な皮膜形成の手法になっている。CVDにより成膜された炭化チタン（TiC）は分解温度（700～800℃程度）の高い皮膜であり、窒化処理とTiAlNの複合処理は、機械構造用鋼、機械部品、工具用鋼、プラスチック成形、冷間および熱間用金型や鋳抜きピンにも多用されている。しかし、皮膜処理は高温処理のため、仕上げた寸法形状精度の高い金型の場合、処理温度が工具鋼の焼入れ温度域に加熱されるために変形や変寸が大きくなり、大型製品よりもピンへの適用が多い。なお、近年では低温域でのTRD（TD）処理も開発され寸法の安定化についても効果を発揮している。

図 5.22 は各種の皮膜硬さと摩擦係数との関係を示す[23]。DLCとダイヤモンド皮膜が最良の硬さと摩擦係数を示し、皮膜の熱的安定性や健全性が技術的に確立されると適用領域が広がり有効な皮膜になる。なお、現在は多層皮膜が各種の材料や金型に適用され耐摩耗性や耐熱的安定性および耐溶損性と耐ヒートチェック性などの相乗効果と補完的な特性を発揮している。

表面処理の機械部品や工具鋼における損傷要因[25]は生地の硬さ、物理的特性、機械的特性が大きく、皮膜の密着性に関しては表面粗さが影響する。表面粗さが鏡面状態の場合において生地と皮膜間の密着性や健全性が向上する。

なお、表面処理特性を決めるのは処理層の諸特性以外に処理温度、材料の

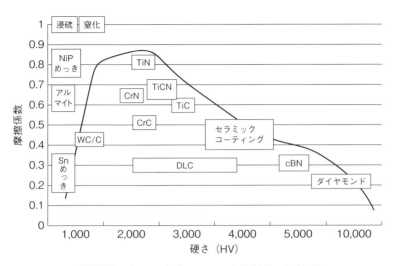

図5.22 各種の皮膜の硬さと摩擦係数の関係[23]

加工面性状が影響し、特に形状に大きく依存する「つき回り性」や「応力集中」の特性は膜厚差、密着性および皮膜の靱性を左右させる要因になる[25]。

表面処理層をより安定化し維持させるには各処理層との間の界面特性を安定化させる必要がある。機械構造用鋼、部品およびプレス金型において皮膜の安定性は生地の硬さに大きく依存し、生地硬さの低下は生地の座屈に伴う皮膜の破壊を誘発させることから、生地硬さは高いほうが皮膜の安定性は高くなる。鏡面性が要求される機械部品、工具鋼、金型（プラスチック成形用）においては磨き性、耐食性、およびガラスフィラー混入やカーボン繊維樹脂などが接触することもあり皮膜の磨き性および鏡面性、耐摩耗性や使用樹脂に対する耐食性などの特性が要求される。

このように各種の機械部品や工具鋼（金型）への皮膜の安定性および適用性は使用目的により異なる場合が多く、各種の要求特性に合った皮膜の選択が必要になる。**表5.7**は一例として硬質皮膜の特性と鉄鋼材料への適用領域を示す。各種の皮膜組成は物理的に非化学的量論組成比（1：1ではなく、一例としてTi_xN_{1-x}、$Ti_{0.6}N_{0.4}$のような皮膜成分を示すことが多い）になっている場合が多いが、一般的な皮膜の表示は各元素との結合形態を表示している。

表5.7 硬質皮膜の特性と鉄鋼への適用性

皮膜	色調	硬さ(HV)	膜厚(μm)	摩擦係数	耐摩耗性	耐食性	耐酸化性	耐焼付き性
TiN	金色	2,000～2,500	1.0～4.0	0.3～0.45	○	○	○	○
TiCN	灰色/赤紫色	3,000～3,500	1.0～4.0	0.1～0.15	◎	△	△	○
TiAlN	赤黒色	2,300～2,800	1.0～4.0	0.3～0.4	◎	○	◎	◎
CrN	銀白色	2,000～2,200	1.0～10.0	0.2～0.35	○	◎	◎	◎
ZrN	白金色	2,000～2,200	1.0～4.0	0.3～0.45	○	○	△	△

▶ 5.4.2　表面処理事例

　3種類の冷間用工具鋼（SKD11）にPVDによりTiC皮膜処理した時のパンチ寿命の事例について、皮膜の健全性は工具鋼（生地材料）の熱処理（焼入れ‐焼戻し）後の残留オーステナイトの存在量が大きく影響する。すなわち、SKD11およびセミハイス材（SemiHSS）の熱処理（焼入れ‐焼戻し）後に存在した残留オーステナイト（γFe）の存在量がトラブル発生の大きな要因になる。

　このように熱処理後の多量に残留するオーステナイトが構造用鋼、特殊用途鋼および工具鋼中に存在すると、構造材料、機械部品、ピンや金型に操業過程で応力が負荷されると残留オーステナイトは加工により「加工誘起マルテンサイト変態」を誘発させ生地が膨張する現象を起こす。よって、材料全面に硬質皮膜が形成された状態では、生地の組織変態による膨張に伴い皮膜に大きな引張応力が負荷され靱性の低い皮膜が破壊（割れの発生）することから品質の低下が起こる。そこで、熱処理後の硬さが同じであっても、熱処理過程における素材の品質管理が皮膜の健全性にとって重要な要因になる。

　図5.23は冷間用工具鋼（SKD11）表面にCrN皮膜（PVD）および窒化処理＋CrN皮膜処理を行った時のスクラッチ試験による皮膜面の剥離性評価の結果を示す。単一CrN皮膜処理の場合、押付け荷重（40N）が低い状態

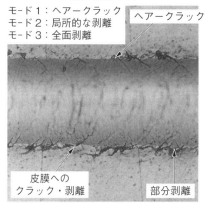
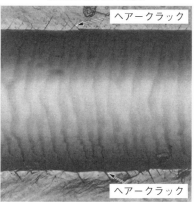

スクラッチ試験後の表面　　　　　スクラッチ試験後の表面
（CrN 皮膜のみ）　　　　　　　（窒化処理＋CrN 皮膜）

モード1：ヘアークラック
モード2：局所的な剥離
モード3：全面剥離

ヘアークラック　　　　　　　　　ヘアークラック

皮膜への
クラック・剥離　　部分剥離　　　　　　　　　　　ヘアークラック

(a) 荷重：40N　　　　　　　　(b) 荷重：100N

図5.23 スクラッチ試験によるCrN皮膜
およびおよび窒化＋CrN皮膜の破壊形態の観察

でもスクラッチ圧力の増加に伴い境界領域にクラックの発生や剥離が認められる。一方、生地に窒化処理を施し、その上面にCrN皮膜を処理すると、押付け荷重（100 N）が約2.5倍に増加しても皮膜の安定性は高く、微細なヘアーラインクラックが認められる程度で非常に皮膜の密着性が向上している。

皮膜処理の場合は、生地と皮膜の硬さの差が大きく、荷重が増加すると生地の座屈や変形が起こり皮膜の剥離やクラックが発生する事例が多い。

図5.24は皮膜評価の一例として、工具鋼表面に皮膜処理をした状態でロックウェル圧子（HRC試験機）を押し付け、打痕の周辺に発生するクラックや剥離の状態を評価する方法である。ロックウェル圧子が表面から押し付けられたの時の押付け荷重の増加に伴う圧痕領域の塑性変形過程で発生が認められる破壊形態を評価する。またこれ以外に、ヴィカース圧子による四角錐の対角線境界に発生するクラックにより評価する方法や皮膜厚の測定に行うカロテストなどもある。

クラックの評価は破壊形態により、C1、C2モード（破壊モード）とフレーク（剥離）状のF1、F2モードがある。これらの発生形態の観察により皮膜の健全性が評価できるが、皮膜としてはクラックC1モードが比較的良好

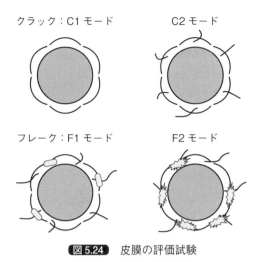

図5.24 皮膜の評価試験

な皮膜安定性と生地との密着性が得られる状態を示す。

表5.8は、ボールオンデスク試験により評価したCr皮膜（PVD）および窒化処理＋Cr皮膜のロックウエル圧子荷重の変化によるクラック発生形態の評価結果を示す。Cr皮膜のみの結果では、低荷重の段階から皮膜にはクラックが発生し、荷重の増加に伴いフレーク状の破壊に変化する。しかし、生地に各種の窒化処理を行い、その表面にCr皮膜を形成すると、圧子荷重の低い領域では皮膜の破壊が認められない。軟窒化処理の場合が荷重100gでクラックのC1モードが発生する程度で皮膜の高い安定性を示している。また、窒化処理においても窒化処理プロセスや条件により表面に存在する白層（窒化物）と粒界析出の形態や特性が異なり、クラックの発生状態も処理方法に依存することが明確になる。

表5.9は、TiN皮膜および複合窒化処理および処理温度の違いが相対摩耗比に及ぼす影響を高速度鋼（HSS）と熱間用工具鋼（SKD61）について示している。TiN皮膜単独処理では、相対摩耗比は高いが皮膜の剥離が早期に発生した。窒化処理温度の違いは460～510℃の処理領域において相対摩耗比が最小になり、窒化処理と皮膜の安定性も向上する結果が得られた。また、単独窒化処理の場合が単独TiN皮膜に比べ耐摩耗性は向上するが、窒化処理では表面から傾斜合金組成をもつ拡散層が存在するために応力負荷に対す

表5.8 複合窒化処理と皮膜の圧子荷重による破壊評価

表面処理の種類 (SKD61, 33HRC)	ロックウエル 圧子荷重(kgf)				
	15	30	45	60	100
CrN/軟窒化処理	P	P	P	P	C1
CrN/ガス窒化処理	P	P	P	P	P
CrN/プラズマ窒化処理	P	P	P	P	P
CrN 皮膜のみ	C1	F2	F2	F2	F2

P:クラック発生なし、C:クラックモード破壊、F:フレークモード破壊

表5.9 摩耗試験による表面処理皮膜の安定性

表面処理の種類(SKD61)	直線(平板－ロール押付け摩耗試験での)相対摩耗比	
	HSS系	SKD61系
TiN皮膜のみ	0.415	0.681
360℃窒化処理＋TiN皮膜	0.307	0.468
410℃窒化処理＋TiN皮膜	0.178	0.212
460℃窒化処理＋TiN皮膜	0.061	0.097
510℃窒化処理＋TiN皮膜	0.041	0.034
窒化処理のみ	0.148	0.432

る抵抗力が向上するためである。

図5.25はピン-オン-ディスク(Pin-on disk)試験による各皮膜処理材料と摩耗深さの関係を示す。クロムめっき、TiN皮膜およびCrN皮膜処理を比較すると、PVD処理によるCrN皮膜が摩耗深さは少なく、最良の結果が得られる[26]。また、各摩擦係数(COF:Co-efficient of friction)も摩耗深さの特性と同様にCrN皮膜がTIN皮膜に比べ少ない。このように各硬質皮膜を比較しても成膜状態により摩耗特性は異なり、皮膜の適用には皮膜の安定性や結晶特性を考慮する必要がある。

機械構造用鋼、機械部品、工具鋼(各種の金型)などでは操業形態が表面領域でも摺動摩耗による加熱や高温操業の場合には非常に苛酷な状態で推移することから、窒化処理と皮膜処理の複合処理の適用が有効になるが、皮膜

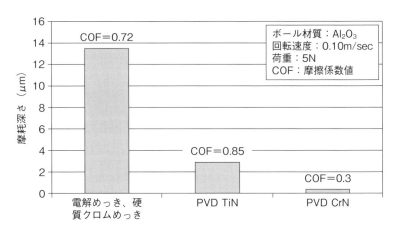

図5.25 ピン-オン-ディスク試験による各皮膜処理と摩耗深さの関係[26]

の再処理においては早期クラック発生、メンテナンスの難しさおよび処理経費などから金型への適用は少ない。しかし、非常に精密で形状維持の難しい部品や金型には適用されることもあるが、主として簡単な形状部品やピンなどの適用が多い[7]、[27]。

　溶融金属との反応性は金属間化合物形態の皮膜が多く、比較的安定性は高いが、皮膜が破壊するとその部分から生地中へ反応が進み、クラックの進展や溶融金属の浸入により皮膜の剥離を誘発する。また、プリハードン鋼（40HRC）の場合、析出硬化のメカニズムを利用して硬さを得ていることから、生地中に炭化物が存在する場合が多い。これらの炭化物が生地中の皮膜直下に存在すると、熱サイクルによる負荷応力により炭化物を起点としてクラックが表面に進展する場合もあるので注意が必要になる。

参　考　文　献

1) 日本工業規格 JIS G 0557（2012）
2) 日本材料科学学会編：「表面処理と材料」、掌華房（1996）
3) 表面技術協会編：「表面処理工学 − 基礎と応用」、日刊工業新聞社（2003）
4) 新井透：型技術、Vol.9、No.5（1994）
5) 日原政彦：機械技術、Vol.9、No.12（1998）
6) 日原政彦、他（分担執筆）：「入門・金属材料の組織と性質」、大河出版（2004）
7) M.HIHARA：J.of Tribology、Vol.41、No.11（1996）

8) 奥宮正洋：特殊鋼、Vol.56、No.5（2007）
9) 日原政彦：「ダイカスト用金型の寿命向上対策」、日刊工業新聞社（2001）
10) （一社）熱処理技術協会「熱間工具材料の表面層の改善研究部会」共同研究成果講演集（2000）
11) カナック技術資料（2010）
12) M.HIHARA et.al.：15th Pacific Rim International Conference on Tool Steel for Die and Molds（1998）
13) 八代浩二、他：非破壊検査、Vol.47、No.9（1998）
14) 八代浩二、他：非破壊検査、Vol.48、No12（1999）
15) 日原政彦、他：「ダイカスト金型の高寿命化方法」、特許公開 No.2002-60845（2002）
16) 日原政彦：日本ダイカスト協会講演論文集（2010）
17) 髙橋宏治、他：金属、Vol.77、No10（2007）
18) 村上敬宣：「微小欠陥と介在物の影響」、養賢堂（2009）
19) 住田雅樹：熱処理、Vol.51、No.5（2011）
20) 近藤恭二（分担執筆）：「金型高品質化のための表面改質」、日刊工業新聞（2009）
21) 表面処理技術協会編：「表面処理工学」、日刊工業新聞社（2005）
22) F.D.Lai et.al.：Surface and coating technology（1996）
23) 池永勝：特殊鋼、Vol.56、No.5（2007）
24) 奥村望、他：熱処理、Vol.42、No.3（2003）
25) 新井透：型技術、Vol.9、No.5（1994）
26) （一社）バルザス技術資料（2010）およびハウザー社技術資料（2006）
27) 型技術協会・型寿命向上研究委員会編：「金型の高品質化のための表面改質」、日刊工業新聞社（2009）

第6章

機械加工

　機械加工は機械構造用鋼・工具鋼などの加工にとって重要な加工手段になっている。工作機械の性能・機能改善、工具の開発および放電加工機の高機能化が進み、高硬度材料の加工も機械加工法により可能になっている。切削加工と放電加工は両者の有効な機能を利用して加工を行っているが、高精度深穴加工や3次元創成加工にとって放電加工法は重要な加工法である。

　本章では、機械構造用鋼や工具鋼における切削加工のメカニズム、研削・研磨加工およびそれらの適用技術、最先端技術や動向、並びに放電加工法の基本特性、現象や改質方法について述べる。

6.1
切削加工

▶ 6.1.1 切削工具材料

切削工具に用いられる工具材料に求められる用件は以下のようになる。

① 被削材より硬度が高い。

切削力により工具自体に弾性変形や塑性変形が生じていては工具として機能が果たせない。より高硬度な工具材料が開発されている。

② 靱性が高い

靱性は工具刃先の耐衝撃性の目安になる。切削には連続切削と断続切削があり、断続切削時には空転、切削を繰り返すことになり、切削開始時の衝撃が大きくなり刃先欠損の原因になる。

③ 耐摩耗性

加工中に様々な要因で工具は摩耗し、良好な仕上げ面が得られなくなる。生産性の低下にもつながることから高い耐摩耗性が必要となる。

④ 被削材との親和性がない。

被削材に含まれる元素と同じものが工具材料中に含まれると、急激に摩耗が進展することがある。

⑤ 高温時の工具材料強度が高い。

切削時に工具刃先において発生する高温にさらされても工具材料の強度が下がらないことが必要である。

⑥ 高い熱伝導性

切削力に伴い発生する切削熱が工具刃先に対し加熱、冷却を繰り返す。この現象が熱疲労となり、クラック発生の要因になる。熱伝導率が良いことが求められる。

⑦ 化学的安定性

切削液成分との化学変化により工具材料の特性が変わらないことも必要である。

⑧ 工具切れ刃の成形性が高い

鋭利な切れ刃稜線を得るためには工具材料は微細組織であることが必要。

上記の条件を満たし高硬度材料の切削に用いられる切削工具材料には、超硬合金（Cemented Carbide）、セラミックス、サーメット、cBN（立方晶窒化ホウ素）、ダイヤモンド焼結体がある。

このうち、超硬合金はタングステンカーバイト（WC）をコバルトにより焼結した合金で、P種、M種、K種に分類できる。この製造法は、粉末冶金法と呼ばれ、図6.1[1),2)]に示すように金属粉末を混合し、プレスした後、高温で焼結して所要の製品形状を得る方法である。

超硬合金のうちP種は、炭化タングステン、炭化チタン、炭化タンタルをコバルトで焼結したものでM種より耐熱性は向上する。M種は、炭化タングステン、炭化チタンをコバルトで焼結したもので、すくい面摩耗に強い特性をもつ。K種は炭化タングステンをコバルトで焼結したもので、逃げ面摩耗に強いが、熱に弱く、すくい面摩耗に弱い。

表6.1に示すようにJIS B4053に超硬質工具材料が規定されている。

セラミックスは、酸化アルミニウム（Al_2O_3）系セラミックス、酸化アルミニウムにチタン・カーバイトを混合したセラミックスがある。前者は白色、後者は黒色となる。他に窒化ケイ素（Si_3N_4）系のセラミックスもある。製造においては、焼結圧力は2,000 kg/cm²、温度は1,500℃程度でHIP処理を行う。アルミナ粒子の平均直径は1μm程度となっており、切れ刃の成形性に優れている。一方で、抗折力や熱伝導率が超硬合金に比較して劣ることから、衝撃力や熱応力に弱いとされている。

サーメットは、チタン・カーバイトを主成分とするTiC系、チタン・カ

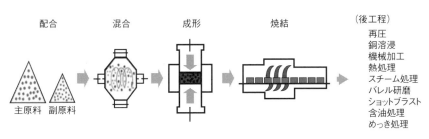

図6.1　粉末冶金法の基本製造工程[1)]

表6.1 超硬質工具材料の分類 [2)]

大分類			使用分類 [a)]			
識別記号	識別色	被削材	使用分類記号		切削条件：高速 工具材料：高耐摩耗性	切削条件：高送り 工具材料：高靭性
P	青色	鋼： 鋼，鋳鋼（オーステナイト系ステンレスを除く。）	P01 P10 P20 P30 P40 P50	P05 P15 P25 P35 P45	↑	↓
M	黄色	ステンレス鋼： オーステナイト系，オーステナイト／フェライト系，ステンレス鋳鋼	M01 M10 M20 M30 M40	M05 M15 M25 M35	↑	↓
K	赤色	鋳鉄： ねずみ鋳鉄，球状黒鉛鋳鉄，可鍛鋳鉄	K01 K10 K20 K30 K40	K05 K15 K25 K35	↑	↓
N	緑色	非鉄金属： アルミニウム，その他の非鉄金属，非金属材料	N01 N10 N20 N30	N05 N15 N25	↑	↓
S	茶色	耐熱合金・チタン： 鉄，ニッケル，コバルト基耐熱合金，チタン及びチタン合金	S01 S10 S20 S30	S05 S15 S25	↑	↓
H	灰色	高硬度材料： 高硬度鋼，高硬度鋳鉄，チルド鋳鉄	H01 H10 H20 H30	H05 H15 H25	↑	↓

注) [a)] 使用分類の矢印の方向となるほど切削条件については高速または高送り、工具材料については高耐摩耗性または高靭性となることを示す。

ーバイトにチタン・ニッケルを添加したTiC-TiN系、チタン・ニッケルを主成分とするTiN系に分類される。サーメットは、セラミックス（Ceramics）と金属（Metal）の中間という意味を含んだ造語である。製造には、超鋼合金と同様の粉末冶金法を用いる。サーメットの場合もセラミックスと同様に衝撃力や熱応力に弱い特性があったが、TiNを添加することで抗折力の改善が図られている。

図6.2[3), 4)]に示す超高圧、高温で合成する超高圧焼結工具材料の製造により、立方晶窒化ホウ素（cubic Boron Nitride）を主成分とするcBN工具や人造ダイヤモンドが製造され、切削工具として用いられている。cBN工具は、製造したcBN結晶粒をTiCやTiNを結合剤として用い焼結することで工具材料として用いる。人造ダイヤモンドに関しては、単結晶ダイヤモンドや金属系バインダ（結合剤）によりダイヤモンドを焼結して用いる。これらの工具材料の特性を**表6.2**に示す。

cBNはダイヤモンドに次ぐ硬度を有する。こうした焼結体はバインダの低減による硬度向上が課題とされ、近年、バインダを介さずに結合されたナノ多結晶cBNやナノ多結晶ダイヤモンドが開発されている。これらの工具材料は、**図6.3**[5)]に示すように高精度な刃先成形も可能で、かつ優れた刃先強度が実現できることから超精密微細加工用として用いられているが、高硬度材加工への利用も可能である。

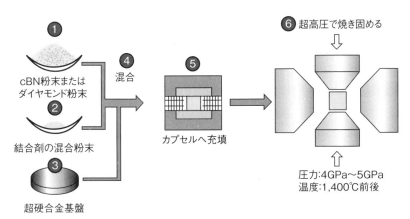

図6.2 超高圧焼結工具材料の製造法[3)]

表6.2 ダイヤモンドとcBNの特性[4]

物　質	硬度（HV）	熱伝導率 [W/ (m・K)]
ダイヤモンド	8600	1,000〜2,000
cBN	5000	200
アルミナ	2300	6
炭化タングステン	1800	42
炭化ケイ素	2800	85
窒化チタン	2100	7.4
炭化チタン	3000	5.2

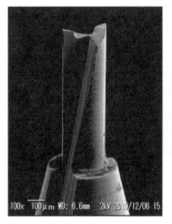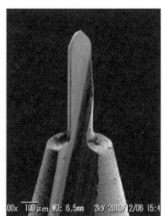

図6.3 PCD工具[5]

　工具として広く用いられている超硬工具の表面に、TiC（炭化チタン）、TiN（窒化チタン）、Al_2O_3（酸化アルミニウム）といった硬質皮膜やダイヤモンドを被覆した工具が開発されている。こうした工具をコーテッド工具と呼ぶ。工具としての耐摩耗性、耐溶着性、耐熱性などを向上させることが目的となる。またcBN母材に特殊セラミックコーティングを施したコーテッド工具も開発されている。図6.4[6]にコーテッド工具を示す。

第 6 章　機械加工

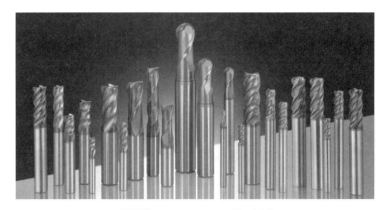

図 6.4　コーテッド工具の例 [6]

▶ 6.1.2　切削工具

切削加工は、工具と被削材の干渉部分を除去することで加工を進めることから除去加工と分類される。図 6.5[7] に切削加工に用いられるエンドミルの種類と加工断面を示す。これらの工具のうち、一般に三次元形状の加工には、

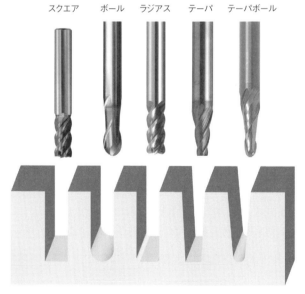

図 6.5　エンドミルの種類と加工形状 [7]

223

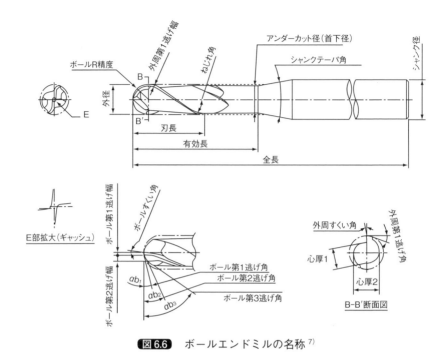

図 6.6 ボールエンドミルの名称[7]

工具先端形状が加工時に球形状になるボールエンドミルが用いられている。

ボールエンドミルの名称を**図 6.6**[7]に示す。切削工具の切れ刃形状を表す重要な諸元にすくい角と逃げ角がある。それらは、工具先端部と工具外周部において定義される。

ボールエンドミルの切削条件は、工具回転数 N（rpm）、工具送り速度 V_f（mm/min）、軸方向切込み a_p（mm）、半径方向切込み a_e（mm）で決定される。ボールエンドミルの切れ刃の数を n としたとき、1刃当たりの送り f は次式で与えられる。

$$f = V_f \div N \div n \text{（mm）}$$

また、切れ刃の円周方向の切削速度 Vc は、切れ刃位置の断面半径を r_1 とした時、次式で得られる。

$$Vc = r_1 \times (2\pi \times N) \text{（mm/min）}$$

ここで、N、f は固定値であり、r_1 は切れ刃の位置によって異なり、工具先端部では0に近づく。したがって、工具先端部での切削速度も0に近づき

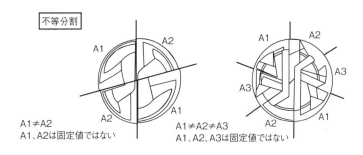

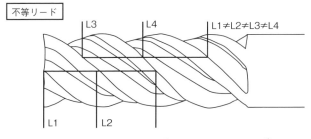

図6.7 不等ピッチ、不等リードエンドミル[8]

低速となる。この現象が、ボールエンドミル先端部において被削性が悪くなる要因となる。この現象を避けるため、切削速度を比較的高速にできるラジアスエンドミルが用いられている。切れ刃数は基本1枚であるが、副切れ刃をもつタイプも多い。さらに振動抑制の意味合いから、図6.7[8]に示す不等ピッチ、不等リードのエンドミルも用いられている。不等ピッチは切れ刃を不等間隔に配置する工具を表し、不等リードは、工具側面の切れ刃のねじれの間隔を変えた工具形状を表す。

▶ 6.1.3 切削方法

切削加工において、数値制御装置を備えたマシニングセンタが用いられる。マシニングセンタには、図6.8[9]に示すように刃物を取り付けるスピンドルが水平方向に取り付けられている横型とスピンドルが垂直方向に取り付けられている立型に分けられる。いずれのマシニングセンタにおいても工具自動交換機能を備えていることは必須である。

こうしたマシニングセンタの性能向上には著しいものがある。主軸の軸心冷却などの温度管理技術、高速回転主軸の開発といった工作機械の高性能化、

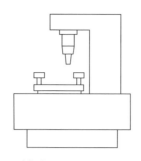
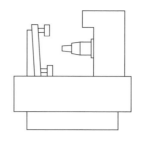

(a) 立型マシニングセンタ　　　(b) 横型マシニングセンタ

図6.8 マニシングセンタの種類[9]

図6.9 ラフィングエンドミル[10]

高精度絶対位置検出系、高速送り機能や誤差補正機能を備えた制御装置の開発がある。さらには、種々の加工法をサポートするCAMシステムの高機能化も欠かせない。

　送り速度や主軸回転数に制限があった従来のマシニングセンタにおいて、生産性を向上させるために図6.9[10]に示すラフィングエンドミルを用い、軸方向および半径方向切込みを多くとる重切削が行われていた。生成される切りくずは、ラフィングエンドミルの切れ刃に付けられたニックにより細かく分断されるが、ステップ状の切残しが多く生成され、次工程へのスムーズな移行が困難であった。

　マシニングセンタの高機能化が実現してからは、加工の生産性を向上させ

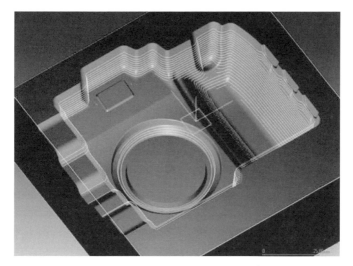

図6.10 等高線工具経路の例 [11]

る方式が小径工具を用いる低切込み、高送り方式へ変わった。工具に対する切削負荷の変動を極力抑えるため、図6.10[11]に示すダウンカットとなる等高線加工が主に用いられる。加工時の主軸負荷を抑えることができ、切残しも少なくなることから高能率で高精度な加工が可能になる。

また、ボールエンドミル利用の場合、工具先端部の低切削速度領域を避ける必要がある。そのため図6.11[12]に示す多軸加工機を用い、工具先端部の加工を避ける姿勢での加工も行われている。

▶ 6.1.4 工具鋼を用いた3次元加工

現状の工作機械、工具、CAD/CAMシステムの高機能化は著しく、高硬度材に対しても高速直彫り加工が用いられている。形状は、ダイカスト金型特有の入れ子穴、リブ形状、自由曲面といった形状を盛り込んだものである。被削材はSKD61、硬度はHRC43〜46とし、ブロック材からの直彫り加工を行った結果を図6.12に示す。加工面粗さは部位により異なるが、最大高さ粗さで1.5μmに仕上がっている。加工時間は、最も速い場合で25時間という結果が出ている。

図6.11 同時5軸加工の状況 [12]

図6.12 三次元形状の加工事例

6.2 研削加工

　研削加工は、砥石を高速に回転させ被削材表面を加工する手法である。砥石表面には砥粒が分布し、この硬質な砥粒が切れ刃となり微小な切削現象により切りくずが生成される。したがって、一般的な切削加工と同じ除去加工に分類される。

▶ 6.2.1　研削砥石の構造

　研削砥石は、図 6.13 に示すように砥粒、結合剤、気孔で構成され、これらを研削砥石の3要素と呼ぶ。このうち砥粒は、アルミナ質と炭化ケイ素質のものは一般砥粒、ダイヤモンドと cBN が超砥粒と分類される。砥粒の大きさを「粒度」といい、粒度は JIS R6001 で規定されている。一般に粒度を表す数値が小さいほど粒度は粗くなる。気孔は、砥石焼結により生成され、切削工具のチップポケットの役割をはたす。

　砥石の性能は、砥粒、粒度、結合度、組織、結合剤の5要素で決まる。このうち結合剤は、砥粒を保持する役割をもつ。したがって、研削時の研削抵

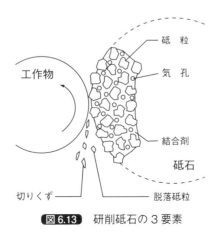

図 6.13　研削砥石の3要素

抗や高速回転による円周力に打ち勝つ強度が必要となる。**表6.3**[13] に結合剤の種類を示す。研削砥石の焼結後の硬さを「結合度」といい、硬い加工物に

表6.3 結合剤の種類 [13]

結合剤	特　徴	性　質	用　途
ビトリファイド（V）	・長石、陶石、粘土など窯業原料を微粉砕・混合した物で、900〜1,300℃で焼成する。 ・結合度を広範囲に作れる。 ・適応砥粒：A系、C系 cBN、ダイヤ。	・砥粒の保持力が強い。研削油の影響を受けない。 ・経時変化がなく品質が安定している。 ・高弾性率のため、形状保持性に優れている。	・精密研削 ・円筒研削（クランク、カム） ・ホーニング ・超仕上げ
レジノイド（B）	・熱硬化性樹脂（フェノール樹脂など）を主体とした物で、150〜200℃で焼成する。 ・低温のため、適当な補強材や添加剤が使用できる。 ・適応砥粒：A系、OC系、cBN、ダイヤ	・ビトリファイド結合材より強度が高いので、高周速度で使用できる。 ・弾性があるので、衝撃の大きな粗研削に使用できる。	・高圧、高速の自由研削 ・ロール研削 ・工具研削 ・切断、オフセット研削 ・ディスク研削
ゴム（R）	・天然あるいは人造の硬質ゴムを使用し、180℃前後で加硫する。 ・適応砥粒：A系、C系	・レジノイド結合剤より弾性が低い。 ・研削熱による軟化防止策として湿式研削で使用する。	・センタレス研削用コントロール砥石 ・切断（湿式用）
メタル（M）	・ブロンズ、スチール系金属粉末を混合した物で、500〜1,000℃で焼結する。 ・適応砥粒：cBN、ダイヤ	・砥粒の保持力が大きく、熱の影響も受け難いため寿命が長い。	・寿命重視、形状維持性重視の用途 ・コンクリート、アスファルトの切断
電着（P）	・金属めっき（N）を用い、母材に砥流を1層分固定する。 ・適応砥粒：cBN、ダイヤ	・砥粒層が1層なので突出しが大きく、切れ味が非常に良い。 ・複雑形状のホイールが製造可能。	・高能率加工用 ・異形高精度品

は結合度の低い砥石を、軟らかいものには結合度の高い砥石を用いるのが一般的である。

▶ 6.2.2 研削状態の分類

研削砥石の特徴の一つに、加工の進展とともに新たな砥粒切れ刃が露出する自生作用がある。自生作用は結合剤の耐摩耗性と関連する。結合剤の耐摩耗性が低いと砥粒は大きく露出し、砥粒が脱落する「目こぼれ」が生じる。また、耐摩耗性が高いと砥粒先端部分が摩滅し「目つぶれ」の原因となる。したがって、自生作用が絶えず生じるような適切な結合度を選択する必要がある。

砥石の気孔に切りくずがつまる現象を「目づまり」といい、「目こぼれ」、「目つぶれ」が発生した時と同様に適切な研削作業ができなくなる。こうした場合、研削条件を変更するか、ドレッサによるドレッシングを行う必要がある。

ダイヤモンドやcBNといった硬質の超砥粒を用いた砥石は、メタル結合剤を用いて製造される。超砥粒と結合剤となる金属粉末を混合し、粉末冶金の手法が用いられる。したがって、製造される砥石には気孔がなく、目づまりが発生しやすい欠点がある。そこで、研削加工中に金属結合剤のみを電解加工によりドレッシングする手法が理化学研究所において開発されている。電解インプロセスドレッシング：Electrolytic In-process Dressingを略し、「ELID研削法」と呼ばれ、難加工材を含めて高能率・高精度な鏡面加工を可能としている。

▶ 6.2.3 研削加工の種類

研削加工は、粒度の細かな硬質砥粒による切削加工といえる。一般の切削加工に比べ、砥石の回転数は高く、切込みは小さい。微細な砥粒が摩耗の進展とともに脱落し新たな砥粒が露出する自生作用から良好な仕上げ面が得られるといった特徴をもつ。主な研削加工法は次の4つに分類される。

（1）平面研削

図6.14[14]に示すように平面研削は、砥石を用いて加工物の平面を研削する加工法をいう。砥石側面による加工で、砥石は回転運動をし、加工物は平

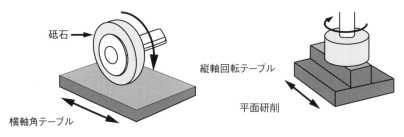

図 6.14 平面研削[14]

行移動をするトラバース研削が行われる。
（2）円筒研削

図 6.15[14]に示すように円筒研削は、円筒状の工作物の外面を研削する加工である。工作物の両端は支持され、回転運動が与えられる。砥石は同様に回転運動し、砥石の側面で加工を行う。工作物の軸方向に平行移動させながら研削を行うのをトラバース研削、砥石を砥石半径方向へ移動させながら行うのをプランジ研削という。

（3）センタレス研削

図 6.16[14]に示すようにセンタレス研削は、円筒状の工作物を固定することなく工作物支持刃と回転する調整車および研削砥石の間で支持し、調整車の回転で工作物の回転と送りを調整しながら工作物外周を研削する方法である。

（4）内面研削

図 6.17[14]に示すように内面研削は、工作物の円筒形上をなす内面を研削する加工法である。

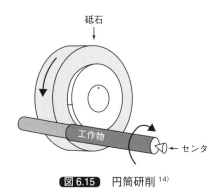

図 6.15 円筒研削[14]

第6章　機械加工

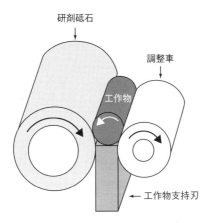

図6.16　センタレス研削[14)]

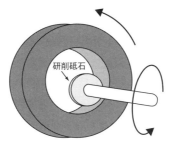

図6.17　内面研削[14)]

▶ 6.2.4　研削加工例

研削加工は、
① 硬質材料または脆性材料でも容易に加工が可能である
② 高い仕上げ面粗さおよび寸法精度が得られる
③ 加工能率がきわめて高い

といった特徴をもつ。したがって、加工物の最終仕上げ加工として用いられる。研削加工事例を**図**6.18[15)]に示す。材質S45C、5,200×300×30 mmの板材に対し、平面度はTIR1μm以下、面粗さRa11 nm、Rz103 nmという極めて高精度な加工が施されているのがわかる。

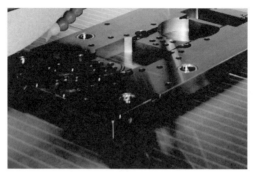

(a) 平面研削による加工例

(b) 平面研削の状況

図 6.18 平面研削盤による加工例 [15]

6.3 切削加工面の品質、材料挙動

　加工表面の凹凸によって最終製品の耐摩耗性、耐久性、気密性などの性能特性に影響が生じることはよく知られている。したがって、加工面は、粗さ、うねりを計測して評価することになる。場合によっては、加工面の光沢度、加工変質層も評価に用いられる。

▶ 6.3.1　加工面の粗さ

　加工面には細かな凹凸が生成され、この短い波長の凹凸を表面粗さと定義する。表面粗さの測定には、触針により直接加工面の粗さを計測する接触式粗さ計とレーザを用いた非接触式粗さ計が用いられる。接触式表面粗さ計で粗さを計測する場合、微触針の先端 R がなるべく小さいことや接触圧が少ないことが必要である。触針の形状はテーパ角度が 60°または 90°の円錐形状であり、材質はサファイヤまたはダイヤモンドが使われる。図 6.19[16] に非接触式粗さ計の構造を示す。

　測定された断面曲線から波長の長い表面うねり成分をフィルタにより除去した粗さ曲線を用いて評価する。この加工面の凹凸は切削現象により生成されることになるが、切削現象には加工中の振動、工具の切れ味、加工材料の性質などが要因として含まれる。

　JIS には、粗さを表現する際の種々のパラメータやフィルタ、計測の際の触針先端形状、測定力まで規定されている。測定された加工表面の凹凸のデータに対しカットオフ値 $λ_s$ の低域フィルタを掛けたものが断面曲線と定

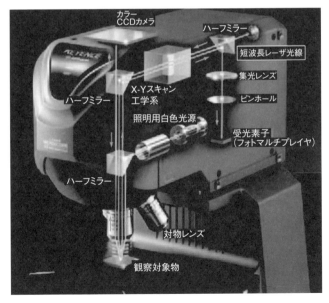

図 6.19　非接触粗さ計の構造 [16]

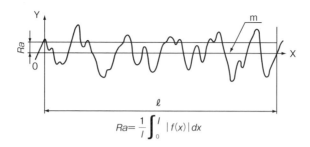

図 6.20　算術平均粗さ Ra の定義（JIS B 0601：2001 より）

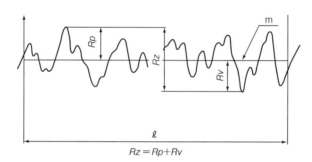

図 6.21　最大高さ粗さ Rz の定義（JIS B 0601：2001 より）

義されている。この断面曲線に対しカットオフ値 $\lambda_s - \lambda_c$ の帯域フィルタを掛けたものが粗さ曲線となる。粗さ曲線から得られる粗さの定義には以下の3つがある。

① 算術平均粗さ Ra
② 最大高さ Rz
③ 十点平均粗さ Rz JIS

算術平均粗さ Ra は、**図 6.20** に示すように粗さ曲線を $y=f(x)$ で表したときに次の式によって求められる値を μm で表したものとなる。

$$Ra = \frac{1}{l}\int_0^l |f(x)|\,dx$$

最大高さ Rz は、**図 6.21** に示すように粗さ曲線の縦方向の最大値 Rp と最小値 Rv を求め、次式で得られる値を μm で表したものとなる。

$$Rz = Rp + Rv$$

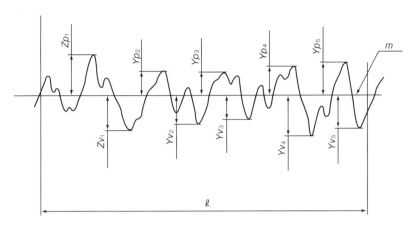

図6.22 十点平均粗さ RzJIS の定義（JIS B 0601：2001 より）

十点平均粗さ RzJIS は、**図6.22** に示すように粗さ曲面から最も高い山頂から 5 番目までの山頂の標高（Yp）の絶対値の平均値と、最も低い谷底から 5 番目までの谷底の標高（Yv）の絶対値の平均値との和を μm で表した数値をいう。

$$Rz\text{JIS} = \frac{|Z_{p1}+Z_{p2}+Z_{p3}+Z_{p4}+Z_{p5}|+|Z_{v1}+Z_{v2}+Z_{v3}+Z_{v4}+Z_{v5}|}{5}$$

Z_{p1}、Z_{p2}、Z_{p3}、Z_{p4}、Z_{p5}：基準長さ l に対応する抜取り部分の最も高い山頂から 5 番目までの山頂の標高

Z_{v1}、Z_{v2}、Z_{v3}、Z_{v4}、Z_{v5}：基準長さ l に対応する抜取り部分の最も低い谷底から 5 番目までの谷底の標高。

▶ 6.3.2　加工面のうねり

加工面のうねりは、**図6.23**[16] に示すように粗さより大きな間隔で起こる表面の周期的な起伏をいう。断面曲線にカットオフ値 λ_f と λ_c の位相補償形フィルタを適用することで得られる。表面粗さと同様に、うねりの小さな加工面が良好な加工面といえる。

▶ 6.3.3　加工変質層

加工によって材質的に変化した表面層を加工変質層と呼ぶ。その原因は、

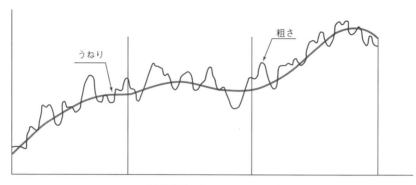

図 6.23 粗さとうねり[16]

加工時の機械的エネルギーによるもの、熱エネルギーによるもの、この両者を複合したものなどが考えられる。機械的エネルギーによるものでは塑性変形による表面の格子欠陥の乱れや増加、結晶粒の変形、微細化などが生じる。熱エネルギーによるものでは相変態、組織変化、熱亀裂の発生を起こす。こうした加工変質層を除去するのが磨き加工になる。

6.4
切削加工のトラブル

▶ 6.4.1 びびり振動

びびり振動は、加工中に工具と被削材間に発生する振動をいう。このびびり振動が発生すると、被削材表面にびびりマークが残り、加工面は劣化する。びびり振動の発生は工具や加工機の損傷の一因となることから、びびり現象の解明と同時に対策も多くなされてきた。

(1) びびり振動の種類

びびり振動は発生の要因から強制びびり振動と自励びびり振動に分けられる。
強制びびり振動は切削系内に存在する振動源により発生する。振動源としては、切削・空転を繰り返す断続切削や切りくず生成時の周期的な切削力変

動が挙げられる。その他として、工作機械内部の様々な振動源や、工作機械外部から伝わる振動も要因となる。

自励びびり振動は、工作機械内部に特定の振動源がない場合でも動特性や切削過程により発生する。すなわち、前加工面の振動が次の加工時の切取り厚さ変動に影響を及ぼし、びびり振動が発生する場合がある。

(2) びびり振動発生によるトラブル

びびり振動が発生すると、振動に対応したびびりマークが残り、加工面性状が悪化する。さらには、工具刃先の異常摩耗や損傷、さらには工作機械の破損の一因ともなる。

(3) びびり振動対策

強制びびり振動に対する対策としては、工作機械内の振動源や外部の振動源を特定し、工作機械の高剛性化や外部からの振動伝達を防止するといった振動対策を施すことが一般的に行われている。また、現状の切削加工において、旋削を除き断続切削が行われている。周期的な断続切削を避けるため、不等ピッチ、不等リード工具を用いることが行われている。

自励びびり振動対策として切削条件の変更が用いられている。自励びびり振動の一つである再生びびりに関しては、**図 6.24**[17] に示す安定限界線図を用いて切削条件を変更し、びびり振動を抑制することが行われている。振動のセンシング技術や制御技術の発展もあり、マイクで集めたびびり音から安定限界線図を基に自動的に切削条件を変更する機能が工作機械の制御装置に搭載されている。**図 6.25**[17] には、びびりが発生した時の加工面と自動的に加工条件を変更し、びびり発生を抑制した時の加工面を示す。旋削加工時で

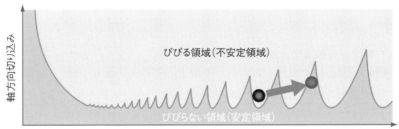

図 6.24 安定限界線図 [17]

(a) びびりが発生した加工面　　(b) びびりの抑制効果

図6.25　びびりの抑制 [17]

あるが、びびり振動が抑制されていることがわかる。

▶ 6.4.2　構成刃先

（1）構成刃先の生成過程

　構成刃先とは、すくい面と逃げ面の一部にまたがり刃先を包みこむように固着した堆積物をいう。切りくずの一部が、すくい面における摩擦により二次的なせん断変形を受け、切りくずの一部が剥離し堆積したものと考えられる。したがって、加工硬化を受けているために母材より硬化している。
　構成刃先の特徴は以下のようになる。
　① 構成刃先は発生、成長、分裂、脱落を繰り返す。
　② 有効すくい角が大きくなる。
　③ 設定切込みより実切込みが大きくなる。
　④ 脱落した構成刃先が仕上げ面に残り、仕上げ面の状態が悪化する。

（2）構成刃先生成によるトラブル

　構成刃先が生成されると安定した切削ができなくなる。すなわち、**図6.26**[18] に示すように構成刃先は発生、成長、分裂、脱落を繰り返すことになり、実切込みが食込み側に変化し、有効すくい角も周期的に変化する。したがって、粗さの小さな加工面は得られなくなる。さらに、脱落した構成刃先が仕上げ面に付着し、加工面を荒らすことになる。

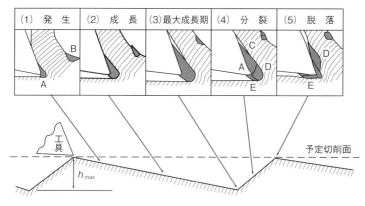

図 6.26 構成刃先の生成過程[18]

(3) 構成刃先生成抑制法

構成刃先を付着しにくくするために、すくい角を大きくとることや刃先を鋭利にすることが行われている。また、加工中の刃先温度が被削材の再結晶温度以上になると構成刃先は発生しないことが知られている。したがって、切削速度を上げて高温の切削熱が発生するようにすることが有効であるが、工具材質の変更を伴うことになる。

▶ 6.4.3 工具摩耗

(1) 工具摩耗の原因

切削工具は加工中に厳しい環境下にさらされる。結果として工具は摩耗し、時にはチッピングを生じることもある。工具の摩耗の原因にはいくつかあるが、機械的作用による摩耗としては以下の2つが挙げられる。

① アブレシブ摩耗 (abrasive wear)

この摩耗は工作中の不純物、金属炭化物、金属間化合物、構成刃先の脱落片などの硬い粒子の引掻き作用によるものである。

② チッピング (chipping)

チッピングは、工具刃先が工作物に食込む時の機械的衝撃力にもとづく刃こぼれが主である。これは超硬合金やセラミック工具の場合において顕著で、フライス削りなどの断続切削において起こりやすい。

熱的、化学的作用による摩耗としては以下の5つが挙げられる。

① 熱疲労、熱き裂などによるチッピング

フライス加工のように断続切削する場合には、切削抵抗が急激に変動し、それに伴って工具も急熱、急冷され、工具刃先は繰返しの熱応力を受ける。一般に超硬合金のような脆性材料は引張応力に対して弱いので、急激に冷却される時、工具に引張応力が生ずるため亀裂が発生してチッピングを起こしやすい。

② 拡散、合金化による摩耗（diffusive wear）

工具と切りくずの接触部では高温高圧の状態であるため互いに拡散して合金を形成する。拡散層では結合力が著しく低下し、容易に摩耗する。

③ 凝着による摩耗（adhesive wear）

高温高圧化の工具と工作物との接触部では局部的に凝着が起こり、それがせん断される時に工具の一部をもち去ることによって摩耗を生ずる。

④ 軟化・溶融による損傷

工具の切れ刃先端が切削熱により軟化し塑性流動するための損傷がある。これは主として鋼系工具の場合に生じやすい。

⑤ 化学的反応による腐食摩耗（corrosive wear）

工具材料の構成元素が工作物材料中または切削液中の元素と化学的に反応を起こし、その結果、工具表面が脆くなり摩耗が促進される。

（2）工具摩耗の種類

工具摩耗には、図 6.27[19] に示すように工具のすくい面に発生するすくい面摩耗と逃げ面側に発生する逃げ面摩耗がある。すくい面摩耗は摩耗の深さで評価し、クレータ摩耗ともいう。逃げ面摩耗は摩耗幅で評価する。工具摩耗は逃げ面摩耗幅により評価し、フランク摩耗ともいう。

工具摩耗の進展により工具の切れ味は低下し、結果として加工面粗さは悪くなる。

（3）工具寿命の判定

切削によって切れ刃が工具寿命判定基準による寿命点に達するまでの正味切削時間、正味切削距離（正味切削長さ）または正味切削個数で工具寿命を表す。工具寿命の判定基準値を超えた場合、工具交換を行うことになる。

切削速度（V）を一定にし工具摩耗の時間的変化を求めると、一般には図 6.28[20] のようになる。摩耗は初期摩耗を経て通常摩耗から異常摩耗に変化

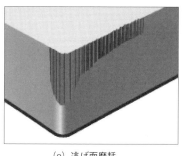

(a) 逃げ面摩耗　　　(b) すくい面摩耗

図 6.27　主な工具摩耗 [19]

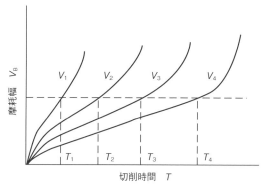

図 6.28　工具摩耗曲線 [20]

する。他の切削速度においても同様の摩耗量の計測を行い、工具寿命判定基準に達するまでの加工時間 T を求める。与えた切削速度 V と加工時間 T を用いてグラフ化すると**図 6.29**[20] のようになる。この図を VT 線図と呼ぶ。

VT 線図から以下の方程式が得られ、これを Taylor の寿命方程式と呼ぶ。

$V \times T = C$

こうした VT 線図から切削条件を決定することになる。

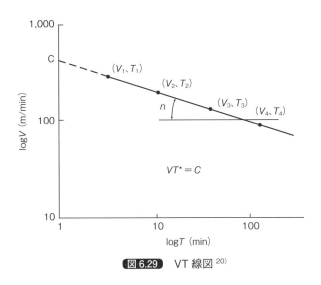

図 6.29 VT 線図 [20]

6.5

放電加工

▶ **6.5.1 切削加工と放電加工の比較**

　各種の機械構造用鋼や工具鋼の 2・3 次元の形状加工や複雑形状加工には大きく分けて切削加工法と放電加工法がある。両者の加工法には**表 6.4**[21] に示すように長所と短所があるが、共に金型加工にとって重要な役割を担っている。今日の金型製作は、デザイン・設計の IT 化、機械加工機および切削工具の進歩などによる技術的な発展や加工時間の短縮などの生産性向上、効率化の進展から切削加工法と放電加工法の棲み分けが行われている。

　なお、焼入れ‐焼戻しを行った高硬度材（熱間用工具鋼 SKD61、42-45 HRC、3 鋼種で評価）のドリル穴加工試験[22] においては、穴加工長さ/穴直径の比（L/D）が 20～30 領域で加工法の分岐点が認められ、切削加工の場合、（L/D）比が分岐点以上になると加工時間やドリル破損などのトラブルが発生し切削加工の限界が認められた。それ以上の比（L/D）では放電

表6.4 切削加工と放電加工の比較 [21]

	切削加工	放電加工
長所	①加工時間が短い ②工程が少ない（電極加工がない） ③加工面積により加工面品質が影響されない	①シャープエッジ加工が可能 ②高硬度材・高脆材の加工が容易 ③高精度加工が可能 ④電極によるデザイン評価が可能 ⑤加工反力が極めて小さく微細加工が可能
短所	①コーナRが工具系に制限される ②工具寿命が短い（近年工具の改善が著しい） ③加工材の硬さに限界がある ④加工深さの制約（L/D）を受ける ⑤加工プログラムが複雑	①電極加工工程が必要 ②導電性材料の加工に限定される ③加工時間が長い

加工法を適用しないと精度、効率を考慮すると加工が難しい。近年の切削加工は高硬度の材料（48～53 HRC程度）の直彫り加工が刃具の開発に伴い可能になってきているが、ドリル加工のような深穴形状加工の場合は相互の加工法に利害得失があるので選択を考慮する必要がある。

なお、現在でも高硬度材（超硬、セラミックス）の3次元複雑形状の創成加工、非導電性セラミックス、表面改質などに電気エネルギーを利用した放電加工、レーザ、電子ビーム加工の有用性が認められ新規の適用技術が発展し、今後期待できる技術領域である。

▶ 6.5.2 放電加工の特性

放電加工には、主として形彫り放電加工（図6.30）とワイヤ放電加工（図6.31）の2種類の方法[23]が用いられているが、近年では無ひずみ除去のために電解放電加工の研究も見直されてきている。複合加工としては、仕上げ放電加工表面にレーザ照射による表面改質、および3Dプリンタを応用した金属粉末による形状創成などの積層技術（AM技術）も進んでいる。

形彫り放電加工は、工具電極材（黒鉛や純銅、無酸素銅）と被加工物の間に放電を発生させ、加工液である灯油の熱分解による爆発気化および除去現象を利用して電極形状を創生する方法である。電極形状の転写性能が高く、

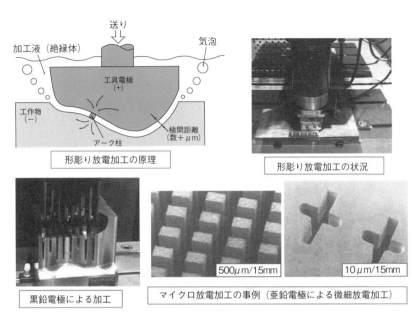

図6.30 形彫り放電加工の原理と加工事例

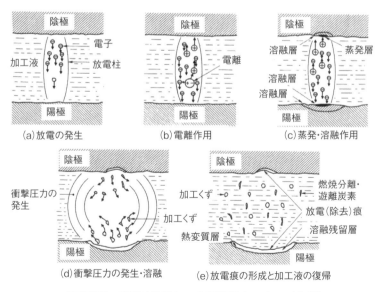

図6.32 形彫り放電加工の飛散除去メカニズム[24]

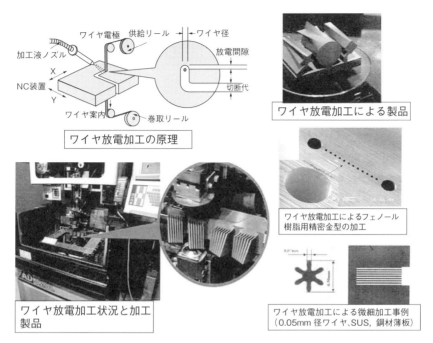

図 6.31 ワイヤ放電加工の原理と加工事例

複雑形状および高硬度の機械構造用材料、工具鋼などの加工には非常に有利な方法であり、3次元形状をもつ各種の部品や金型などの加工に使用されている。

ワイヤ放電加工は、ワイヤ電極（タングステン、黄銅など導電性ワイヤ）を使用して部品加工、工具鋼（冷間用金型）、各種のピン、スリット製作、材料切断などの2・3次元形状の加工を行う方法である。

放電加工は極間にパルス放電を発生して加工材の形状創成や切断を行う加工方法である。図 6.32 に形彫り放電加工時における放電加工の極間メカニズムの概略を示す[24]。

放電加工時は極間（陽極と陰極）に放電柱が存在して電子が陰極から陽極側に移行する。解離した電子は陰極（－）から陽極（＋）に放電柱を介して移行する。また、この時に電子は加速されて極間が溶融させると同時に加工液の解離、爆発圧力の発生、加工くずの加工液への放出などの過程を取り、

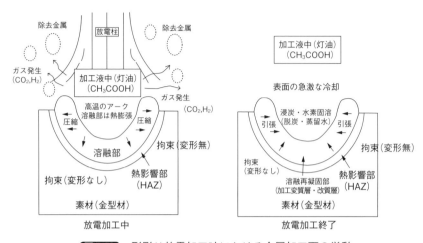

図 6.33 形彫り放電加工時における金属加工面の挙動

電極形状に類似した形状が加工材表面に形成されるメカニズムを取る。なお、加工時の極性は工具電極と被加工材を陽極と陰極に変換させることは可能であるが、電極を陰極とした正極性の場合、電子の移行が強く被加工物に集中して加工速度は上昇する傾向を示す[25]、[26]。

図 6.33 は材料の形彫り放電加工表面における加工終了時の溶融再凝固層の金属学的な変化を概略的に示す[27]、[28]。放電加工時には短絡的なパルス放電を印加するが、放電加工時の加工液である灯油がアーク熱により分解と同時に各加工材料の溶融面には炭素の浸炭および水素が吸収される現象が起こる[29]。その後、パルス的な放電アークが停止し冷却過程になると、加工液である灯油の分解による浸炭領域が急冷されることや冷却に伴う局部的な加工面の収縮が起こり、表面には引張応力、気泡や溶融再凝固層が存在する。この領域には柱状組織、急冷によるアモルファス的組織、再加熱組織などが認められるが、溶接後の凝固組織に類似した状況が認められる。

表 6.5 に形彫り放電加工とワイヤ放電加工における表面の材質的特徴を比較して示す。

表6.5 形彫り放電加工とワイヤ放電加工の表面特性の比較

加工法	形彫り放電加工	ワイヤ放電加工
加工液	灯油	蒸留水
加工変質層	浸炭層	脱炭層
硬さ	硬化（増加）	軟化（低下）
表面残留応力	引張応力	引張応力
耐食性	良好（浸炭層）	不良（電解腐食層）
欠陥発生状態	熱影響層、割れ、空孔、水素	電解腐食層、空孔、水、素
熱処理の状態 焼なまし材	表面硬さ：硬化	表面硬さ：変化無し
熱処理の状態 焼入れ-焼戻し材	表面硬さ：硬化、熱影響層：軟化	表面硬さ：軟化

　形彫り放電加工は一般に加工液として灯油、ワイヤ放電加工は蒸留水を使用する。炭素鋼、合金鋼や工具鋼において遊離炭素が被加工材表面に浸炭し硬さが増加する。また水素ガスは材料中に固溶して気泡の生成、遅れ破壊やクラックの発生を誘発させる。また、放電加工面は局部的な溶融凝固現象により膨張-収縮に伴う引張応力が存在する[30]。

　一方、ワイヤ放電加工の場合、蒸留水を加工液とする加工方法のために高炭素系材料表面は脱炭現象、電解腐食層が存在し硬さは低下し、溶融再凝固した表面には形彫り放電加工と同様に引張応力が存在する。なお、軟鋼や低炭素鋼材の加工にでは、脱炭現象は炭素量が少ないが、その他の現象は工具鋼などと同様な挙動を示す。ワイヤ放電加工はプレス用鋼材、治工具、ICやリードフレームなどの加工に平板状の焼入れした高硬度の炭素鋼、構造用鋼および工具鋼（冷間用）などが使用されるが、加工材には熱応力解放の役割を担う捨て穴（応力解放効果）を事前に加工しないと、内部に存在する残留応力の開放に伴う割れや変形の発生を誘発させる原因になる。

　近年では形彫り放電加工の加工液を変換して蒸留水、ワイヤ放電加工の加工液に灯油を使用した加工方法も提案されている。この効果は、蒸留水（加工液）の比抵抗の管理、加工効率や両者の加工面の欠点改善、蒸留水による

溶融電解腐食層形成の低減化、加工表面の安定化、表面粗さの改善並びに鏡面化の改良などの利点がある[31]。

両者の放電加工においては共にアーク放電により溶融凝固層（変質層）が存在するが、この領域は製品の使用時における操業安定化や表面安定性に大きな影響を及ぼす。そこで、放電加工面の変質層領域における諸特性の解明[33]は、使用材料の品質安定性や表面性状にとって重要な技術課題である。また、これらの問題点を新たな技術により改質および改善方法などの研究が多く報告されている。

▶ 6.5.3　放電加工面の変形挙動

放電加工面は溶融再凝固現象に伴い加工面には多くの欠陥（組織変化、溶融変質層、残留応力、気孔、残留オーステナイトなど）が存在する。これらの挙動解析は加工材料の安定性にとって重要な課題になっている。そこで以下に形彫り放電加工とワイヤ放電加工後の表面の物性解析・評価について述べる。

図 6.34 は放電加工時の溶融凝固に伴い発生する応力の挙動観察結果を示す[32]。この試験は2種類の工具鋼（冷間用 SKD11、熱間用 SKD61）を使用し、薄板 3 mm の中心位置を研削により 0.3 mm 徐去した後、板厚 2.7 mm の領域に高エネルギー加工条件（加工液：灯油、ピーク電流 Ip；68 A、パルス幅 τ on；1200 μs、D・F；50 %、加工時間 3 分、表面粗さ約 300 μmR_{max}）で形彫り放電加工を行った。加工中の試験材は無拘束の状態にして加工を行っている。加工終了後の溶融再凝固層の存在が加工面にどのように影響を及ぼすかについて検討した。これらの挙動から形彫り放電加工後には凝固・収縮に伴う熱応力や残留応力および残留オーステナイトなどが存在することが明らかになる。また、大型で剛性が高い被加工材料においては溶融凝固により形成した放電加工面は局部的変形であり、大型材料に変形が拘束されることから内部的には大きな残留応力が存在する。

図 6.34 のような薄板に無拘束状態で放電加工を行った場合、放電加工後の表面が冷却過程で凝固収縮するが厚肉部の拘束力により、加工面には圧縮応力が存在し薄板部は「たわみ変形」を起こす。

試験をした冷間用工具鋼（SKD11）および熱間用工具鋼（SKD61）の研

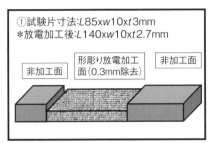
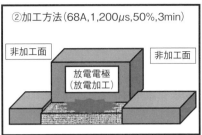
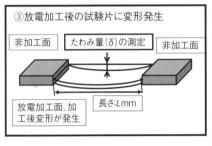

	SKD11(焼きなまし材, μm)	SKD61(焼きなまし材, μm)
研削面	1〜2	1〜2
形彫り加工面	20〜30	20〜17
低温	27〜28 (250℃)	21〜23 (250℃)
高温	15〜17 (550℃)	14〜16 (550℃)

図 6.34 形彫り放電加工における変形挙動[32]

削加工面は1〜2μm程度の少ない「たわみ（変形量）」であるが、放電加工後の各工具鋼には大きな「たわみ」が存在し、研削面に比べ20〜30μm程度発生する。

このたわみ量の測定は、加工前後の試験片を定盤に設置し、被加工面を基準としてたわみ量（変形量）を求めることが可能である。また、加工後のたわみ量が認められた材料について低温焼戻し（250℃）と高温焼戻し（550℃）処理した後のひずみの解放効果は、低温焼戻しによるたわみの回復はほとんど認められず放電加工後の変形量とほぼ同じ値であった。高温焼戻しではその値が約1/2に減少し、放電加工後の変形の回復には高温焼戻し処理が有効になる。

▶ 6.5.4 放電加工面の組織観察

形彫り放電加工後の鉄鋼材表面は、放電加工時の溶融に伴う局部膨張と加工液による急激な冷却に伴う収縮が繰返し重畳される。図 6.35 は、形彫り

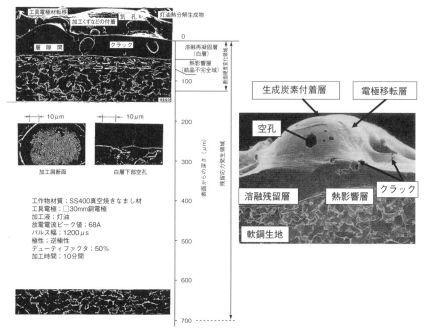

図 6.35 軟鋼に放電加工を行った時の変質層の形成観察

　放電加工（軟鋼）を行った断面に形成する変質層の組織、硬さ変化および残留応力作用域などの概略図を示す。形彫り放電加工の表面近傍は非常に不安定な組織（非晶質化）や残留水素および残留応力が存在する。**図 6.36** は、工具鋼（熱間用 SKD61）の放電加工面に放電加工過程で形成される溶融再凝固層領域の概念図を示す。**図 6.37** は、工具鋼（冷間用 SKD11）形彫り放電加工（荒加工条件）を行った時の加工後の断面観察を示す[24]。

　放電加工過程において表面は溶融・凝固が繰り返し重畳され、加工液（灯油）は炭素と水素に分解し、一部の炭素は炭酸ガスとして大気に放出されるが、それ以外は溶融金属内に固溶・析出し浸炭層を形成する。また、水素は材料欠陥（転位、結晶粒界）に集積し、空孔を形成した後、クラックを発生して表面に逃散する場合と生地中に固溶して残留水素として存在するメカニズムをとる（遅れ破壊の誘発）。また、局部的な溶融層は凝固過程で工作物による拘束から引張応力が発生する。このように、形彫り放電加工面は各種

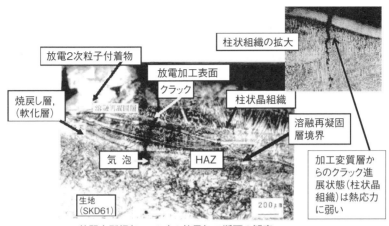

熱間金型鋼(SKD61)の放電加工断面の観察
(SKD61焼入れ-焼戻し材、45HRC、加工液:灯油、電極:Cu、
加工エネルギー:大、表面粗さ:300μmRmax程度)

図6.36 熱間用工具鋼(SKD61、45HRC)の変質層の観察

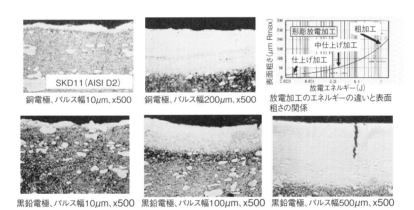

図6.37 冷間用工具鋼(SKD11 相当材)の放電加工条件と変質層形成状態変化 [24]

のメカニズムが繰り返されながら加工表面に各種の欠陥が形成される。

ワイヤ放電加工の場合は、加工液に蒸留水を使用することから表面には脱炭層や電解腐食層が存在する。なお、放電加工時の残留応力の発生は、素材の組成、熱処理状態(焼きなまし、焼入れ-焼戻し処理など)や放電加工方法(形彫り、ワイヤ放電)および加工条件により異なる結果を示す。

253

▶ 6.5.5　放電加工面の材料特性の変化

表6.6は、冷間工具鋼（SKD11）に焼入れ−焼戻し処理を行い、その後、低温および高温焼戻し処理を1回および2回行った場合の残留オーステナイト量の変化および表面に存在する組織（結晶構造）を示す。

形彫り放電加工面には、αFe、γFe（残留オーステナイト）、炭化物〔Me_3C、Me_7C_3（Me＝Fe、Cr、V、Mo、Mn）〕などが存在する。加工面の残留オーステナイト量は、1回および2回の低温焼戻し処理では放電加工後の状態に比べ変化が少ない。しかし、1回から2回の高温焼戻し処理においては著しく低下し、マルテンサイト組織に変態する。特に高温焼戻し処理では明確なγFe（残留オーステナイト）がX線回折高温測定結果においては認められない。この状況から加工表面の改善には、2回の高温焼戻し処理か残留オーステナイトのマルテンサイトへの変態の促進と残留応力の解放にとって著しい効果が認められる。特に2回の高温焼戻し処理においては残留オーステナイトがほとんど消失する。

形彫り放電加工面に存在する水素量をグリセリン浸漬法[28]より測定すると、加工面の総面積（295.3 mm^2）に対して約2mlの拡散性水素が認められ、放

表6.6 SKD11の低温および高温焼戻し処理後の残留オーステナイト量の変化

熱処理	放電加工のまま		放電加工後、1回焼戻し処理				放電加工後、2回焼戻し処理			
			低温焼戻し(250℃、1h)		高温焼戻し(550℃、1h)		低温焼戻し(250℃、1h)		高温焼戻し(550℃、1h)	
加工条件	Ip:68A τon:1200μs	Ip:68、τon:50μs	Ip:68A τon:1200μs	Ip:68、τon:50μs	Ip:68A τon:1200μs	Ip:68、τon:50μs	Ip:68A τon:1200μs	Ip:68、τon:50μs	Ip:68A τon:1200μs	Ip:68、τon:50μs
結晶構造	αFe γFe Fe_3C M_7C_3	αFe γFe	αFe γFe Fe_3C M_7C_3	αFe γFe	αFe γFe Fe_3C M_7C_3	αFe γFe	αFe γFe Fe_3C M_7C_3	αFe γFe Fe_3C	αFe Fe_3C M_7C_3 γFe:微量	αFe Fe_3C γFe:微量
残留オーステナイト量(γFe、%)	82	47	79	41	8	6	76	32	0(微量)	0(微量)

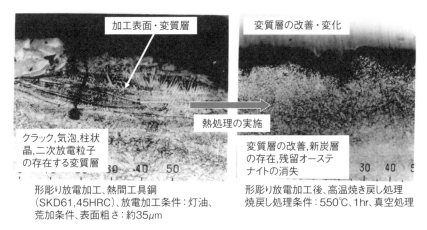

図 6.38 形彫り放電加工面の熱処理による組織改善

電加工面には水素の存在が明確になる[32]。このことは、金型の放電加工面をそのまま使用した場合、水素による遅れ破壊を誘発させる原因になる。

図 6.38 は工具鋼（熱間用 SKD61、45 HRC）の焼戻し処理前後の組織変化を示す。形彫り放電加工後の断面には加工変質層（柱状組織、クラック、気包、残留オーステナイト）が存在し、加工液の熱分解による水素の生地への吸収によるブローホールが生地内に存在する。凝固過程で溶融層内に存在した拡散性水素が温度の低下に伴い溶解度も低下し結晶欠陥（転位、結晶粒界）に集積した水素によりクラックが発生して外部に放出される状況が認められる[28],[33]。

この状態の工具鋼に高温焼戻し処理を施すと、加工変質層内の鋳造組織や異常層が消失し炭化物の存在する結晶組織に改質される。また、水素は高温処理により固溶水素の逃散や残留オーステナイトもほとんど再固溶する。しかし、表面の浸炭領域は高炭素濃度のために微細炭化物が存在する状態に変化することがわかる。このような挙動は工具鋼の高温焼戻し処理における残留オーステナイトが消失する現象に対応している。

図 6.39 は熱間用工具鋼（SKD61）における残留オーステナイトの表面から内部への分布形態の概念図を示す。残留オーステナイトの存在は加工変質層深さに依存し、加工条件が大きい場合は残留応力や残留オーステナイトの

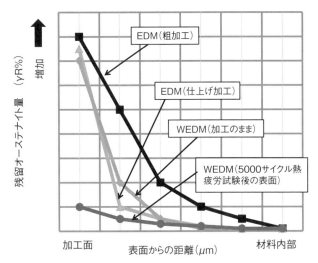

(注)放電加工後の残留オーステナイトの存在深さは加工条件により異なるが、形彫り放電加工（EDM）で5〜50μm程度、ワイヤ放電加工（WEDM）で1〜10μm程度。

図6.39 各放電加工における残留オーステナイトの分布形態

存在域が大きくなり、仕上げ加工のような低エネルギー加工条件の場合、浅くなる傾向を示す。また、形彫り放電加工とワイヤ放電加工においては、前者が深く後者が浅くなる状態を示す。

図6.40は、放電加工面の基礎的な現象を確認するために構造用鋼（軟鋼SS400）に灯油および脱イオン水（蒸留水）の加工液を各々用いて加工した表面のX線回折図形の変化を示す。軟鋼の非加工面は単純な鉄（α Fe）の存在であるが、加工液に灯油を使用すると加工過程での熱分解による浸炭作用から表面は硬さの増加および残留オーステナイトの存在が認められ、回折ピークはひずみの存在からブロードピークになる。また、蒸留水の加工液では明確に加工面の変化が認められない。

成分分析の結果においては工具鋼（冷間用SKD11）の場合、蒸留水の加工において最表面近傍の炭素濃度は生地濃度に比べ低下し、灯油中の加工では炭素の濃度が増加する傾向を示し、放電加工時の加工液の違いにより表面の挙動が異なることが明確になる。

このように形彫りおよびワイヤ放電加工においては、使用する加工液の種

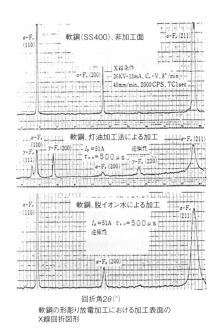
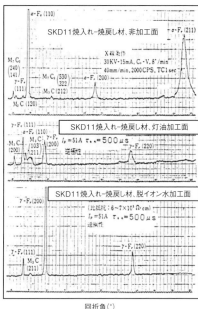

図 6.40 軟鋼・SKD11 材による放電加工液の違いによる表面の X 線回折 [30]

類により表面の加工変質層の形成状態が著しく異なる。なお、熱間用工具鋼（SKD61）においても同様な傾向を示すが、冷間用工具鋼（SKD11）に比べて Cr 元素量が SKD61 は 5 ％程度、SKD11 材は 12～13 ％ Cr であり、加工面に形成する組成のピーク形態および濃度は異なる傾向を示す。

図 6.41 に形彫りおよびワイヤ放電加工面の表面からの硬さ分布の概念図を示す[34]。工具鋼における形彫り放電加工面は灯油の加工液の場合、浸炭層が存在し、ワイヤ放電加工面では脱炭層が存在する。軟鋼および工具鋼の焼きなまし材料においても浸炭層の形成により硬さは共に増加する。一方、ワイヤ放電加工では加工液が蒸留水の使用により脱炭層（軟化層）が存在し硬さは低下するが、軟鋼の場合の硬さは明確に変化しない形態を示す。

前述した X 線回折線の測定結果らも加工液の違いによる影響は認められるが、同様に断面硬さの変化を**図 6.42** に示す。冷間用工具鋼（SKD11）を

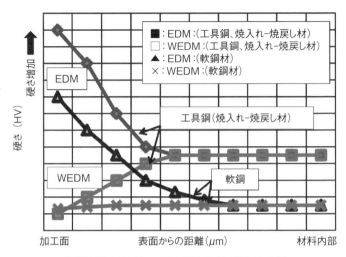

図 6.41 放電加工面の硬さ比較（概念図）[34]

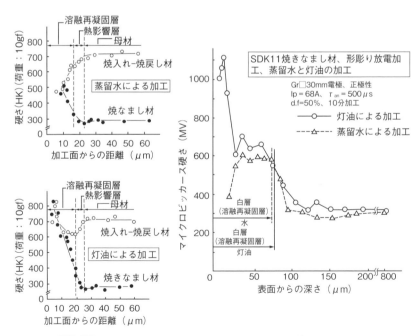

図 6.42 工具鋼の加工液の違いによる硬さの変化
（冷間用 SKD11、焼きなまし、焼入れ-焼戻し材）[31]

蒸留水で加工を行うと、焼きなまし材の場合、生地が軟化していることから急冷効果により最表面の硬さが増加する。また、焼入れ−焼戻し材での表面硬さは脱炭現象により著しく低下する。

一方、灯油による加工の場合は、焼きなまし、および焼入れ−焼戻し材共に、表面硬さは浸炭作用により増加することが明確になる。

このように各放電加工の工具鋼表面の特性について実験結果を示したが、金型加工時の表面の特性を現象的に理解して加工を行わなければ加工後の表面トラブルを誘発させることになるので注意が必要になる[31]。

表6.7は、各鋼種〔軟鋼、プラスチック成形用工具材料（SUS420J2材）〕、冷間用工具鋼（SKD11材）、熱間用工具鋼（SKD61材）および粉末工具鋼（セミハイス）について放電加工後の加工面の結晶構造の変化を示す。

これらの結果から、成分濃度、加工面に存在する結晶構造、残留応力や残留オーステナイト（γR）の形態や挙動は鋼種（成分組成）により異なる形態を示すことが明らかになる。また、軟鋼への形彫り放電加工において、灯油中での加工では表面の炭素量は増加し残留オーステナイトや残留応力も存在するが、蒸留水中での加工では非加工面と同様な挙動を示す。この傾向は他の金型材料でも同様な傾向を示す。一般的には、形彫り放電加工の場合、蒸留水を加工液で使用することが少ないが、現象解明には良好な方法である。なお、近年ではワイヤ放電加工の加工液に灯油を使用し、表面の電解腐食層を改善する事例もある。

また、放電加工後の工作物表面は、放電加工時の溶融に伴う局部膨張と加工液による急激な冷却に伴う収縮が繰り返し重畳され、非常に不安定な組織（非晶質化）や残留水素および引張残留応力が存在する。

▶ 6.5.6　放電加工面の残留応力

図6.43は、軟鋼および熱間用工具鋼（SKD61）表面に形彫り放電加工を行った時の残留応力分布形態の概念図を示す。軟鋼も形彫り放電加工時において、急熱−急冷作用による熱応力および加工液の分解による表面の浸炭に伴い残留応力は増加する。また、高エネルギー加工条件を選択すると、表面近傍はクラックの発生により応力が開放され圧縮応力を示すが、内部に引張残留応力が存在する形態を示す。低エネルギー条件（仕上げ加工条件）で加

表6.7 各鋼種の放電加工後の加工面の状態比較

鋼種・成分(%)	加工方法,加工面の状態	硬さ(HV)	炭素濃度(%,相対濃度比率)	結晶構造(X線回折)(Me=Fe, Cr, Mo, Mn, V, W)	残留応力(σ),残留オーステナイト量(γR, %)
軟鋼(SS400)C:0.07, Mn:0.3	非加工面	>100	100(基準)	αFe	σ:0, γR:0
	灯油加工面(EDM)	250	129	αFe, γFe	σ:410-340MPa γR:20
	蒸留水加工面(EDM)	>100	98	αFe	γR:0
冷間金型用工具鋼(SKD11、焼入れ-焼戻し材)C:1.5, Mn:2.5, Cr:12.0, Mo:1.0, V:15	非加工面	500	100(基準)	αFe, Me$_3$C, Me$_7$C$_3$	σ:0, γR:1-2
	灯油加工面(EDM)	Cu:910, Gr:1100	125	αFe, γFe, Me$_3$C, Me$_7$C$_3$	σ:600-750MPa γR:82
	蒸留水加工面(EDM)	400	80	γFe, Me$_3$C,	σ:410-340MPa γR:93
熱間金型用工具鋼(SKD61、焼入れ-焼戻し材)C:0.4, Mn:0.3: Cr:5.0, Mo:1.4, V:1.0	非加工面	45HRC	100(基準)	αFe, Me$_3$C	σ:0, γR:1-2
	灯油加工面(EDM)	Cu:810, Gr:1000	130	αFe, γFe, Me$_3$C, Me$_7$C$_3$	σ:-100-50MPa γR:82
	蒸留水加工面(EDM)	350	85	αFe, γFe, Me$_3$C, Me$_3$C, Me$_7$C$_3$	σ:410-340MPa γR:90
粉末工具鋼C:1.28, Cr4.2, Mo:5.0, V:3.0, W:6.4, Co:8.5	灯油加工面(EDM)	1100	---	αFe, γFe,	σ:180-200MPa γR:15

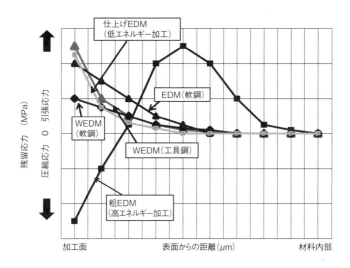

図 6.43 軟鋼および金型材料（SKD61）表面に形彫り放電加工を行った時の残留応力分布形態の概念図

工を行うと表面に最大引張応力を示し、その後、非常に浅い領域で急激に応力が低下する傾向を示す。また、工具鋼における焼きなましと焼入れ－焼戻し処理では残留応力分布が異なる形態を示す。

熱間用工具鋼（SKD61）の焼きなまし材は加工エネルギー条件が変化しても応力値や分布形態に明確な違いは認められないが、応力作用域は加工エネルギーの増加により深くなる。

焼きなまし材（硬さ 10～20 HRC 程度）の場合、素材の剛性や硬さが低く延性が高いことから放電加工時の工作物に発生した残留応力は、軟質な生地と延性によるダンピング作用から表面の応力の発生を生地が吸収するために応力作用域は深くなる。

一方、**図 6.44** に示す焼入れ－焼戻し処理した熱間用工具鋼（SKD61）の表面残留応力は焼なまし材に比較して著しく異なる。特に高エネルギー放電加工条件の表面は焼入れ－焼戻し処理による硬さの影響から放電加工エネルギの上昇（入熱量の増加）に伴い表面に多数のクラックが発生し応力が解放され圧縮応力の状態を示す。

上述のメカニズムにより応力の釣り合いから圧縮応力が発生し、その内部

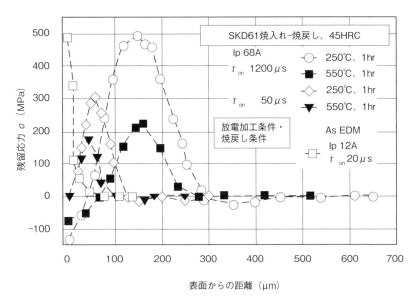

図6.44 工具鋼〔熱間用工具鋼（SKD61）、焼入れ−焼戻し処理〕における残留応力分布

で引張応力が存在する形態を示す。しかし、発生する応力値は加工エネルギーに依存して変化する。加工エネルギーが小さい場合（仕上げ加工）では、焼なまし材の応力分布と同様、最表面が応力の最大値を取る分布形態を示すが、応力は急激に低下し応力作用域深さも浅くなる[30]。

これらの応力発生形態の違いは、生地硬さや素材強度の増加、並びにマルテンサイト組織による延性や靭性の低下などに大きく影響している。なお、仕上げ放電加工表面の残留応力は金型材料の降伏応力に近い値が存在するために外力の負荷によるクラック発生頻度が高くなるので、表面は極力除去するか圧縮応力に変換させることが必要になる。

熱間用工具鋼（SKD61）の焼入れ−焼戻し処理（45 HRC）後、各種の放電加工条件により形彫り放電加工を施し、その加工面に焼戻し処理を低温（250℃、1時間）および高温（550℃、1時間）の条件で行った時の表面からの残留応力分布の結果も併せて図中に示す。図中の点線は、放電加工後の残留応力分布を示し、各マーカは、その後、焼戻し処理を行った時の値である。また、参考までに低エネルギー条件で加工した時の残留応力分布曲線も

図中に示す。

　低温（250 ℃、1 時間）の焼戻し処理における残留応力分布曲線は、各条件共に放電加工時の残留応力分布曲線と同様な結果を示し、変質層の改善効果が明確に認められない。一方、高温（550 ℃、1 時間）処理では、残留応力が約 50 ％減少する。このことは、高温焼戻しによる組織変化とひずみの解放から残留応力の軽減に有効な処理であることを示している。焼戻し処理温度や繰返し回数の増加により残留応力はゼロに近づくことから、金型における加工表面の健全性や安定性には高温焼戻し処理が有利になる。

　ワイヤ放電加工における熱間用工具鋼（SKD61、45 HRC）の表面からの残留応力分の観察では、最表面の残留応力が形彫り放電加工時に認められた仕上げ条件の場合と同様な約 50 kgf/mm^2（490 MPa）の値を示した。この値は工具鋼（SKD61）の 600 ℃における降伏応力と同様な値に対応する。また、ワイヤ放電加工エネルギーの増加に伴い応力作用深さが増加するが、形彫り放電加工後の残留応力に比べに非常に浅い傾向を示す。

　工具鋼（冷間用および熱間用）の焼きなまし材と焼入れ－焼戻し材とで放電加工表面や断面における表面残留応力と応力作用域深さを比較すると、焼なまし材の表面残留応力は焼入れ－焼戻し材と比べ各エネルギー状態であってもほぼ同様な値を示すが、放電加工条件の違いが残留応力値に与える影響はあまり顕著でない。また、応力作用域深さは形彫り放電加工の場合と同様に加工エネルギーの増加に伴い増加する。

　このように放電加工時の表面に発生する残留応力、残留オーステナイトは金型の品質安定性に著しい影響を及ぼすことが多く、これらの加工変質層のメカニズムを理解して放電加工面の改善を図ると安定な金型品質が得られることになる。

▶ 6.5.7　放電加工面の改質処理

　構造用鋼や工具鋼などの放電加工面には残留応力や各種の欠陥が存在し金型の安定性を著しく低下させることは前項で紹介したとおりである。しかし、深穴や微細スリット部、鋭利ナコーナなどでは手磨きによる加工変質層の除去は作業性や加工時間の問題から非常に難しく、金型における放電加工面に各種の表面処理（ピーニング、ガス窒化処理、硬質皮膜、めっき処理など）

を適用して表面の安定性を向上させる手法がとられている[35)、36)]。

（1）放電加工面のピーニングによる効果

ピーニング処理は、放電加工変質層の改質および放電加工時の表面に形成した炭化物や脱炭層の除去・改善に対して効果が認められている[32)]。放電加工面の改善を目的としたピーニング処理について述べる[37)、38)]。

一般的には表面に圧縮応力を負荷させる時には垂直投射、表面層の除去などの場合は被加工材を傾斜させて加工を行うことが多い。また、ピーニング加工を行うと表面粗さは改善され、現場において操作が簡単であることから表面の安定化にとって有効な効果が認められている。ステンレス鋼におけるSCC（応力腐食割れ）の改善にも表面に負荷される圧縮残留応力によりクラックの進展を改善でき、疲労強度の向上が図られる報告もある。

図 6.45 は、ワイヤ放電加工面の表面粗さの変化（1st、3rd カットした表面）による残留応力およびその表面にピーニング加工を行った時の残留応力の変化を示す[36)]。ワイヤ放電加工表面の表面粗さは比較的小さいが、粗加工の表面では約半分の表面粗さに改善され、仕上げ加工の場合は明確な変化が認められない。しかし、その表面にピーニング加工を行うと、引張応力か

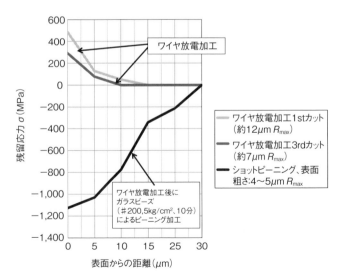

図 6.45 ワイヤ放電工面の残留応力変化

ら非常に大きな圧縮残留応力に変化して応力作用域深さも増加しワイヤ放電加工表面を改質できることがわかる。

図6.46は、形彫り放電加工面の改善を目的に加工面を研摩およびピーニング処理により除去した表面状態の観察結果を示す。放電加工面はクラックや気泡が存在し加工変質層が明確に認められる。研磨加工は#200と#400のグラインダによる研磨を行った。#200の場合は放電加工変質層の脱落やスクラッチ傷が認められたが、#400になると徐々に白層が除去される経過が明らかになる。また、ピーニング処理においては比較的安定に加工変質層の除去が可能であり表面粗さも改善される。

熱間用工具鋼（SKD61、45 HRC）の表面に各種の形彫り放電加工条件（灯油、銅電極）で加工を行い、その表面にピーニング処理、ガス窒化処理、レーザ加工などを行った時の表面粗さの変化を観察すると、ピーニング処理は放電加工面の表面粗さに比べ表面の鋭利な領域が除去され粗さは改善される。

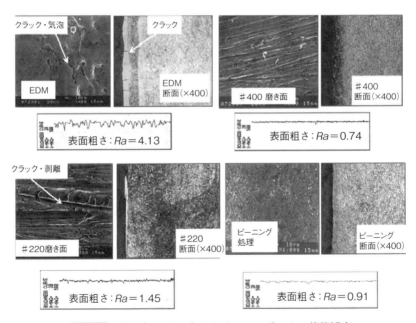

図6.46 放電加工面の磨きとピーニングによる状態観察
（SEM、金属顕微鏡）

(2) 放電加工面の複合表面改質処理

各種の放電加工を行った工具鋼の改善には単独なピーニング処理も有効であるが、焼入れ-焼戻し処理した工具鋼の場合の圧縮応力の作用域深さは通常浅い（20μm程度）場合が多い。熱間用工具鋼（SKD61）などでは、熱的な負荷が処理面に長時間負荷される操業過程においてはピーニング処理の効果を持続させることが難しい場合が多い。そこで、ピーニング処理と各種の窒化処理などを併用した処理が金型の寿命向上に有効な方法になる。

図6.47は、形彫り放電加工表面の改質を目的にガス窒化処理した熱間用工具鋼（SKD61、45HRC）試験片の熱疲労試験による最大クラック長さの測定結果を示す。この結果は放電加工条件を各々変えて実験を行っているが、放電加工条件が大きな場合（ピーク電流12.4A、パルス幅250μs）に比べ、小さい条件での表面が熱疲労試験後の最大クラック長さは増加する。この影響は放電加工変質層が低エネルギー条件の場合、繰返し放電による変質層の不連続性が熱疲労試験過程でクラックの発生を誘発させる影響が大きいと考える。仕上げ放電加工条件にガス窒化処理を行った結果では、放電加工面に比べ加工条件が低く表面粗さの低い仕上げ条件の場合が最大クラック長さは少なく有効な処理になる。これはガス窒化処理による拡散層の存在による影

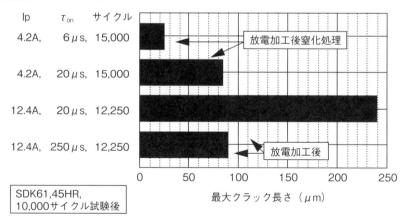

図6.47 形彫り放電加工表面とその表面にガス窒化処理した試験片の最大クラック長さの比較

響が大きい。

図6.48は、放電加工した熱間用工具鋼（SKD61、45HRC）試験片に各種の改質処理を行い熱疲労試験（加熱：570℃、150秒-冷却：100℃、10秒、10,000サイクル）を負荷した後の試験片断面に存在した最大クラック長さの結果を示す。図からも明確なように、ガス窒化処理を行うと放電加工面の耐ヒートチェック性は向上する。さらにピーニング処理とガス窒化処理を複合化すると放電加工時に存在した引張応力が圧縮応力に変換され、耐熱疲労特性にとって表面の圧縮応力の存在が大きな役割をはたしている。

放電加工＋ピーニング処理＋ガス窒化処理＋レーザ処理の場合は、レーザ処理により最表面近傍は溶融されることから、わずかに耐ヒートチェック性は低下するが、その直下に窒化処理時の拡散層が残存していることから放電加工のままの状態に比べ異なる結果を示す[38]。

各種の窒化系表面処理の適用は、処理温度が約400～600℃近傍であり金型の変形が少なく、高温焼戻し処理により加工ひずみや生地の健全性の回復と表面の安定性を補完できる方法であり、ひずみ取り焼戻し処理に比べ有効な方法になる。

図6.49は、熱間用工具鋼（SKD61）で作製した金型の操業過程での各種

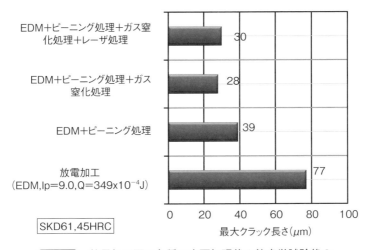

図6.48 放電加工面に各種の表面処理後の熱疲労試験後の最大クラック長さの比較

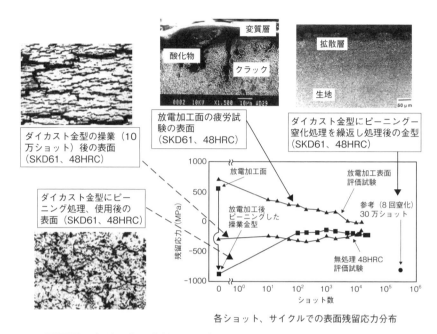

図6.49 各種の表面改質層を形成した金型サイクル数と残留応力の変化

の表面改質処理の有効性を検討した結果を示す。図中のグラフは、操業サイクルと金型の表面残留応力の変化および試験片による放電加工面のサイクル数に伴う残留応力の変化などを同時に示している。放電加工のままの金型用試験片（SKD61）について熱疲労試験を行うと、引張応力が徐々に低下して0に収れんする分布形態を示し、放電加工後の不連続な変質層の部分から生地領域にクラックが深く進展する形態を示す。

ピーニング処理を行うと表面には圧縮応力が存在するが、数サイクルで無処理の残留応力状態になる。しかし、ピーニングとガス窒化処理の複合処理を繰り返し行うと、ダイカスト鋳造段階においても圧縮残留応力は大きな値で維持されることから表面の健全性や安定性が維持され金型の寿命向上には有効になる。健全な熱処理（組織の均質化、安定化処理）を行うと、初期の圧縮残留応力はピーニング処理に比べ低くなるが、熱疲労特性（耐ヒートチェック性）は向上し安定な状態で推移する。

ダイカスト鋳造用金型のメンテナンスにおいてピーニングと窒化処理など

の併用は、放電加工変質層の除去や表面安定性の向上、耐ヒートチェック性の向上に有効な方法になる。また、金型の作業改善、清浄化が得られる利点があり、これらの処理をメンテナンス時に行うと操業が非常に安定して有効な方法になる。

図6.50は、熱間用工具鋼（SKD61、45 HRC）に軟窒化処理した試験片（窒化物形成）に2種類のレーザエネルギー条件により表面改質処理した後の表面からの残留応力分布を示す。軟窒化処理面に低エネルギー条件（0.2 kJ/cm²）で照射すると表面には圧縮応力が残存するが、高エネルギー（0.6 kJ/cm²）による加工では表面の残留応力分布形態が引張応力を示す状態を示す[39]。

この現象は、軟窒化処理表面に形成した窒素化合物が熱エネルギーにより分解し、処理時に形成した応力の釣り合いが崩れるためと考えられるが、このような状態の場合、早期にクラックの発生を誘発させる原因になる。よって複合改質処理においては、表面に窒素化合物が存在した金型表面に熱エネルギーを付加して溶融させると放電加工面に認められる引張残留応力分布形態と同様な結果になるので注意が必要になる。

図6.51は、アルミニウムダイカスト鋳造を想定し熱間用工具鋼（SKD61、45 HRC）試験片に各種の表面改質処理を行い、熱疲労サイクルごとに残留

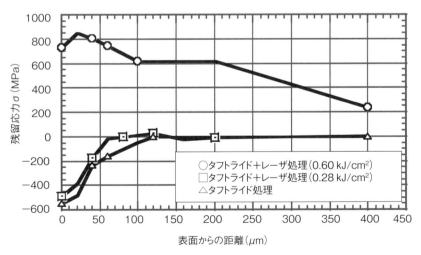

図6.50 熱間工具鋼に軟窒化処理材〔SKD61、45HRC、窒化物（白層）形成〕にレーザ照射後の残留応力分布

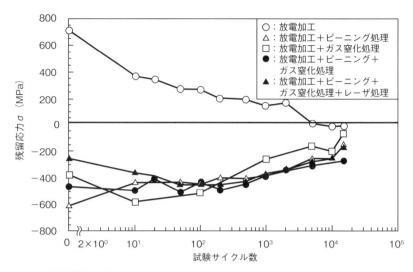

図 6.51 熱間用工具鋼（SKD61、45HRC）の各種の熱処理後の熱疲労サイクルと残留応力の関係

応力を測定した時の残留応力分布形態を示す。放電加工面を残存させた試験片の表面には引張応力が存在するが、熱サイクル過程で徐々に低下して0に収れんする分布形態を示す。

　放電加工面にピーニング処理を施し試験を行うと、試験過程では圧縮応力で推移する傾向を示す。さらにガス窒化処理（窒素化合物が形成しない処理）を行うと、図に示すように大きな圧縮応力で推移し、実際の金型に対してはピーニング処理と窒化処理の併用が放電加工面の改質処理には効果的な方法である。なお、熱疲労試験過程での表面改質処理に圧縮応力を維持させることが耐ヒートチェック性の向上には有効となる[41]、[42]。

　図6.52は、形彫り放電法のメカニズムを利用して硬質皮膜の形成を検討した。この方法は、形彫り放電加工の灯油加工液中にTi粉末を混入して熱間用工具鋼（SKD61）試験片表面に放電加工を行い、硬質皮膜（TiC皮膜）の形成を検討した結果を示す[36]、[39]。

　放電加工液にTi粉末濃度を変えて放電加工を行うと、濃度の増加に伴い明確なTiC層の形成が認められた。なお、TiCの形成により表面の硬さも向上し、成分分析およびX線回折の結果からも明確なTiC皮膜の存在が認

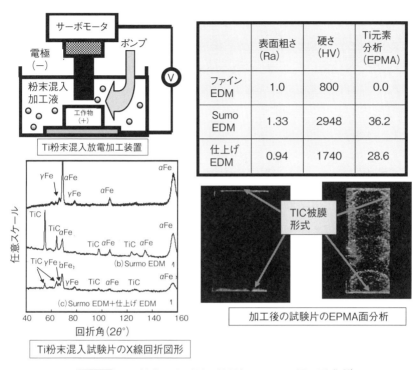

図6.52 Ti粉末混入形彫り放電加工のTiC層の形成[39]

められる。

　形彫り放電加工時に形成したTiC皮膜は急激な冷却により皮膜内に残留応力や組織の不安定な皮膜の場合が多く、金型への適用には皮膜の安定性を得る必要がある。そこで、TiC改質層に焼戻し処理を施し皮膜の健全性をビッカース硬度計による圧痕周辺のクラック発生状態から評価した結果を**図6.53**に示す。なお、クラックの破壊形態の観察にはロックウエル硬度計およびビッカース硬度計の圧痕周辺に形成するクラック発生状況により評価する方法が便利である。

　TiC皮膜の形成した放電加工面では圧痕周辺にクラックが円周状と放射状に発生している。しかし、焼戻し処理温度が上昇すると、形成したTiC皮膜におけるひずみの開放や急熱-急冷により形成したTiC皮膜組織の安定化が促進され、クラックの発生は少なくなる。よって、放電加工面の健全化

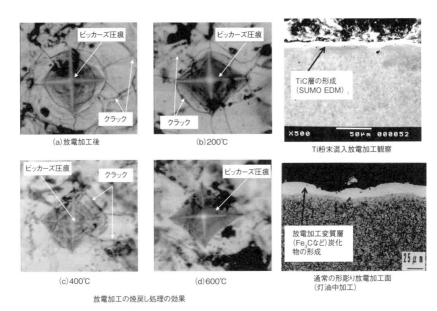

図 6.53 TiC 粉末放電加工面の焼戻し処理による表面改質

には高温焼戻し領域の選択が組織の安定化、皮膜の健全性および内部ひずみの開放効果に有効となる。参考に Ti 粉末放電加工と通常の放電加工の断面観察も示す。

近年、放電加工面の改質を目的として電子ビーム照射による金型表面の改善を図る研究がなされている[40]。図 6.54 は、熱間用工具鋼（SKD61 改良材）について電子ビーム照射加工を行い、形彫り放電加工、研削およびワイヤ放電加工面を行った時の表面粗さの変化を示す。各表面粗さは電子ビーム加工における照射エネルギーの強弱や加工方法により著しく異なるが、表面粗さは共に改善される。

プラスチック成形用工具鋼（SUS420J2、Cr13 % 程度）は Cr 濃度が SKD61 材に比べ高く、より均一な表面層が形成される。しかし、ワイヤ放電加工表面は脱炭層の存在や表面に存在する電解腐食層などの影響により空孔状の欠陥が認められる。

図 6.55 は、熱間用工具鋼（SKD61、50HRC）表面に形彫り放電加工を行い、その後、電子ビーム処理、ガス窒化処理を行った試験片の表面・断面変化お

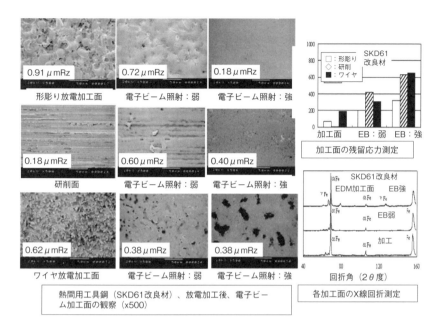

図6.54 熱間用工具鋼（SKD61）の電子ビーム加工による表面粗さの各加工法の比較 [35]

よび熱疲労試験後の性状観察を示す [40]、[41]。放電加工面はクラックや気泡が認められるが、電子ビーム加工により非常に均一で平坦な表面に改質される。しかし、熱疲労試験（加熱-冷却の熱サイクル負荷）を行うと、電子ビーム処理面は平滑状態を維持されるが、10サイクル程度からクラックが明確に認められ15,000サイクルになるとクラックの開口や剥離が認められる。

なお、電子ビーム照射面にガス窒化処理を行うと、試験片面には均一な拡散層が形成し非常に安定した表面が得られる。この試験片に熱疲労試験を行うと、15,000サイクルの段階まで表面にはクラックの存在が非常に少なく、表面に酸化物が均一に形成される程度の状態を示した。

このように電子ビームにより非常に平坦な表面が得られ金型の磨き処理を簡素化できるが、ダイカスト金型のように熱サイクルが負荷される場合は、表面の変質層領域をガス窒化処理や焼戻し処理により改質処理を行うと金型表面が非常に安定した状態が得られる。

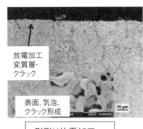

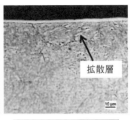

図 6.55 熱間用工具鋼（SKD61、50HRC）試験片への放電加工、電子ビーム加工、ガス窒化処理による表面変化

　参考に各種の工具鋼における電子ビーム加工表面の残留応力変化を観察すると、冷間用粉末工具鋼（PM 材料）、プラスチック成形用工具鋼（AISI、P21 系、SUS420J2 材）および熱間用工具鋼（SKD61 材）の残留応力は研削加工表面以外、全て引張残留応力が存在する。電子ビーム加工は放電加工面と同様な溶融状態を取るために、過酷な操業状態で熱応力が負荷される状態の熱間用工具鋼においては焼戻し処理や表面安定化の処理が必要になる。

　しかし、前項で述べたように電子ビーム加工面は表面粗さが著しく改善されることから、複雑形状金型の手磨きの改善には非常に有効な手法になるものと考えられる。今後、電子ビーム照射の機能性向上に伴い、この加工方法は磨き工程の改善や作業時間の短縮に有効な方法になると考えられる。

　図 6.56 は、熱間用工具鋼（SKD61、50 HRC）材に放電加工後、電子ビーム加工および、その後のガス窒化処理した試験片の熱疲労試験サイクルと残留応力の関係を示す。この結果は放電加工面の残留応力分布曲線に非常に類似した傾向を示す。

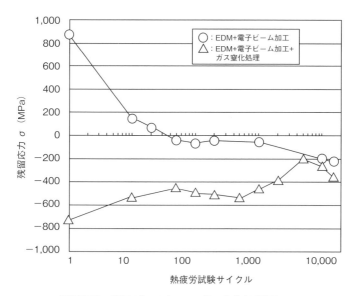

図6.56 電子ビーム加工、ガス窒化処理面の
熱疲労試験サイクルと残留応力の関係

　放電加工面に電子ビーム加工を行うと非常に平滑な表面が得られるが、表面は溶融している形態であるために再溶融凝固のメカニズムから表面には引張残留応力が存在し、熱サイクルの増加に伴いクラック発生と進展が起こることが明確になる。その表面にガス窒化処理を行うと表面には大きな圧縮応力が存在し、その圧縮応力と表面の拡散層の存在により耐ヒートチェック性を向上させる結果クラックの発生が少なくなると考えられる。よって、金型表面の安定化にとってピーニングやガス窒化処理の併用による複合表面処理の適用が熱間用工具鋼などには有効な処理になることが明らかになる。

　ワイヤ放電加工面の改善および改質処理は金型の機能性発現にとって非常に有効な手法になるが、形成した表面の性状を良く理解しなければ、有効な結果が得られない場合もあるので注意が必要となる。

　今後、放電加工面における表面の改善や機能性の発現には、高機能性をもった電子ビーム・レーザ改質[42]、粉末放電加工とこれらの加工方法の適用並びに窒化処理、ピーニング処理、酸化処理などを複合化[43]して新たな表面の創成技術が達成されるものと考える。

参　考　文　献

1) 日立化成テクニカルレポート、No.54
2) JIS B4053（2001）
3) 三菱マテリアル㈱：http://mmc-permanent.learnways.com/courses/92/
4) トーメイダイヤ㈱：http://www.tomeidiamond.co.jp/tec/10.html
5) （有）三井刻印：http://www.kokuin.co.jp/
6) 住友電気工業㈱：http://www.sumitool.com/catalog/pdf/IN470.pdf
7) ユニオンツール㈱：エンドミルの基礎とユニマックスエンドミルの特徴
8) NACHI Technical report,Vol.25
9) ㈱キーエンス：なるほど機械加工入門、http://www.keyence.co.jp/microscope/special/imagemeasure/processing/cutting/machiningcenter/
10) ㈱不二越：http://www.digital-box.jp/Exhibition/kana/1016/1016.html
11) ㈱Ｃ＆Ｇシステムズ：https://www.cgsys.co.jp/
12) ㈱牧野フライス製作所：http://www.makino.co.jp/jp/product/5jiku_t/d200z.html
13) （株）ノリタケカンパニーリミテド：http://www.noritake.co.jp/products/abrasive/support/useful/wheel4.html
14) 東大阪市技術交流プラザ：https://www.techplaza.city.higashiosaka.osaka.jp/word/surface_grinding.html
15) （株）ナガセインテグレックス：http://www.nagase-i.jp/work/machine_01-2.html
16) ㈱キーエンス：表面粗さ測定入門、線粗さ編（1990）
17) オークマ㈱：https://www.okumamerit.com/article/no21/index.html
18) 臼井栄治：切削・研削加工学（上）、共立出版（株）（1990）
19) サンドビック㈱：http://www.sandvik.coromant.com/ja-jp/knowledge/milling/troubleshooting/tool_wear/pages/default.aspx
20) 佐久間敬三、他：機械工作法、朝倉書店（1990）
21) 鈴木正幸：電気加工学会誌、vol.41、No.97（2007）
22) 型技術協会：ダイカスト金型研究委員会成果（2007）
23) 日原政彦、他：電気加工学会誌、Vol.26、No.53（1993）
24) 緒方勲：東京大学学位論文（1989）
25) 日原政彦、他：電気加工学会誌、Vol.26、No.52（1993）
26) 日原政彦、他：J. of advanced Sience、Vol.2、No.2（1990）
27) 緒方勲、他：精密工学会誌、Vol.57、No.1（1991）
28) 日本溶接協会：溶接金属の水素測定法の研究分科会報告（1979）

29) M.Smialowshki:"Hydrogen in steel", Pergamon Press,Oxford (1962)
30) 日原政彦：ダイカスト用金型の寿命対策、日刊工業新聞社 (2003)
31) 増井清徳：学位論文 (1993)
32) 日原政彦：日本ダイカスト会議論文集 (2010)
33) 向山芳世、他：電気加工学会誌、Vol.24、No.48 (1991)
34) 日原政彦：素形材、Vol.43、No.2 (2002)
35) 佐野正明、他：電気加工学会誌、Vol.36、No.82 (2002)
36) 佐野正明、他：電気加工学会誌、Vol.31、No.68 (1993)
37) 安藤柱、他：金属、Vol.77、No.10 (2007)
38) 衛藤洋仁、他：金属、Vol.77、No.10 (2007)
39) 佐野正明、他：電気加工学会全国大会講演論文集 (2011)
40) 宇野義幸、他：電気加工学会全国大会講演論文集 (2003)
41) 安斎正博、日原政彦監修：金型高品質化のための表面改質、日刊工業新聞社 (2009)
42) M.Hihara：Thermomechanical fatigue and farcture,WIT Press London (2002)
43) H.J.Spice：Proceedings of 6th International Tooling Conference (2002)

第7章

溶　接

　構造用鋼や工具鋼は経費削減・資源の有効利用を目的に産業界において各種の溶接法が適用されている。構造用鋼と工具鋼における溶接作業は、合金元素成分が著しく異なり、同一の溶接方法では目的の性能や品質を充分満たすことが難しい。

　本章では、構造用鋼と工具鋼の各溶接方法とその特徴を述べる。各鋼種による溶接の有効な方法、作業、条件および注意点について事例を含めて述べる。

7.1 溶接加工の概要

　近年の構造用鋼や工具鋼の加工は、経費削減・資源の有効利用を目的に資源やエネルギー消費量の減少化（Reduce）、再利用（Reuse）と資源の再利用（Recycle）を目的に産業界においても金属材料の効果的な再利用を推進する機運が高まってきている。各種の構造用鋼や工具鋼における溶接作業はこの目的を充分満たす技術であるが、一般的には設計変更に伴う形状修正、リシンク（溶接により製品となるキャビティ部を完全に肉盛りした後、機械加工により再形成して使用する方法）および局部補修溶接などに用いられている。溶接部の健全性や安定性は溶接機、溶接施工法、作業方法や作業者の技量に負うことが多い[1), 2), 3)]。

　溶接による特徴のなかで利点としては、
　① 鋳物やリベットなどの従来の工作法に比べ強度が高い
　② 設計が自由であり、変更や改造が容易
　③ 構造物の各部材に適した材料の選択が可能で、溶接により組合せが可能となる
　④ 構造物の重量削減や軽量化が可能
　⑤ 製作時間の短縮が可能で、経費や材料の削減が可能
などがある。

　また、欠点としては、
　① 溶融・凝固現象のために溶接ひずみや内部応力が発生しやすい
　② 溶接製品の簡便な検査法が少ない
　③ 製品の良否が作業者に依存することが多い
などがある。

　構造用鋼および工具鋼は、炭素量として低・中・高炭素系の組成をもち、特殊鋼などは高炭素系で高合金成分を添加した鋼種である。軟鋼を含む低炭素鋼（SS400）の溶接は厚肉でなければ比較的安定に加工可能であるが、特

表7.1 接合法の分類

*接合法（金属と金属との接合）
(1) 機械的接合法（ボルト、リベット、折り込み、焼ばめ）
(2) 冶金的接合法（鍛接、溶接、はんだ付け、ろう付け）
　　特別に常温接合の方法もあり、銅（Cu）、アルミ（Al）、鉛（Pb）
　　の接合に適用されているが、表面の清浄化（酸化物の除去）に
　　より品質が左右される。

*冶金的接合法
(1) 融接法（溶接法）：金属を溶融し接合する方法。
(2) 圧接法：接合時に圧力を負荷して接合。
(3) ろう接法：融合材より低い温度の溶融金属により接合する方法。
　　（軟ろう法、硬ろう法）

殊鋼や高合金鋼などは焼入れ性が高く、溶接作業中の急熱-急冷に注意し施工後の溶接部の熱的管理をしないと、溶接部近傍における割れ、変形、遅れ破壊、腐食の促進など品質の低下や不安定要因が伴いトラブルを発生させる事例が多くなる。

表7.1に一般的な接合法と溶接法の分類を示す。冶金的接合法は金属を相互に溶融して一体構造物を作る方法であり、機械的接合法に比べ機密性、重量軽減などの利点がある一方、金属間の溶融現象を利用することから変形、割れなどのトラブルが前述のように起こる。構造用鋼の場合は板状、H形などの比較的形状が複雑でないものが多いが、特殊鋼や工具鋼部品（金型）は複雑形状部が多く、溶接作業の施工や表面品質の安定化など多くの要求項目が求められる。なお、部品や金型の製造時には特性改善のための設計変更、製品品質の向上、機能性や精度および鋳造条件などを目的に溶接を行う場合が多い。この手法はキャビティ（金型の製品面）およびゲート近傍を溶接により埋めて再加工を行うものであり、作業時間や工程短縮にとって効果的な方法になる。

　特に近年のエネルギー削減、資源の有効利用や再利用などの高まりから溶接作業はますます重要な方法になっている。素形材産業分野ではプラスチック成形、鍛造用やダイカストなど多種多様な金型に溶接技術を適用して有効活用・利用を図る事例が多い。

　表7.2は各種の溶接法の種類を示す。通常の溶接法は、被覆アーク溶接法

表7.2 接合法の種類

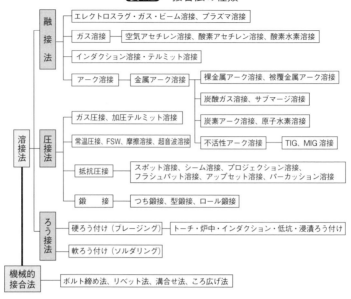

が主に用いられているが、アーク、ガス、圧接、ろう接なども状況に応じ使用されている。溶接機の電源は一般に交流と直流の2種類があるが、直流の場合、電極と被加工物の極性変化によりアーク移行形態、溶込み深さおよび溶着金属などの特性は異なる[3]。

構造用鋼および工具鋼の場合は、被覆アーク、TIGおよびMIG溶接が主として用いられるが、近年ではプラスチック成形用金型の磨き面に存在する微細なピット状欠陥の補修に電子ビーム溶接法、レーザ溶接法が適用され非常に細径（数μm）のビームで極所的に溶接補修が行われている。

なお、電子ビーム溶接は真空中（無酸化雰囲気中）での溶接作業のために酸化の激しい金属や電子ビームのエネルギー密度が大きいことから、厚肉材の微小部の溶接に適している。一方、レーザ溶接は大気中での溶接が可能で溶け込みも比較的に浅く、鏡面性の高い金型の溶接補修以外にも機械部品などの微小部補修、レーザマーキング、表面硬化処理、薄肉材の電子部品の溶接、宝飾品、医療部品などの溶接に適している。

7.2 溶接加工法

代表的な溶接法は、被覆アーク溶接(SMAW：Shielded Metal Arc Welding)、TIG溶接(Tungsten Inert Gas Welding)、MIG溶接(Metal Inert Gas Welding)がある。

図7.1は被覆アーク溶接法の概要を示す。被覆アーク溶接は作業者の技量により溶接部の品質が大きく左右される。被覆アーク溶接棒は鉄鋼、鋳鉄および非鉄金属など各種の鋼種に対応して製造されている。溶接棒の被覆剤には有機質を主体としたガス発生成分、金属成分、脱酸成分などの添加剤を混錬し、水酸化カリ(水ガラス)で固定・焼結して各種の溶接棒が製造されている[4)、5)、6)、7)]。

被覆アーク溶接棒は工場内に放置しておくと大気中の水分を被覆剤が吸湿し、溶接時の溶着金属中への水素吸収量(遅れ破壊の原因)が増加するため

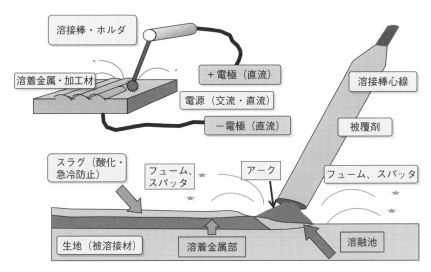

図7.1 被覆アーク溶接法の概要

保温庫などの保管が必要になる。

　また、溶接棒のフラックスはアーク溶接作業時にアーク熱（約4,000～5,000℃といわれている）による溶着金属の蒸発消耗の補填、ガス発生による溶着金属の酸化防止および脱酸剤添加による精錬作用などの働き（機能）をもっている。

　被覆剤は、蒸気圧の高い成分（Crなど）が多く含まれるステンレス系および高合金用溶接棒にはアークによる金属蒸発の補填のために各種の金属粉末を添加している。それ以外に溶融金属の精錬作用を促進するため酸素との親和性の高い成分（ミネラル系のCa、Mg、Na系およびSi元素）や木質系（木粉、繊維）も含まれている。

　被覆アーク溶接棒の心線に塗布される被覆剤は添加成分により、イルミナイト系、鉄粉酸化鉄系、高酸化チタン系、ライムチタニア系、低水素系など被覆剤成分の異なる多くの種類がある。これらの多くは被覆剤の吸湿性が高いので、使用する時は溶接棒を乾燥し被覆剤中の水分を放出させる必要がある（乾燥温度はフラックスの種類により異なり100℃以下から350℃程度の範囲で行う）。溶接割れの防止には、低水素系溶接棒を300～400℃（被覆剤中の結晶性水分の放出が目的）で乾燥して行うことが水素の遅れ破壊の防止に有効である。

　被覆剤中のスラグ成分は溶接作業終了後の溶着金属の急冷作用の保護および溶融金属中の精錬作用の促進を目的とするが、溶接中はフラックスとして表面に存在し凝固過程で表面にガラス質的な保護膜を形成する。この皮膜は溶接の過程での急冷や溶着金属の酸化防止の働きをする。

　なお、溶接作業が悪いとフラックス成分が溶着金属内に残留してスラグの巻き込みが溶着金属中に起こり溶接部の機械的特性を著しく低下させる。

　溶接作業時に発生する煙状のフューム（金属微粉末）は、溶接する被加工材や溶接棒の種類によりフューム中に存在する成分が異なるが、溶接鋼種により人体に有害な成分が含有されるためマスクの着用や作業場所の強制換気が必要になる。特に構造材、機械部品や金型に使用されるCu-Be合金および亜鉛引き鋼板などの溶接時に発生するフュームは充分な注意が必要である。近年は作業環境改善の意識や環境規制（SDSやRoHS指令）が厳しくなり、溶接作業における汚染防止の対策が必要になる。

なお、溶接作業中に発生する溶接フュームの質量濃度を下記に示す。

$C = (W_2 - W_1)/(F \times T)$

　C：溶接フュームの質量濃度（mg/m³）

　W_2：溶接フューム捕集後のロ紙の質量（mg）

　W_1：溶接フューム捕集前のロ紙の質量（mg）

　F：吸引流量（l/min）、T：吸引時間（min）

また、全フューム量を下記に示す。

$F_1 = (W_1 - W_0)/(T \times 60)$

$Fw = (W_1 - W_0)/(M_0 - M_1)$

　F_1：溶接の単位時間当たりの全フューム量（mg/min）

　Fw：消費溶接棒の単位質量当たりの全フューム量（mg/g）

　W_0：溶接フューム捕集前のロ紙の質量（mg）

　W_1：溶接フューム捕集後のロ紙の質量（mg）

　F：吸引流量（l/min）、T：吸引時間（min）

　T：溶接時間（sec）

　M_0：溶接前の溶接棒の質量（g）

　M_1：溶接後の溶接棒の質量（g）

図 7.2 は TIG 溶接法の概要を示す。この溶接法の電源は直流と交流が用いられ、電極と被加工物間にアークを発生させ溶加棒（溶接棒）を手動・自

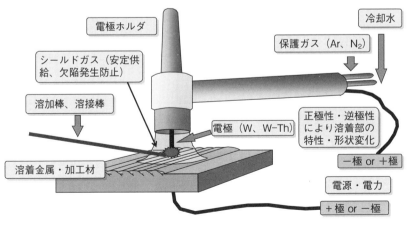

図 7.2　TIG 溶接法の概要

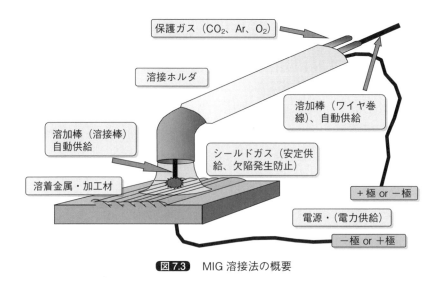

図7.3 MIG溶接法の概要

動供給して溶接する。電極は一般にW（タングステン）またはW-Th（タングステン-トリウム）材料を用い、先端を鋭利な円錐形状に研磨して溶接を行う。溶接時にはアークの外周からArガスなどを同時に流し、溶接アークをシールドして溶着金属の酸化を防ぐ方法を取っている。

　図7.3にMIG溶接法の概要を示す。この溶接法は、ワイヤを半自動や自動的に供給できる機構をもち、溶接時のアークスタートに同期して溶接ワイヤが自動供給される方法であり、大面積・厚板の溶接作業には有効である。また、トーチはTIG溶接と同様の形態であるが、一般的にMIG溶接は、Ar、CO_2、$Ar+CO_2$、$Ar+O_2$ガスなどの各置換ガスを併用して溶接作業を行う場合が多く、高能率溶接（大溶接電流での施工）に適している。また、ガスの種類によりアークの状態が異なり、グロビュール移行（溶滴が粒状で移行）、短絡移行（一部溶滴が溶融部に接触）とスプレー移行（ホウキ状形態）が認められる。しかし、工具鋼のような空気焼入れ性の高い鋼の場合は被加工材に入熱量を大きくすると、変形や割れの発生および熱影響部の拡大などの原因になるので、溶接電流を低くし入熱量の少ない状態で作業を行うことが重要である。

7.3 構造用鋼の溶接特性

　構造用鋼の溶接作業は、構造用部材・船舶・海洋構造物、容器、橋梁、航空機の製作、部品の接合、製品の複合化、補修など広範囲に適用される。溶接用鋼材は溶接性を考慮して、キルド鋼およびセミキルド鋼が溶接の品質安定性の観点から用いられることが多い[8]。

　溶接に使用される代表的な鋼種として、低炭素鋼（軟鋼）、高張力鋼、低温用鋼、特殊鋼（ステンレス鋼、鋳鉄、鋳鋼、非鉄金属材料）がある。

　ここでは、低炭素鋼、高張力鋼、特殊鋼について概要を述べる。

▶ 7.3.1　低炭素鋼

　低炭素鋼は炭素含有量（C）が 0.25 % 以下の炭素鋼で引張強さが 402〜510 MPa 級またはそれ以下の鋼で、一般に軟鋼と呼ばれる[2]。

　溶接構造用圧延鋼材（JIS G3106）は軟鋼から 568 MPa 級まで規定されている。**表 7.3** に溶接構造用圧延鋼材の成分および材料特性を示す。溶接性と切欠き靭性を重要視した大型溶接構造物へ適用される鋼種である。

　図 7.4 は、軟鋼および高張力鋼の溶接部近傍の温度変化および衝撃値における定性的な概念図を示す。また表中には、溶接金属から基材部までの各温度域における金属学的な組織の形態変化を示す。溶接作業は高温の溶接金属部から間接的な熱伝導に伴う加熱による熱的履歴を受けて金属組織は溶接前の状態に比べて変化する。この溶接部の変性が構造部や部品に存在したとき、溶接部近傍の機械的性質の低下を起こしトラブルを誘発させる原因になる。よって、溶接後の溶接金属部は焼戻しやひずみ取り熱処理により組織の安定化が必要になる。

表7.3 JIS 圧延鋼（軟鋼の成分と特性）

特性		鋼種	一般用	溶接構造用		
			SS41	SM41A	SM41B	SM41C
板厚（mm）			16〜40	16〜50		
化学成分（%）	C_{max}		−	0.23	0.21	0.18
	Mn		−	≥ 2.5C	0.60〜1.20	≤ 1.40
	Si		−	−	≤ 0.35	≤ 0.35
	P_{max}		0.050	0.040	0.040	0.040
	S_{max}		0.050	0.040	0.040	0.040
引張特性	降伏強さ（MPa）		≥ 235	≥ 235（16〜40mm）		
	引張強さ（MPa）		402〜510	402〜510		
	伸び（%）		≥ 21	≥ 22（16〜50mm）		
Vノッチシャルピー衝撃値（J）			−	−	≥ 27	≥ 27

▶ **7.3.2 高張力鋼**

　高張力鋼は少量の合金元素を加えて軟鋼よりも強度を高くした構造用鋼である。溶接構造物の大型化、重量軽減、性能向上、溶接性の効率化を図り製作コストの低減化を目的として製造された鋼である。

　引張強度のレベルにより、HT50（50 kgf/mm^2 ≒ 490 MPa）、HT60（≒ 588 MPa）、HT80（≒ 785 MPa）、HT90（≒ 883 MPa）などと呼ばれている。高張力鋼は、圧延のまま、および焼ならしの状態で使用される「非調質鋼」と、焼入れ−焼戻し熱処理により強度を高めた「調質鋼」に別けられる。近年は制御圧延法の開発が進み、高強度化を図った TMCP 製鋼技術法を利用した HT50 鋼も製造されている。調質鋼を非調質鋼と比べると、降伏応力や耐力が高く、組織的に低炭素焼戻しマルテンサイト組織のために切欠き靱性は非常に高く、合金元素の添加に伴う溶接性の低下も少ない利点をもつ。

　表 7.4 に WES（国際溶接学会）で決められている溶接用高張力鋼の各材料特性を示す。

　高張力鋼は、球形タンク、ボイラ、原子力、圧力容器、船舶、橋梁、配管、

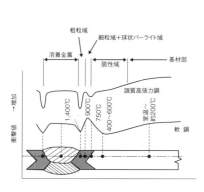

溶接近傍の名称	加熱温度範囲（℃）	現象の説明
溶着（溶接）金属	溶融温度（1,500℃以上）	溶融凝固した範囲、デンドライド組織を呈する。
粗粒域	>1,250℃	粗大化した部分、硬化しやすく、割れなどを生ずる
混粒域（中間粒度）	1,250～1,100℃	粗粒と細粒の中間で、機械的性質も中間的な特性を呈する
細粒域	1,100～900℃	再結晶で微細化、靭性など機械的性質良好
球状パーライト域	900～750℃	パーライトのみ変態、球状化、しばしば高いマルテンサイトを生じ、靭性低下。
脆化域（注）溶接部近傍の衝撃値分布を定性的に表示	750～200℃	焼入れましたはひずみ時効により脆化を示すこともある。顕微鏡的には変化ない。
母材（基材部）	200～室温	熱影響を受けない母材部分。

図7.4 溶接部近傍の温度変化と衝撃値分布

表7.4 WES溶接用高張力鋼板の成分と機械的特性（要約 WES3001-1983版）[2]

種類の記号	引張試験				P_{CM}(%、溶接低温割れ感受性組成) P_{CM}(%) =C+Si/30+Mn/20+Cu/20+Ni/60+20/Cr+Mo/15+V/10+5B					Vノッチシャルピー衝撃試験（J）以上	
	耐力(MPa)	引張強度(MPa)	試験片の種類	伸び(%)以上	A級		非調質鋼	B級		試験温度(℃)	吸収エネルギー(J)
					調質鋼			調質鋼			
					≤50 mm	50～70 mm	≤50 mm	≤50 mm	50～70 mm		
HW40	392以上	559～637	1A号	22	規定せず	規定せず	0.34	規定せず	規定せず	+15	（平均値）47
			1A号	30						0	
			4号	22						−5	
HW50	490以上	608～726	5号	19	0.28	0.30	0.39	0.26	0.28	+5	（平均値）47
			5号	27						−10	
			4号	19						−15	
HW63	618以上	706～843	5号	17	0.31	0.33	—	0.29	0.31	0	（平均値）39
			5号	25						−15	
			4号	17						−20	
HW70	686以上	785～932	5号	16	0.33	0.35	—	0.30	0.32	−5	（平均値）35
			5号	24						−15	
			4号	16						−20	
HW80	785以上	883～1030	5号	14	0.35	0.37	—	0.33	0.35	−5	（平均値）27
			5号	21						−20	
			4号	14						−25	
HW90	883以上	951～1128	5号	12	0.36	0.38	—	0.34	0.36	−10	（平均値）
			5号	19						−25	

導管、その他の各種産業用機械に広く用いられている。また、使用目的に応じて、特殊性能を付加した高張力鋼も開発されている。その一例としては、大気や雨水による腐食に強い耐候性の発現には添加元素としてCuを主にPやCrを添加して製造され軟鋼を基準としてHT60級も作られている。

▶ 7.3.3 低温用鋼

低温用鋼は液化天然ガスの貯蔵や輸送のための大型容器および設備に用いるために開発されてきた鋼種である。鋼材としては低炭素アルミキルド鋼、低合金高張力鋼（調質鋼としてLPG液化石油ガス容器に使用）、低Ni鋼（2.5％および3.5％Ni鋼）があり、焼ならしを行い使用する。最低使用温度は前者が－60℃、後者が約－100℃で、焼入れ-焼戻しを行った3.5％Ni鋼は－110℃まで使用が可能になる。9％Ni鋼はLNG（液化天然ガス）など使用温度が－150℃以下の用途に焼入れ-焼戻し処理して使用し、高靭性・高強度の特性が得られる。また、－100℃以下の超低温材料には、オーステナイト系ステンレス鋼（Ni-Cr鋼）、アルミニウム合金、インバー合金（36％-Fe）などが使用される。しかし、これらの材料は結晶構造上すぐれた低温靭性の特性を持つが、強度の点で制約がある。

図7.5に各物質とガスの沸点との関係と適用鋼種を示す。

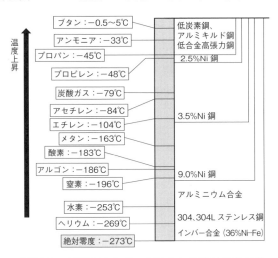

図7.5 各種の液化ガスの沸点と使用対象鋼材[8]

7.4 工具鋼の溶接特性

▶ 7.4.1 工具鋼における溶接の必要性

工具鋼における各種の要求項目や溶接後の安定性は、**図7.6**に示すように適用される金型により異なる。溶接の必要性は基本的に、いかに安定した溶接補修作業を行うかにある。工具鋼の溶接作業は、操業中のキャビティに発生したトラブルの改善・修理、および設計変更・加工ミスに伴うキャビティの再製作に伴う作業が主たる目的である[3]、[9]。

工具鋼は炭素量も高く、機能性や材料特性向上のために各種の合金元素が多く含まれている。これらの特性を損なわず安定した溶接を行うためには、

「冷間用工具鋼」
＊耐摩耗性、硬さ
＊強度・靭性

「プラスチック成形用工具鋼」
＊硬さ、耐摩耗性
＊成分、鏡面性、シボ加工性

「熱間用工具鋼」
＊焼戻し軟化抵抗、＊ヒートチェック性、靭性、耐溶損性、熱間硬さ

クランクシャフトのリシンクによる溶接補修

EDM 後手磨き部（P20 系）
EDM 面
TIG 溶接部　　ガス溶接部
P21 系のピット発生部の補修

図7.6　工具鋼における溶接の必要性

軟鋼などの溶接作業とは異なる挙動を考慮しないと、割れの発生や金型補修表面の品質を低下させる原因になる。

各種の金型の溶接作業には、その工具鋼の組成・特性に合った溶接施工方法や溶接棒・ワイヤの選択が品質安定性にとって重要になる。

工具鋼の溶接において考慮しなければならない要件は、①溶接装置、②溶接法、③溶接棒およびワイヤ、④溶接施工方法、⑤作業者の技量などがある。

特に工具鋼の操業中に発生するトラブルは生産性を著しく低下することが多く、メンテナンスによる溶接作業も単に溶接するだけでなく充分に溶接現象を検討して施工を行う必要がある。

図 7.7 は一例として MIG 溶接後の材料（SS400、軟鋼）の溶接部断面の組織観察結果を示す。溶着金属の中心部は柱状晶組織（デンドライド組織）を示し、溶着金属の冷却速度が中心部に従い遅くなり、結晶成長が中心部から表面部に成長する形態が明確になる。すなわち、結晶成長核の発生は溶接境界部（ボンド領域）から溶着金属の中心に沿って成長する形態であり、鋳造時の結晶成長過程と同じ状態が認められる（金属の結晶成長は冷却速度の遅い方向に成長する）。金型の場合は、大きな入熱量で厚板などの連続溶接を

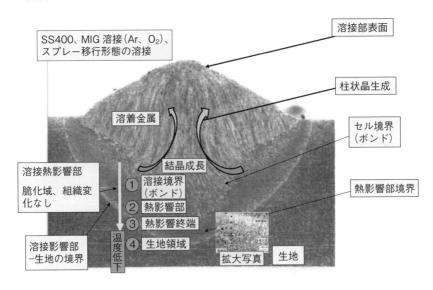

図 7.7　溶接部の断面観察〔MIG 溶接、軟鋼（SS400 材）〕

行うと、このような状態を呈する。

また、溶着金属と生地の境界領域には熱影響部（HAZ部：Heat Affected Zone）が存在する。この領域は、焼戻し領域の温度に対応し結晶粒が成長し靭性や延性の低下する領域である。ステンレス系工具鋼では結晶粒界に炭化物の析出も認められることがある（ウェルドデケイ現象）。金型の場合は、この領域を改善しなければ早期クラックの発生の起点になる。溶接ひずみの解放や残留オーステナイトの再固溶の促進には焼戻し処理が有効になる。

▶ 7.4.2　各工具鋼における溶接特性

各種の金型へ溶接作業を行う目的は、①部品に発生（クラック、空孔、溶損など）した損傷の補修、②機械加工時の加工ミスの補修、③金型の設計変更、④エッジやキャビティの硬化肉盛り、⑤表面などの不具合、不良部の補修などがある。

近年は自動車産業などでは省資源、省エネルギー、リサイクルなど、3R対策から金型の溶接補修による再利用の機運が高まってきている。そこで、金型の溶接作業が適切に行われなければ品質安定性の維持は難しいことになる。（図7.8）

設計変更による金型の肉盛り溶接

プレス金型のエッジ部の溶接補修

ダイカスト金型の溶接補修

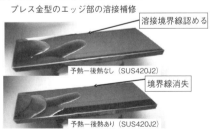

プラスチック金型の溶接補修

図7.8　各種の金型溶接補修事例

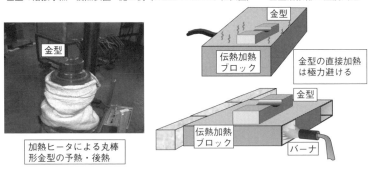

図7.9 金型の溶接補修における予熱・後熱方法と施工方法

　工具鋼において考慮しなければならない要件は、これらの鋼種が一般的に焼入れ性が高く、溶接時の急熱-急冷作用に対し構造用溶接用鋼材などの場合に比べ細心な注意が必要になる。

　各種の工具鋼に求められる溶接特性は工具鋼種により異なり、プラスチック用には硬さ・耐摩耗性・磨き特性・シボ加工性、冷間用は硬さ・靭性・耐摩耗性、および熱間用は硬さ・焼戻し軟化抵抗性・靭性・耐摩耗性・耐ヒートチェック性・耐溶損性などがある。

　図7.9は工具鋼の溶接補修時に安定性の高い溶接部を得るための予熱-後熱方法を示す。欠陥の存在した金型は事前に加熱保持しながら溶接することが良好な溶接部を得る方法である（日本では一部の企業が実施している。多くはマルエージング鋼により溶接をしている）。また、溶接時の層間温度管理や予熱ができない大きな金型の場合には加熱ヒータなどの各種の施工方法がある。

　表7.5に各種の金型用工具鋼の溶接施工方法、加熱条件および処理方法などを示す。

　プラスチック成形用、プレス用、熱間用の各種工具鋼が金型に使用されて

表7.5　各工具鋼の溶接条件

工具鋼種	素材状態	溶接方式	溶接棒（溶加材）	予熱温度	溶接後の硬さ	熱処理	備考
SKD61（熱間工具鋼全般）	軟化焼きなまし材	手溶接、MIG、TIG、レーザ	5〜3Cr系熱間材、共金、マルエージング鋼	325℃以上	48〜51HRC	軟化焼きなまし	マルエージング鋼は熱処理なし
	焼入れ-焼戻し材	手溶接、MIG、TIG、レーザ	5〜3Cr系熱間材、共金、マルエージング鋼	325℃以上	48〜51HRC	軟化焼きなまし	焼戻し温度は素材の焼戻し温度に比べ50℃程度低い温度で実施
ステンレス鋼（SUS420J2系他）、P20系	軟化焼きなまし材	手溶接、MIG、TIG、レーザ	共金	150〜300℃以上（材料により200〜250℃以上）	54〜56HRC	軟化焼きなまし、P20系調質鋼なし	焼戻し温度は素材の焼戻し温度に比べ50℃程度低い温度で実施
	焼入れ-焼戻し材	手溶接、MIG、TIG、レーザ	インコネル、共金（緩衝材：29/9タイプ、Ni基）	材料により200〜250℃以上	53〜62HRC（材料により330HB）	軟化焼きなまし、P20系調質鋼なし	素材の焼戻し温度に比べ50℃程度低い温度で実施
冷間系鋼（SKD11、改良材、SKD12など）	焼入れ-焼戻し材	手溶接、TIG、レーザ	インコネル、高合金鋼、共金（緩衝材：29/9タイプ、Ni基）	材料により200〜250℃以上	53〜62HRC（材料により330HB）		初層は軟質の溶接金属を使用、仕上げ層は適切な溶接棒使用

（注）工具鋼の代表的な溶接条件参考データ（詳細は各メーカーのカタログ参照）

いるが、これらの工具鋼は成分（炭素濃度、添加元素濃度が各々違う）、硬さ、材料特性が異なり、使用条件や環境も異なることから、特にステンレス成形用金型はCr量が多く、溶接後熱影響部（ＨＡＺ）は冷却速度が遅く、結晶成長と粒界へのCr析出に伴う耐食性の低下と応力腐食割れが発生するので注意が必要になる。適切な溶接方法や溶接後の熱処理方法などを適切に選択する必要がある。なお、各工具鋼の詳細な溶接条件については製造メーカーのカタログに記載されているので参照していただきたい。

▶ 7.4.3 プラスチック成形用工具鋼の溶接

　プラスチック成形用工具鋼には、マルテンサイト系ステンレス鋼（SUS420J2、SUS420F、SUS440Cなど）、P20（SCM、SNCM鋼）、P21系（SUS630、析出硬化鋼）および熱間用工具鋼（SKD61）が主として使用されている。

　ステンレス鋼系の溶接作業では最終的に磨き工程が多く、溶接施工後の溶接部（ボンド部）近傍は硬さが高くなり磨き後の表面には溶接境界線が認められる（図7.10）。そこで、低温焼戻し（350〜550℃）の予熱や後熱の操作が必要になる。また、ステンレス鋼系の熱影響部は徐冷効果により耐食性が低下するので注意が必要である。

　図7.11に、P20系（SCM、SNCM）とP21系（析出硬化鋼）の溶接後焼戻しなし、および550℃焼戻し処理を各々行った時の硬さ分布曲線を示す。

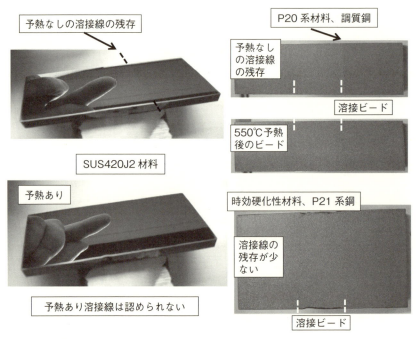

図7.10　プラスチック成形用工具鋼の溶接部の補修と鏡面性の比較

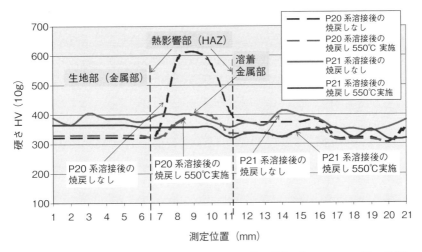

図7.11 SCM材（AISI、P20系工具鋼）と時効硬化鋼（AISI、P21系工具鋼）の溶接部の硬さ分布

P20系工具鋼の焼戻しなし材料での硬さは溶接境界部で生地に比べ高くなる。一方、550℃焼戻しを行うと生地硬さに近い値に改善されるため、その後の磨きにおいては溶接境界線の存在が消失し磨き表面の品質は向上する。また、溶接後の表面にピーニング加工を行うと加工による硬さの均一化が図られる。

一方、P21系の工具鋼は時効硬化特性をもち炭素濃度が低いため、焼戻しがなくても境界硬さはP20系の焼戻し処理後の硬さと比べても大きな違いが認められない。

プラスチック成形用工具鋼の場合は最終的な磨き特性が金型の表面性状を大きく左右するので、材料の選択や溶接補修の特性を考慮して選択する必要がある。

なお、プラスチック成形用工具鋼の溶接補修は比較的微小な領域の補修（微細ピットなど）が多く、溶接時の加工条件は、溶接方法、溶接電流、アーク電圧、ガスの種類、運棒などの諸条件に影響される。特に入熱量（溶接入熱エネルギー）を調整して施工する必要があり、溶接部の健全性は条件により左右される。そこで、焼入れ性の良好な金型に溶接作業を行う場合、表面近傍における溶接時の大きな入熱エネルギーの付加による急激な加熱-冷却を避けるために予熱-後熱作業は重要である。

▶ 7.4.4 冷間用工具鋼の溶接

冷間用工具鋼は生地硬さが高く割れやすい材料特性をもち、多層盛り溶接の開先先端には軟化材料（緩衝材）を初層に用いることが応力集中の予防になる。その後、共金材や指定した溶接材料を使用することが良い方法である。また、層間温度のコントロールも非常に重要であり、マルテンサイト変態温度以上に保持して施工することがクラックの発生や伝播の防止に有効になる。

図7.12および図7.13は、冷間用工具鋼の溶接部の割れ防止に予熱が有効になることを示す。また、冷間用工具鋼の熱処理履歴の違い（焼入れ−焼戻し材および焼きなまし材）による溶接部の硬さの変化を比較した結果を示す。工具鋼はマルテンサイト変態温度が300℃前後に存在する場合が多く、変態応力を極力低下させる溶接方法を選択する必要がある。冷間用工具鋼の場合は炭素量が高く溶接後の急冷速度が速いと、靱性が低く焼割れの発生が著しくなる。

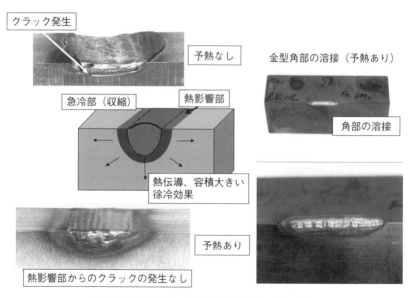

図7.12 冷間用工具鋼の熱影響部からの割れ

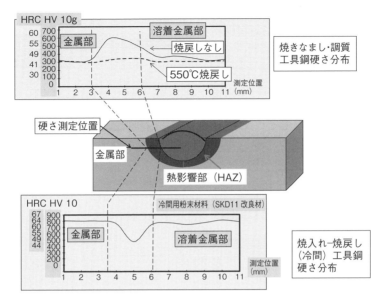

図 7.13 冷間用工具鋼の焼きなまし、焼入れ-焼戻し材の溶接後の硬さ分布

7.4.5 熱間用工具鋼の溶接

　熱間用工具鋼の金型の割れに伴う溶接補修の事例を**図 7.14**に示す。操業過程で金型表面に割れが発した場合の補修作業の工程を示している。クラック発生部は外観性状や進展深さの検査を行い、クラック発生部分を完全に除去して、カラーチェックにより検査後、開先加工を行う。その後、金型は予熱（加熱）して溶接作業を行う。クラックの発生状況により異なるが、深い場合は応力集中防止に緩衝材を底部の肉盛りに使用し、層間温度をマルテンサイト変態温度よりも 50℃程度高い温度で溶接することが割れの防止には有効になる。

　このような状態で溶接を行うと、金型表面には大きな残留応力が溶接部近傍に残留し、熱影響部の粗大化した組織が金型の操業過程でトラブルを誘発させる原因となる。そこで、温度調節された装置内に金型全体を保持し、高温状態で作業を行うことが溶接部の品質改善にとって必要になる。また、熱処理方法も焼入れ-焼戻し材と焼きなまし材でも異なる条件の選択必要になる[9],[10]。

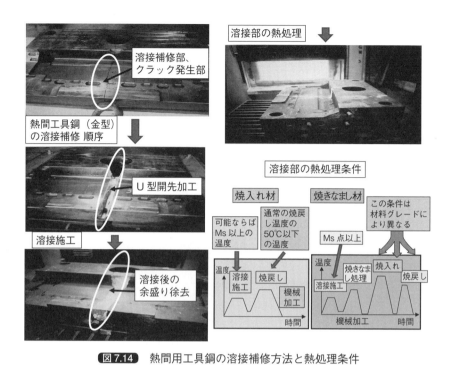

図7.14 熱間用工具鋼の溶接補修方法と熱処理条件

　本来の金型溶接作業では300〜400℃の温度に調節した加熱炉中に金型をセットして、その温度の状態で溶接作業を行うことが溶接部の安定化には必要になる。

　図7.15は溶接補修試験後の断面における顕微鏡組織観察結果を示す。試験片は熱間用工具鋼（熱間用SKD61改良材、45HRC）であり、溶接棒はSKD61改良材（3Cr系）を用いて溶接を行っている。また、参考に放電加工の断面観察も示す。組織写真は、左上部から表面近傍の溶着金属、溶接境界近傍、熱影響部の粗大結晶粒域（熱影響層：HAZ、拡大写真）および生地の順に示している。

　溶着金属は共材のために熱間用工具鋼の組織に類似した状況を呈するが、再焼戻し領域の結晶粒は粗大化し、残留オーステナイト、ベイナイト組織が認められる。熱影響部（HAZ）は結晶粒の粗大化が著しく各種の組織が混在した状態を呈し、炭化物の粒界析出物も認められる状態を示す。この試験

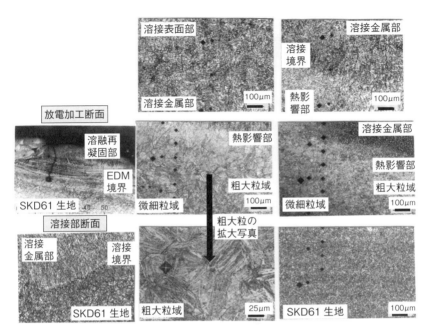

図7.15 熱間用工具鋼（SKD61）の溶接後の組織観察[3]

片に熱疲労試験（570℃⇔100℃の繰返し熱サイクル、10,000サイクル）を行った後の断面観察結果を試験前の状態と比較して図7.16に示す。溶接部分は非溶接部に比べ寿命の低下（約1/10程度のサイクル数で欠陥が発生する場合が多い）が著しく低く、初期の段階でクラックが発生する。

なお、溶着金属、並びにボンド部近傍は粒界析出物の存在が明確になり、熱疲労試験後のクラックはHAZ部分から発生することが多い。また、発生したクラックは粗大結晶領域の高温靭性が低下している部位に沿って進展する。熱影響部の結晶粒は粒界が明確となり、生地に比べ炭化物の成長、粒界剥離、粒界酸化の認められる異常組織に変化している。

また、溶接部近傍における硬さの測定結果は、溶接後に後熱処理（500℃と600℃の2種類）を行った場合、明確な違いはないが溶着金属内で630～680HV程度、生地内で450HV程度（熱処理後の初期硬さと同様な値）になる。なお、後熱温度の違いはボンド部の硬さ変化が明確に認められなかった。溶接部の健全性向上には、溶接終了後、高温焼戻し処理、窒化処理およ

301

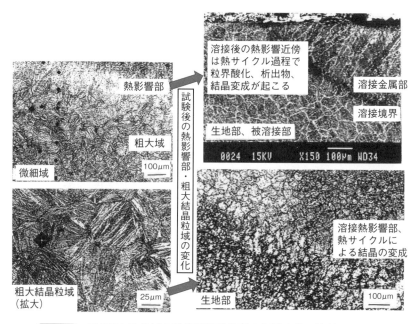

図7.16 SKD61改良材の熱疲労試験前後の組織変化の比較
〔加熱(570℃)-冷却(100℃)熱サイクル、10,000サイクル〕

びピーニング処理の適用が金型表面の安定化にとって有効になる。しかし、金型の溶接では溶接過程での溶接入熱量が多く、組織変化や粗大化が激しいので、スポット的な補修やビード長の短い部分溶接を行うと熱応力が分散し、溶着金属部の応力集中を極力避けることが金型寿命の向上に最良の方法と考えられる。

このように溶接後の品質は作業時の個人の技量に依存することが多く、日本溶接協会では国際溶接学会(IIW)と連携して、溶接技能者評価試験(JIS Z3001(ISO14731に対応)およびJIS Z3801(ISO/CD9606対応)を行っている。日本では日本溶接協会の定める教育・試験により取得可能である(IIW資格日本認証機構、JANB)。また、作業者には、労働基準局で義務付けしているガス溶接技能者講習およびアーク溶接作業者特別教育を受けることが必要であり、作業中はこれらの免許の携帯が義務付けられている。

参 考 文 献

1) 労働省職業訓練局編：溶接（Ⅰ）-溶接法-（1990）
2) JISハンドブック：鉄鋼Ⅰ（2014）
3) 日原政彦：型技術、Vol.31、No.12（2016）
4) 労働省安全課監修：アーク溶接等作業の安全（1992）
5) ウッデホルム技術資料（2008）
6) 日原政彦：（社）日本溶接協会、技術委員会溶接棒部会報告書（1982）
7) 溶接アーク現象：安藤弘平、長谷川光雄共著、産報出版（1967）
8) 溶接学会編：溶接技術の基礎、産報出版（2005）
9) S.Kalpakjian：Manufacturing Engineering and Technology、3rd edition（1992）
10) 日原政彦：「金型の品質向上のための材料選択と事例」、日本工業出版（2014）

索　引

●あ行●

亜共析鋼 ……………………… 41
圧縮応力 …………………… 259
圧接法 ……………………… 281
アップヒル・クエンチング …… 145
アブレシブ摩耗 …………… 241
粗さ曲線 …………………… 236
アルゴン酸素脱炭法 ………… 27
アンダーハードニング処理 …… 156
安定限界線図 ……………… 239
一般構造用鋼 ………………… 69
ウェットプロセス …………… 206
ウェルドデケイ現象 ………… 293
液相線 ……………………… 40
エレクトロスラグ再溶解法 …… 33
塩水噴霧試験 ……………… 105
延性 …………………… 20, 47
円筒研削 …………………… 232
塩浴浸炭 …………………… 187
応力作用域深さ …………… 262
応力集中 …………………… 209
応力除去焼きなまし ………… 137
応力腐食 …………………… 55
応力腐食割れ ……………… 108
遅れ破壊 …………………… 252
オーステナイト ……………… 43
オーステナイト系ステンレス鋼
 ……………………… 102, 157
オーステナイト鋼 …………… 63
オーステナイト－フェライト系
 ステンレス鋼 …………… 102
オーステンパー …………… 141
帯鋼 ………………………… 30

●か行●

快削鋼 …………………… 38, 82
化学蒸着法 ………………… 208
過共析鋼 …………………… 41
加工誘起マルテンサイト変態 …… 157
ガス浸炭 …………………… 187
形彫り放電加工 …………… 245
カットオフ値 ……………… 235
カモメマーク ……………… 191
乾食 ………………………… 108
完全焼きなまし …………… 137
機械構造用合金鋼 ………… 72
機械構造用炭素鋼 ………… 69
機械的接合法 ……………… 281
球状化焼きなまし ………… 137
球状黒鉛鋳鉄 ……………… 43
強制びびり振動 …………… 238
共析鋼 ……………………… 41
凝着 ………………………… 242
鏡面性 ………………… 99, 109
キルド鋼 ……………… 28, 62
金属間化合物 ……………… 42
金属5元素 ………………… 38
クライオ処理 ……………… 145
クライオ焼戻し …………… 146
クラーク数 ………………… 19
繰返し窒化処理 …………… 200
グリセリン浸漬法 ………… 254
クレータ摩耗 ……………… 242
グロビュール移行 ………… 286
クロム－モリブデン鋼 …… 59
結合剤 ……………………… 229
結合度 ……………………… 230
結晶欠陥 …………………… 20

304

研削加工	229
研削砥石	229
高温 TRD 処理	184
恒温焼きなまし	137
恒温変態曲線	134
高温焼戻し	144
光輝熱処理	158
工具鋼	94, 291
工具電極材	245
工具摩耗	241
孔食	108
構成刃先	240
構造用鋼	59
高張力鋼	245, 288
鋼片	29
固相線	40
固体浸炭	187
コーテッド工具	222
固溶化処理	147

●さ行●

再結晶	47
最大高さ	236
サブゼロ処理	145
サーメット	221
算術平均粗さ	236
残留応力	148, 259
残留オーステナイト	254
軸受鋼	86
時効硬化性鋼	198
時効処理	144, 148
湿食	108
シートバー	29
シボ加工	99
絞り	52
十点平均粗さ	236
純鉄	45, 59
ショア硬さ	80
ジョミニー焼入れ端試験	140
自励びびり振動	238

真空アーク再溶解法	33
真空アーク脱ガス法	27
真空ガス加圧熱処理	158
真空 – 酸化脱炭法	27
真空浸炭	187
真空溶解法	28
靭性	53, 98
浸炭処理	187
浸炭窒化処理	187
侵入型原子	42
深冷処理	145
すくい面摩耗	242
隙間腐食	108
スクラッチ試験	210
スケルプ	30
ステンレス鋼	102
ストレッチャストレイン	70
スプレー移行	286
スプレーフォーミング法	35, 117
スラブ	29
スリップ帯	46
寸法安定性	99
精錬	26
析出	40
析出硬化系ステンレス鋼	102, 157
析出硬化処理	148
切削加工	218
接触式表面粗さ計	235
接触腐食	108
セミキルド鋼	28, 62
セメンタイト	83
セラミックス	219
センタレス研削	232
全面腐食	108
層状パーライト	83
装飾性	180
粗鋼	12
塑性変形	52
ソルバイト	43, 83

●た行●

耐候性鋼 … 55
耐食性 … 98, 105
体心立方晶 … 44
耐摩耗性 … 98, 105
ダイヤモンド焼結体 … 219
ダイヤモンド薄膜 … 207
多結晶体 … 44
脱炭層 … 166
ダル仕上げ … 70
たわみ変形 … 250
単結晶 … 44
鍛鋼 … 81
弾性限度 … 88
弾性変形 … 52
鍛造 … 123
炭素鋼 … 10, 41
炭素当量 … 32
断面収縮率 … 52
短絡移行 … 286
置換型原子 … 42
窒素ポテンシャル … 191
チッピング … 241
鋳鋼 … 81
柱状晶組織 … 292
鋳鉄 … 37, 41, 60
稠密六方晶 … 44
超硬合金 … 120, 219
超サブゼロ処理 … 145
調質鋼 … 147, 288
つき回り性 … 209
低Ni鋼 … 290
低温脆性 … 60
低温焼戻し … 144
低温用鋼 … 290
低炭素鋼 … 287
ティンバー … 30
鉄 … 36
鉄－炭素系平衡状態図 … 39

転位 … 20
電解腐食層 … 253
展性 … 20
デンドライト組織 … 292
等温冷却 … 138
等価肉厚 … 139
特殊鋼 … 15, 58
ドライプロセス … 206
取鍋 … 27
砥粒 … 229
トルースタイト … 43, 83

●な行●

内面研削 … 232
逃げ面摩耗 … 242
二相鋼 … 63
2段冷却 … 138
ニッケル－クロム－モリブデン鋼 … 59
ねずみ鋳鉄 … 43
熱影響部 … 295
熱加工制御圧延 … 32
熱可塑性樹脂 … 95
熱間圧延鋼板 … 70
熱間脆性 … 60
熱間鍛造 … 124
熱間等方プレス … 35
熱間用工具鋼 … 121, 153
熱硬化性樹脂 … 95
熱処理 … 130
熱伝導性 … 98, 218
伸び … 52

●は行●

鋼 … 36, 59
白層 … 191
肌焼鋼 … 59
ばね鋼 … 87, 156
パーライト … 43
被削性 … 82
非接触式粗さ計 … 235

非調質鋼	288
ビッカース硬度計	271
引張り強さ	51
ピーニング	203, 264
びびり振動	238
被覆アーク溶接	283
皮膜系表面処理	206
表面粗さ	235
表面改質	178
表面処理	178
ビレット	29
ピン－オン－ディスク試験	213
フェライト	43, 83
フェライト系ステンレス鋼	102
フェライト鋼	63
複合窒化	200
普通鋼	15, 41, 58
普通炭素鋼	59
不等ピッチ	225
不等リード	225
フューム	284
ブライト仕上げ	70
プラスチック成形用工具鋼	95
プラズマ浸炭	187
フラックス	284
ブリネル硬さ	80
プレハードン鋼	102
粉末工具鋼	116
粉末焼結法	35
粉末冶金製法	35, 219
粉末冶金鋼	35
平衡状態図	41
ベイナイト	43, 83
平面研削	231
棒鋼	30
放電加工	244
保護ガス加圧エレクトロスラグ再溶解法	33
ボールエンドミル	224
ホール・ペッチの法則	45
ホローカソード	208
ボンド領域	292

●ま行●

摩擦係数	208
マシニングセンタ	225
マルエージング鋼	198
マルクエンチ	141
マルチアーク法	208
マルテンサイト	43, 83
マルテンサイト系ステンレス鋼	102, 157
マルテンサイト鋼	63
磨き性	99
ミルシート	38
目こぼれ	231
目つぶれ	231
目づまり	231
面心立方晶	44
モルフォロジー	184

●や行●

焼入れ	137
焼入れ性	74, 166
焼入れ性倍数	74
焼入れ性を保証した構造用鋼	73
焼入れ変形	164
焼きなまし	137
焼きならし	136
焼戻し	144
焼戻しパラメーター	144
焼割れ	173
冶金的接合法	281
有効浸炭層深さ	187
融接法	281
融点	47
溶質原子	42
溶接	280
溶接境界部	292
溶接棒	285

溶体化処理	147
溶体化熱処理	138
溶鉄	27
溶媒原子	42

● ら行 ●

ラフィングエンドミル	226
リシンク	127, 280
理想臨界直径	74
立方晶窒化ホウ素	221
リミングアクション	29
リムド鋼	28, 62
粒界腐食	108
粒度	229
リューダースライン	70
冷間圧延鋼板	70
冷間鋳造	124
冷間用工具鋼	111, 153
連続鋳造法	31
連続焼入れ法	140
連続冷却	138
連続冷却変態曲線	133
ろう接法	281
炉外精錬法	27
ロックウエル硬さ	81
ロックウエル硬度計	271

● わ行 ●

ワイヤ電極	247
ワイヤ放電加工	245

● 英字 ●

AOD	27
ASEA-SKF	27
BCC	44
cBN	221
CCT 曲線	133
COF	213
CVD	208
DLC	207
ELID 研削法	231
FCC	44
HAZ	295
HCD	208
HCP	44
HIP	35
H 鋼	74
JIS 規格	21, 60
LF 法	27
MIG 溶接	283
PCVD	208
PM 鋼	35
PVD	207
RX ガス	187
SCM 材	59
SKD 11	153
SKD 61	153
SM 材	72
SNCM 材	59
SPCC 材	70
SPCD 材	70
SPCE 材	70
SS 材	69
S 曲線	135
TIG 溶接	283
TMCP	32
TTT 曲線	134
VAD	27
VIM	27
VOD	27
VT 線図	243

◎著者略歴◎

日原　政彦（ひはら　まさひこ）

技術士（金属部門）・工学博士（東京大学）
1946年、山梨県に生まれる。科学技術庁金属材料技術研究所（現・独立行政法人物質・材料研究機構）、山梨県工業技術センター、ウッデホルム㈱勤務を経て、九州工業大学大学院情報工学院客員教授、日原技術士事務所所長。

●著　書
「ダイカスト金型の寿命向上と対策」（日刊工業新聞社）、「金型高品質化のための表面改質」（監修）（日刊工業新聞社）、「金型の品質向上のための材料選択と事例」（日本工業出版）

鈴木　裕（すずき　ひろし）

工学博士（北海道大学）
1951年、北海道に生まれる。1981年、北海道大学大学院工学研究科博士後期課程修了。豊橋技術科学大学生産システム工学科、九州工業大学工学部機械工学科教授、九州工業大学先端金型センター長、名誉教授を経て、（一社）ものづくりネットワーク九州理事長。

●著　書
「金型技術シリーズⅠ：プラスチック用射出成形用金型」（共著）（素形材センター）、「工作機械─要素と制御─」（共著）（コロナ社）

技術大全シリーズ
機械構造用鋼・工具鋼大全　　NDC 564

2017年3月28日　初版1刷発行

（定価はカバーに表示してあります）

Ⓒ　著　者　日原　政彦
　　　　　　鈴木　裕
　　発行者　井水　治博
　　発行所　日刊工業新聞社
　　　　　　〒103-8548　東京都中央区日本橋小網町14-1
　　電　話　書籍編集部　03（5644）7490
　　　　　　販売・管理部　03（5644）7410
　　ＦＡＸ　03（5644）7400
　　振替口座　00190-2-186076
　　ＵＲＬ　http://pub.nikkan.co.jp/
　　e-mail　info@media.nikkan.co.jp
　　印刷・製本　新日本印刷（株）

落丁・乱丁本はお取り替えいたします。
2017 Printed in Japan
ISBN 978-4-526-07680-0　C3057

本書の無断複写は、著作権法上の例外を除き、禁じられています。